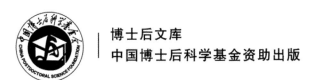

博士后文库
中国博士后科学基金资助出版

GNSS 模糊度解算的可靠性评估与应用

王 磊 著

U0287359

科学出版社

北 京

内 容 简 介

本书系统地介绍 GNSS 整周模糊度估计的理论和 GNSS 整周模糊度检验理论及其对应的可靠性评价方法与应用。本书还结合实际 GNSS 数据处理讨论 GNSS 模糊度可靠性控制的数据处理方法和处理效果。本书中包含一些关键概念的详细推导和原理性示意图，将复杂的数学问题可视化，便于读者直观地理解相关的概念。本书在对现有理论方法归纳总结的基础上，还融合该领域最新的方法与成果并且介绍 GNSS 模糊度的发展趋势。

本书适合卫星导航相关的研究生、科研人员及 GNSS 精密定位的算法工程师等作为专业参考书使用。本书涉及的混合整数模型的参数估计与可靠性理论也可应用于多输入多输出（MIMO）通信、密码学、雷达相位解缠等领域，可以作为相关领域研究人员的参考书目。

图书在版编目（CIP）数据

GNSS 模糊度解算的可靠性评估与应用/王磊著. —北京：科学出版社，2019.11

（博士后文库）

ISBN 978-7-03-062523-6

Ⅰ. ①G… Ⅱ. ①王… Ⅲ. ①卫星导航-全球定位系统-数据处理
Ⅳ. ①P228.4

中国版本图书馆 CIP 数据核字（2019）第 221835 号

责任编辑：杨光华　李建峰/责任校对：刘　畅
责任印制：彭　超/封面设计：陈　敬

科 学 出 版 社 出版

北京东黄城根北街 16 号
邮政编码：100717
http://www.sciencep.com

武汉精一佳印刷有限公司印刷

科学出版社发行　各地新华书店经销

*

开本：B5（720×1000）
2019 年 11 月第 一 版　印张：12 1/2
2019 年 11 月第一次印刷　字数：252 000

定价：108.00 元
（如有印装质量问题，我社负责调换）

《博士后文库》编委会名单

作 者 简 介

　　王磊，男，1985 年出生于新疆昌吉市，博士，武汉大学特聘副研究员。2009 年本科毕业于武汉大学测绘学院，并继续在测绘学院硕博连读，2012 年 4 月出国学习并于 2015 年 9 月博士毕业于澳大利亚昆士兰科技大学（其中 2013 年 12 月～2014 年 2 月在荷兰代尔夫特理工大学交流），2017 年 1 月进入武汉大学测绘遥感信息工程国家重点实验室从事博士后研究。2019 年 1 月聘任武汉大学特聘副研究员，目前主要从事 GNSS 精密定位、低轨卫星导航增强、GNSS 模糊度检验理论及室内定位方面的研究。主持国家自然科学基金青年项目、中国博士后科学基金（一等资助）等 5 项科研项目，参与国家自然科学基金重点项目、国家重点研发计划、中国工程院重大咨询课题等项目，在 *Journal of Geodesy*、*GPS Solutions*、*Remote Sensing* 等国内外重要期刊和学术会议上发表学术论文 40 篇，申请国家发明专利 12 项，授权软件著作权 1 项。获"卫星导航定位科技进步奖"三等奖一项，担任 *Journal of Intelligent Transportation Systems*，*IEEE Access*，*IEEE Transactions on Aerospace and Electronic Systems*，*Measurements*，*Measurement Science and Technology*，*Sensors*，*Chinese Journal of Aeronautics*，*Journal of Navigation*，*Geospatial Information Science* 等期刊的审稿人。

《博士后文库》序言

 1985 年，在李政道先生的倡议和邓小平同志的亲自关怀下，我国建立了博士后制度，同时设立了博士后科学基金。30 多年来，在党和国家的高度重视下，在社会各方面的关心和支持下，博士后制度为我国培养了一大批青年高层次创新人才。在这一过程中，博士后科学基金发挥了不可替代的独特作用。

 博士后科学基金是中国特色博士后制度的重要组成部分，专门用于资助博士后研究人员开展创新探索。博士后科学基金的资助，对正处于独立科研生涯起步阶段的博士后研究人员来说，适逢其时，有利于培养他们独立的科研人格、在选题方面的竞争意识及负责的精神，是他们独立从事科研工作的"第一桶金"。尽管博士后科学基金资助金额不大，但对博士后青年创新人才的培养和激励作用不可估量。四两拨千斤，博士后科学基金有效地推动了博士后研究人员迅速成长为高水平的研究人才，"小基金发挥了大作用"。

 在博士后科学基金的资助下，博士后研究人员的优秀学术成果不断涌现。2013年，为提高博士后科学基金的资助效益，中国博士后科学基金会联合科学出版社开展了博士后优秀学术专著出版资助工作，通过专家评审遴选出优秀的博士后学术著作，收入《博士后文库》，由博士后科学基金资助、科学出版社出版。我们希望，借此打造专属于博士后学术创新的旗舰图书品牌，激励博士后研究人员潜心科研，扎实治学，提升博士后优秀学术成果的社会影响力。

 2015 年，国务院办公厅印发了《关于改革完善博士后制度的意见》（国办发〔2015〕87 号），将"实施自然科学、人文社会科学优秀博士后论著出版支持计划"作为"十三五"期间博士后工作的重要内容和提升博士后研究人员培养质量的重要手段，这更加凸显了出版资助工作的意义。我相信，我们提供的这个出版资助平台将对博士后研究人员激发创新智慧、凝聚创新力量发挥独特的作用，促使博士后研究人员的创新成果更好地服务于创新驱动发展战略和创新型国家的建设。

 祝愿广大博士后研究人员在博士后科学基金的资助下早日成长为栋梁之材，为实现中华民族伟大复兴的中国梦做出更大的贡献。

中国博士后科学基金会理事长

前　　言

　　载波相位模糊度解算是全球导航卫星系统（GNSS）快速精密定位的关键技术。载波相位模糊度解算包括两部分：整周模糊度估计和整周模糊度检验。如果载波相位整周模糊度固定正确，可以实现厘米级甚至毫米级精度的定位，而一旦整周模糊度固定错误，则模糊度偏差会引起定位结果的跳变，并且导致定位结果发生系统性偏移。与其他导航技术相比，GNSS 定位的可靠性问题一直被认为是 GNSS 应用于导航定位的主要技术挑战之一。过去二十年来，随着对 GNSS 系统、信号和误差源的深入理解，GNSS 定位如何控制可靠性被认为是 GNSS 领域的一个开放性问题。

　　本书系统地介绍 GNSS 载波相位整周模糊度估计和整周模糊度检验的原理与方法及对应的可靠性评估理论。对于整周模糊度的估计而言，它的可靠性通常使用模糊度估计的成功率来衡量，而整周模糊度的检验则使用失败率作为可靠性指标。本书系统地介绍和比较各种整周模糊度检验的方法，并且重点阐述模糊度检验中的阈值确定方法。第 1 章介绍 GNSS 模糊度解算技术的发展现状与技术挑战。第 2 章讨论 GNSS 精密定位的各种数学模型，包括函数模型和随机模型。第 3 章介绍 GNSS 整数估计理论和相应的可靠性评估方法。第 4 章介绍 GNSS 整周模糊度检验的理论和方法，包括整数孔估计（IA）框架，模糊度检验的可靠性评估方法，并且比较各种孔估计器的检验性能。本书中，将目前所有的 IA 估计器分为 4 个大类，并且讨论和比较了各个 IA 估计器接受区、成功率和失败率。第 5 章介绍 GNSS 模糊度接受性检验的阈值确定方法，包括对现有的阈值确定方法的评价，并且利用实测 GNSS 数据对模糊度检验的可靠性进行评估。第 6 章总结本书的贡献，并且介绍了研究领域的未来发展方向。

　　本书针对 GNSS 模糊度解算的可靠性问题展开系统地阐述，既包括对已有方法的归纳总结，也包括该领域近年来的最新进展。特别感谢澳大利亚科廷大学的 Peter Teunissen 教授、荷兰代尔夫特理工大学的 Sandra Verhagen 助理教授和澳大利亚昆士兰科技大学的 Yanming Feng 教授，感谢他们在我攻读博士学位期间提供的帮助。感谢武汉大学的陈锐志教授和郭际明教授对书稿提出的宝贵意见。感谢武汉大学的许钡榛、李涛、张欣欣、申丽丽等协助完成书稿文字编辑和语言润色工作。

由于作者水平有限，书中难免存在不足之处，恳请各位读者批评指正。

王　磊

2019 年 5 月于珞珈山

目　　录

主要缩略词

ADOP（ambiguity dilution of precision）　　　　模糊度精度衰减因子

AR（ambiguity resolution）　　　　　　　　　模糊度解算

BIQUE（best invariant quadratic unbiased　　　　最优不变二次无偏估计
　　　　estimator）

BOC（binary offset carrier）　　　　　　　　二进制偏移载波

BPSK（binary phase shift keying）　　　　　　二进制相移键控

CDF（cumulative density function）　　　　　概率累积分布函数

CIR（cascade integer rounding）　　　　　　级联整数解算

CLP（closest lattice point）　　　　　　　　最近邻格网点

C/N0（carrier to noise）　　　　　　　　　信号载噪比

DD（double-differenced）　　　　　　　　　双差

DLL（delay locked loop）　　　　　　　　　延迟锁定环路

DTIA（difference test integer aperture）　　　Difference 检验整数孔

EIA（ellipsoidal integer rounding）　　　　　椭球整数孔估计

EWL（extra wide lane）　　　　　　　　　超宽巷组合观测值

FF-（fixed failure rate）　　　　　　　　　固定失败率

FL-（fixed likelihood）　　　　　　　　　固定似然比

GIM（global ionosphere map）　　　　　　　全球电离层图

GLONASS（global navigation satellite system）　（俄罗斯）全球导航卫星系统

GMF（global mapping function）　　　　　　全球投影函数

GNSS（global navigation satellite system）　　全球导航卫星系统

GPS（global positioning system）　　　　　（美国）全球定位系统

IA（integer aperture）　　　　　　　　　整数孔

IAB（integer aperture bootstrapping）　　　整数 bootstrapping 孔

IALS（integer aperture least-squares）　　　整数最小二乘孔

IB（integer bootstrapping）　　　　　　　整数 bootstrapping

IF（ionosphere free）　　　　　　　　　无电离层组合

IGS（the International GNSS Service）　　　国际 GNSS 服务

ILS（inter least-squares estimation）　　　整数最小二乘

IR（integer rounding）　　　　　　　　　整数舍入

LAMBDA（least-squares ambiguity
　　　　decorrelation adjustment）　　　最小二乘模糊度降相关调整

LRIA（likelihood ratio integer aperture）　似然比整数孔估计

LS-VCE（least-squares variance component
　　　　estimation）　　　　　　　　　最小二乘方差分量估计

MD（multiple difference）　　　　　　　　多差

MINQUE（minimum norm quadratic unbiased
　　　　estimator）　　　　　　　　　最小范数二次无偏估计

MLE（maximum likelihood estimation）　　最大似然估计

NL（narrow lane）　　　　　　　　　　　窄巷组合观测值

NMF（Neill mapping function）　　　　　Neill 投影函数

OIA（optimal integer aperture）　　　　　最优整数孔

OLS（ordinary least-squares）　　　　　　普通最小二乘

OSR（observation space representatives）　观测空间表示

PAR（partial ambiguity resolution）　　　部分模糊度解算

PCO（phase center offset）　　　　　　　天线相位中心偏移

PCV（phase center variation）　　　　　　天线相位中心变化

PDF（probability density function）　　　概率密度函数

PIA（panelized integer aperture）　　　　罚函数整数孔

PMF（probability mass function）　　　　概率质量函数

PPP（precise point positioning）　　　　　精密单点定位

PPP-RTK（precise point positioning-real time
　　　　kinematic）　　　　　　　　　精密单点定位–实时动态差分定位（模糊度固定的 PPP 技术）

PTIA（projector test integer aperture）　　投影算子检验整数孔

QMBOC（quadratic modulated binary offset
　　　　carrier）　　　　　　　　　　正交复用二进制偏移载波

QPSK（quadrature phase shift key）　　　正交相移键控

RMLE（restricted maximum likelihood
　　　　estimation）　　　　　　　　附有约束的极大似然估计

RTK（real time kinematic）　　　　　　　实时动态定位技术（载波相位差分定位技术）

SD（single-differenced）　　　　　　　　单差

SLR（satellite laser ranging）　　　　　　卫星激光测距

SNR（signal-to-noise ratio）　　　　　　信噪比

SSR（state space representation） 状态空间表示

TCAR（triple carrier ambiguity resolution） 三频载波模糊度解算

TEC（total electronic content） 总电子含量

VCE（variance-covariance component estimation） 方差分量估计

vc-（variance covariance） 方差–协方差

VLBI（very long baseline interferometry） 甚长基线干涉测量

VMF（Vienna mapping function） 维也纳投影函数

WIAB（weighted integer aperture bootstrapping） 加权整数 bootstrapping 孔

WL（wide lane） 宽巷组合观测值

WLS（weighted least-squares） 加权最小二乘

第1章 绪 论

1.1 GNSS定位原理

自从 1957 年 10 月 4 日第一颗人造地球卫星 Sputnik 一号发射成功后，1958年 12 月就启动了第一代卫星导航系统——子午卫星系统的研制。经过几十年的发展，全球导航卫星系统（GNSS）已经进入了千家万户，改变着人们的生活方式。GNSS 系统能够提供全球覆盖的、连续、实时、全天候的定位服务，是目前获取全球绝对位置的主要手段。随着我国北斗卫星导航系统的建设，我国在 GNSS 系统中扮演的角色从用户向服务提供者转变。GNSS 系统不但可以提供米级的实时导航定位服务，还可以提供厘米甚至毫米级的高精度定位服务。GNSS 高精度定位服务给地理信息产业带来了革命性的变化。这种变化主要体现在以下三个方面。

（1）从相对定位到绝对定位的转换。在全球定位系统（GPS）建成以前，人们主要是利用光学仪器测量目标点之间的相对距离和角度，来确定目标点之间的相对位置。大范围的精密定位主要依赖光学手段，包括经纬仪、激光测距仪、水准仪、全站仪等，通过测角或者测距的方式确定目标点与参考点之间的相对坐标差，从而将参考点的坐标系传递到目标点上。如果控制点离目标点比较远，就必须一站一站地把坐标引过来，费时费力，而且存在误差累积效应。如果用户从一个区域坐标系转移到另一个区域坐标系，则需要坐标转换，因为直接测量获得的坐标系统之间不兼容。在这种技术手段条件下，耗费了大量的人力物力布设各个等级的大地控制网来实现大范围的坐标基准的维持。通过各个级别的控制网才能将坐标基准一级一级地传递下去，才能保证坐标系统的统一。两套独立的坐标系统之间如果没有联测点就不能兼容。而 GNSS 定位技术允许用户在任何位置，在不进行相对观测的条件下直接获取绝对的位置。卫星一定程度上扮演了空间基准维持的角色，解决了大范围坐标传递问题。

（2）实现了二维定位到三维定位的跨越。受视距限制，地面观测值通常都可以近似地表示为平面，测距测角都是在平面上进行的。测量范围大，这个假设就不成立，地球曲率的影响需要进行模型修正。高程方面主要依靠水准仪和重力测量，这两种测量都是以垂线作为参考方向，由于地球重力场比较复杂，垂线之间并不平行，不同水准路线推算的两点之间的高差不同。高程的基准与平面的基准不一致，获取方式也不一致,导致人们生活的三维空间被强制分割成平面和高程两套系统,也就是通常所说的 2.5 维。GNSS 能够提供三维的用户坐标,能够唯一地确定三维空间内目标点的位置。以 GNSS 提供的三维坐标为基础,又发展了全球测图、移动测图、三维城市等新的测量概念。

(3)解决了全球空间基准建立与维持问题。在使用 GNSS 之前,只能通过有限的天文观测、VLBI 和 SLR 等技术,辅以相对定位的方式维持全球空间基准。观测条件受限,大范围的空间基准维持精度都不高。为了维持参考框架精度,不同国家和地区分别建立自己的参心坐标系。而使用参心坐标系的代价则是不同空间参考系之间相互转换变得更加困难。受观测条件限制,建立全国空间基准需要几年甚至几十年的周期,因此前期大地测量参考框架都是静态参考框架。以 GNSS 技术为核心,通过全球 GNSS 监测网长时间的 GNSS 观测,很快地将地心参考框架的维持精度从米级提升到厘米级甚至毫米级。以 GNSS 连续跟踪站为代表的空间大地测量技术,建立了动态、连续、高精度的全球参考框架,支持了地球物理学、海洋学、大气科学、行星科学等学科的发展。

1.1.1　GNSS 定位基本原理

本书将就 GNSS 高精度定位中的关键技术,即 GNSS 载波相位模糊度解算技术展开论述。GNSS 定位的原理与地面测量手段是相同的,即通过后方交会的方式确定用户的位置。后方交会即是站在待测点上分别测量用户到几个已知点之间的距离,从而确定出待测点的坐标。对于 GNSS 定位而言,已知点即导航卫星,而距离则是导航卫星发射的测距信号。GNSS 定位原理如图 1-1 所示。已知每个卫星的坐标和站星距离,要确定用户的位置,相当于以每个卫星为圆心,确定一个球体,几个球体的交点就是用户坐标。要估计用户的三维坐标,至少需要列 3 个观测方程。而事实上,

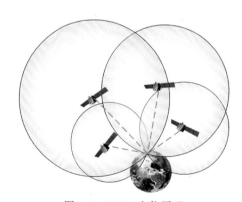

图 1-1　GNSS 定位原理

由于用户接收机时钟稳定度较差,也需要作为参数估计,GNSS 定位至少需要估计 4 个参数,对应地需要至少 4 颗可见卫星。

导航卫星在其轨道上运动,它的坐标通过导航电文的形式播发给用户,运动的卫星就变成了已知点。另外一个 GNSS 定位的关键问题是如何实现卫星与接收机

之间的距离测量。目前所有的 GNSS 系统都是通过往电磁波上调制测距码的信号实现测距的，GNSS 系统可用于测距的观测值有两种，即码伪距和载波相位。通过电磁波测距的本质是测量信号的传播时间。利用电磁波在真空中的传播速度（约为 299 792 458 m/s），可以将测量得到的时间差转换为距离观测值。如果信号发射端和接收机端的时间是严格同步的，那么信号传播时延可以直接测量。然而事实上很难做到两台时钟物理上严格同步，因此信号同步问题是 GNSS 测距的核心问题。

GNSS 定位面临两类时间同步问题：卫星间时间同步和星地时间同步。要实现 GNSS 定位需要同时接收来自 4 颗及以上的导航卫星的测距信号，这 4 颗导航卫星分别使用自己的星载原子钟，这几台星载原子钟的时间也做不到严格同步，那么测量的信号传播时间中，对于不同卫星的信号都包含不同的偏差，导致定位精度取决于卫星间同步误差。要想获得高精度的定位结果，必须尽可能准确地实现星载原子钟之间的时间同步。星载原子钟之间无法实现物理上的同步，但可以实现数学上的同步。导航卫星的地面运控系统通过星地时间比对链路，确定每颗卫星的星上时钟与时间系统之间的偏差，再把这个偏差通过广播星历播发给用户，就可以实现卫星间的时间同步。播发的这个偏差称作卫星钟差。地面用户利用卫星钟差来修正观测到的信号传播时延，就可以实现卫星之间数学意义上的时间同步。数学意义的时间同步不受时钟控制的精度和分辨率的限制，可以实现高精度的时间同步。目前各个 GNSS 系统广播星历中的钟差参数精度在 1~3 ns 量级，而精密的钟差产品甚至可将卫星之间的时间同步精度提升至几十皮秒。

星地时间同步问题是 GNSS 测距的核心问题。目前各个 GNSS 系统使用的测距原理类似，本书以 GPS 系统的测距原理为例阐述 GNSS 测距的工作原理。GPS 接收机能够同时接收来自多个 GPS 卫星的测距信号，由于用户与卫星之间的距离不同，接收机测量得到的信号延迟量对不同卫星是不同的。假设接收机的时钟与导航卫星系统时严格同步了，那么接收机测量的信号传播时延，在修正了卫星钟差后就是真实的站星之间的距离。然而事实上无法做到接收机与卫星系统时之间严格同步，导致接收机测量的所有卫星的信号传播时延产生了相同的时间偏移量。这种偏移量是由于接收机的时钟与导航系统时之间的同步误差造成的，称作接收机钟差。事实上，除了时间同步误差，卫星导航信号还受到很多其他误差源的影响，包括对流层、电离层、硬件延迟等的影响。GPS 接收机直接测量得到的信号传播延迟中不但包括站星几何距离的信息，还包括卫星钟差、接收机钟差和一系列其他的误差源的影响，并不是真正的距离观测值，因此通常被称为伪距观测值。要想从伪距观测值中提取真正的站星几何距离，就需要逐个消除这些误差源的影响。伪距观测值中残余误差影响一定程度上决定了 GNSS 定位的精度。

1.1.2 GNSS 测距原理

决定 GNSS 定位精度的另外一个因素就是其测距的体制。不同测距体制决定了测距的精度，而测距的精度又决定了 GNSS 定位的精度。本小节的介绍尽量不涉及数字信号处理相关的公式和概念，仅从原理和思路的角度介绍 GNSS 信号测距的原理。目前所有的卫星导航系统都以相位调制的方式在连续的载波上调制一系列的测距码，但是调制方式各个 GNSS 系统有差异。美国 GPS 系统和俄罗斯的 GLONASS 系统都采用 BPSK（二进制相移键控）的方式调制测距码，欧洲的伽利略和中国的北斗三号系统除采用传统的 BPSK、QPSK 调制外，还采用了二进制偏移载波（BOC）及其衍生版本（AltBOC，QMBOC 等）的形式进行测距码调制。不同的调制技术对测距精度产生一定的影响。对于 GNSS 数据处理而言，更加关心的是其测距性能。下面以 GPS 系统采用 BPSK 为例介绍 GNSS 测距体制。

最简单的电磁波测距方式是脉冲测距，信号源在约定的时刻产生一个脉冲沿，接收机记录接收到这个脉冲沿的时刻，与约定的信号发射时刻相减即可获得所谓的"伪距观测值"。脉冲测距是一种调幅机制，在大气中传播容易产生信号失真，因而 GNSS 采用的是一种调相的方式，就是通过改变电磁波相位的方式调制二进制信息，GPS 调制的是一种伪随机噪声码。伪随机码具有良好的自相关和互相关特性，分别用于精确地测距和区分不同的卫星。GPS 的民用测距码（C/A 码）的一个码周期内含 1 023 个码片（chip），每个码周期时长为 1 ms（谢刚，2009）。GPS 载波相位上连续不断地循环调制这种测距码来实现连续的测距功能。测距码的结构是公开的，接收机端会利用自身的时钟产生相同的测距码，然后与接收到的测距码进行相关运算。通过延迟锁定环路（DLL）确定本地测距码和接收测距码的相关峰，即可精确地测量"伪距观测值"。伪距观测值的测量精度取决于环路参数设计，目前主流的 GNSS 接收机伪距观测值测量精度都可以做到 1/100 个码片甚至更高。一个码片的持续时间约 1 μs，对应的信号传播距离大约是 293 m，因此理论上 GPS 测距码的测量精度是 3 m 左右。经过多年的技术改进，目前市面上大部分测地型接收机的伪距观测值测量精度都可以做到约 0.3 m。即便如此，仍然无法使用伪距获得厘米级的高精度定位结果。

获得厘米甚至毫米级高精度定位结果的关键是利用载波相位观测值（Hoffmann-Wellenhof et al., 1994）。接收机将调制在载波相位上的测距码剥离，就可以获得连续的正弦或者余弦波。大部分 GNSS 使用的载波频率在 1 150～1 600 MHz，对应的载波相位的波长在 20 cm 左右。接收机使用载波环路精确地测量接收到的载波信号的相位，可精确到 1/100 周左右，即 2 mm 左右。如果 GNSS 能够提供毫米级精度的距离观测值，就可以实现厘米级到毫米级的精确定位，然而载波相位观测存在一个问题，就是只能测量初始相位中不足一周的部分，记做 Fr_0。由于载波相位是连续的正弦或者余弦波，接收机无法确定信号从发射到接收的信号传播时延总共经历的整周数。这一部分未知的载波相位整周数称作载波相位模糊度，记做 N_0。如果接收机保持载波相位的连续跟踪，接收机可以测量站星之间几何变化引起的载波相位变化量 $Int(\phi)$，然而初始的载波相位模糊度 N_0 始终无法观测。只要接收机保持对信号的连续跟踪，载波相位模糊度 N_0 的数值就不会发生变化。GNSS 载波相位模糊度的示意图如图 1-2 所示。只要能正确地确定未知的载波相位整周模糊度，载波相位观测值就变成毫米级精度的距离观测值，从而提供厘米至毫米级精密定位服务。确定

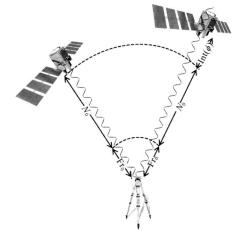

图 1-2　GNSS 载波相位模糊度示意图

未知的载波相位整周模糊度的过程称为模糊度解算，包括模糊度估计和模糊度检验两部分。本书就针对载波相位模糊度估计和模糊度检验两部分内容展开系统地研究。

1.1.3　GNSS 载波相位模糊度解算问题

尽管基于载波相位的定位技术可以提供更精确的定位解，但其应用场景仍然没有测距码的定位技术那样丰富，其中一个主要原因是基于载波相位的定位技术不如基于测距码的定位技术可靠。只有当载波相位整周模糊度被正确解算才能获得快速的高精度定位。如果将整周模糊度固定到错误的整数上，则可能导致定位结果发生较大的偏移。因此，许多对可靠性要求高的应用更倾向于使用低精度但高可靠性的基于测距码的定位技术。如果可以改善或控制模糊度解算的可靠性，则可以进一步扩展基于载波相位的定位技术的应用。但目前的挑战在于如何确保模糊度解算的高可靠性。

模糊度解算包括两个方面：模糊度估计和模糊度检验。模糊度估计是根据浮点模糊度确定正确的整周模糊度。模糊度检验则是确认固定的整周模糊度的可靠性。在模糊度估计阶段，可靠性通过将实数模糊度固定为正确整数的概率来衡量，称为成功率。模糊度估计的方法目前已经研究得比较深入，整数最小二乘（ILS）估计器被认为是最优整数估计器，因为它在所有整数估计器（Teunissen，1999）中

模糊度固定成功率最高。模糊度解算的可靠性不仅由整数估计器决定，而且也依赖于定位的数学模型（包括函数模型和随机模型）。如果定位的数学模型不够好，即使采用 ILS 也可能错误地固定整周模糊度。因此，需要采取进一步的质量控制方法，如模糊度检验或模糊度接受性检验，以确保固定整周模糊度的可靠性。尽管许多研究人员意识到了模糊度检验的重要性，但该问题仍未得到很好的解决（Verhagen，2004；Verhagen et al.，2012b）。

模糊度接受性检验涉及三个方面的问题：概率基础、检验统计构造和阈值确定。大多数现有工作试图使用经典假设检验方法来解决问题，这些方法更侧重于检验统计量的构造。区分性检验，如 F-ratio 检验（Frei and Beutler，1990），ratio 检验（Euler and Schaffrin，1991），difference 检验（Tiberius and De Jonge，1995）和投影算子检验（Han，1997）等已被广泛用于模糊度验证。然而，这些区分性检验有其局限性：首先，区分性检验假设固定整周模糊度是确定性的，但模糊度的固定解具有随机特性（Teunissen，2002）；其次，鉴别检验的阈值通常根据经验确定，这导致难以评估模糊度检验的性能。

整数孔（IA）估计理论为模糊度检验问题提供了一个很好的思路。模糊度残差的概率分布被用作模糊度检验的概率基础。模糊度残差分布考虑了固定整周模糊度的随机性，因此比区分性检验更严格。从统计量构造方面来看，现有的区分性检验也被视为可容许的 IA 估计器。在 IA 框架下提出了许多新的 IA 估计器，包括椭球整数孔估计器（EIA）（Teunissen，2003b），整数 bootstrapping 孔估计器（IAB）（Teunissen，2005b），整数最小二乘孔估计器（IALS）（Teunissen，2005c），罚函数孔估计器（PIA）（Teunissen，2004）和最优整数孔估计器（OIA）（Teunissen，2005a）。这些 IA 估计器提供了更多选择来验证固定的 GNSS 载波相位模糊度。从阈值确定方面，模糊度检验的失败率被用作载波相位模糊度解算的可靠性度量，并且提出相应的固定失败率（FF-）方法以合理地确定 IA 估计器的阈值（Teunissen and Verhagen，2009）。

模糊度接受性检验仍然存在许多挑战。首先，对整数 bootstrapping（IB）估计器的研究比较有限。目前，大多数研究与区分性检验有关，但这些区分性检验需要至少两个整数候选向量，因此仅适用于 ILS 估计。另一方面，尽管 IB 估计器是次优解决方案，但其性能在降相关之后接近 ILS 估计器。此外，IB 估计器因其免于搜索过程而具有更高的计算效率。在高维情况下，ILS 搜索将变得非常耗时。在这种情况下，IB 估计器仍能保证高效的计算，因此，它更适合高维模糊度估计场景。然而，IB 估计器的模糊接受性检验方法尚未得到足够的重视，只有整数 bootstrapping 孔估计（IAB）是为 IB 估计器设计的。目前，仍没有研究对 IAB 是否为 IB 估计量的最优模糊度接受性检验这一问题进行验证，也不确定是否能提高 IAB 的性能。

另一个挑战来自模糊度接受性检验中的阈值确定方法。固定失败率方法具有严格的概率论基础,但它需要高性能计算。目前仍缺少对其他合理的阈值确定方法的研究。FF-方法中用失败率作为可靠性度量,但是低失败率是否意味着可靠的模糊度解算仍需进一步研究。此外,还需要研究是否有其他指标可以衡量模糊度解算的可靠性。

第三个挑战也与阈值确定方法有关。由于 FF-方法需要高性能计算,可以研究简化 FF-方法或者提高其计算效率。目前,已有查找表方法用于提高 FF-方法的计算效率,但是其在简化后仍然依赖于蒙特卡洛方法。有没有可能摆脱仿真计算,通过其他的方式直接获得 FF-阈值仍旧值得探索。

如何在全球导航卫星系统数据处理中应用 FF-方法仍然具有挑战性。目前关于模糊度接受性检验的研究只关注理论方面,因此通常用仿真数据来验证相关的模糊度检验理论。FF-方法的性能需要在实际数据处理中得到验证。将 FF-方法应用于实际数据的主要问题是如何获得精确的随机模型和无偏的函数模型。

对于多 GNSS 系统、多频率的环境,载波相位模糊度的维度急剧增加,这给模糊接受性检验问题也带来了新的挑战。在单 GPS 系统下,对于实时数据处理,模糊度维度通常小于 20,但是如果考虑同时处理多 GNSS 系统的信号(例如,GPS、GLONASS、北斗、伽利略),则其维度可以增加到 100 以上。高维意味着繁重的计算负荷,如何解决高维模糊度实时检验的问题还待进一步研究。此外,模糊度接受性检验方法在高维情况下是否有效也仍需深入研究。

1.2 本书的内容安排

本书从三个方面介绍 GNSS 载波相位模糊度解算中的可靠性控制问题:精密定位数学模型,整数估计方法和模糊度接受性检验方法。本书的其余 5 章概述如下。

第 2 章描述 GNSS 定位的数学模型。基础模型对于 GNSS 模糊度估计和检验非常关键。首先,介绍基本的 GNSS 观测方程、GNSS 观测方程的误差源和常见的处理方法,从函数模型和随机模型两方面来描述数学模型。函数模型消除了观测值中的所有偏差,并确保模型的无偏性。随机模型确保模型能够反映 GNSS 观测值的随机特征。函数模型和随机模型是模糊度解算的先决条件。其次,讨论 GNSS定位的双差和单差模型,并在理论分析中证明它们的等价性。引入函数模型验证方法以验证定位函数模型的适用性。最后,简要介绍 GNSS 精密定位随机模型的结构,并讨论方差分量估计的原理。

第 3 章简要介绍 GNSS 整数估计理论。首先,回顾求解混合整数模型的流程。

然后，系统地回顾整数估计方法。引入可容许整数估计的概念，并讨论三个可容许的整数估计：整数舍入估计器、整数 bootstrapping 估计器和整数最小二乘估计器。还简要介绍降相关方法，并指出降相关过程中的变量和不变量。引入成功率的概念作为整数估计可靠性的度量。介绍整数估计成功率的计算方法及其上下限。此外，比较不同整数估计器在成功率方面的性能。系统地研究成功率的上限和下限，特别是比较降相关前后的表现。最后，根据数值结果确定整数最小二乘成功率的界限。

第 4 章讨论在整数孔（IA）估计框架下模糊度接受性检验的原理。现有的整数孔估计器根据其检验统计构造方法分为 4 种类型。基于距离的 IA 估计器仅使用一个整数候选向量，并且其成功率和失败率易于评估。在本书中提出了加权整数 bootstrapping 孔估计器（WIAB），并且证明 WIAB 具有比整数 bootstrapping 孔估计器（IAB）更好的性能。基于投影算子的 IA 估计器需要至少两个整数候选向量来形成检验统计量。基于 ratio 的 IA 估计器与基于投影算子的 IA 估计器相似，它们也使用两个备选整数向量，但是通过构造 ratio 检验统计量来进行接受性检验。基于概率的 IA 估计器需要知道完整的模糊度残差概率分布，因此理论上很严谨。第 4 章还通过大量仿真数据对 IA 估计器的性能进行比较分析。

第 5 章研究模糊度接受性检验中的阈值确定方法。首先回顾模糊度接受性检验中的 4 种不同阈值确定方法。然后，系统地介绍固定失败率（FF-）方法。FF-方法具有良好的理论基础，但比较耗时。目前已有许多研究致力于提高 FF-方法的效率。查找表方法使用二维表来表示 FF-阈值，使得能够快速获取 FF-阈值。本书提出一种新的阈值确定方法——阈值函数法。该阈值函数法确定了 FF-阈值和整数 bootstrapping 成功率之间的关系，从而可以直接计算 FF-阈值而不需要做耗时的蒙特卡洛仿真计算，通过对 DTIA 的验证效果显示阈值函数法性能上与 FF-阈值法相当。阈值函数法还可以用于广义 DTIA 等其他的 IA 估计器。

第 6 章总结 GNSS 模糊度解算的方法，以及本书的主要贡献，同时也介绍 GNSS 载波相位模糊度解算的可靠性控制相关的、仍然有待进一步解决的问题。

第 2 章　GNSS 定位数学模型

GNSS 定位数学模型包括两个方面：函数模型和随机模型。函数模型描述观测值之间或观测值与参数之间的关系，随机模型描述观测值的随机特征。适当的函数模型能够客观合理地反映 GNSS 观测值与待估参数之间的关系，而准确的随机模型可以确保模型与观测数据高度的一致性。在一定的条件下，函数模型和随机模型可以相互转化，因此二者在 GNSS 定位中有着同等重要的地位。特别是在基于载波相位的定位情况下，函数模型和随机模型都会影响模糊度解算的质量和可靠性，需要特别慎重地考虑。本章将回顾 GNSS 定位相关的函数模型和随机模型，以及函数模型验证和方差分量估计的方法。

2.1　GNSS 观测模型与误差源

GNSS 接收机通过测量卫星和接收机之间的距离来计算接收天线的位置。对于卫星坐标已知的情况，接收机的坐标可以表示为站星距离的函数。因此，从 GNSS 信号中获得精确的几何距离观测值是 GNSS 定位的关键问题。然而，原始 GNSS 观测值受到各种误差源的干扰，例如硬件延迟、传播介质和观测环境的影响。在正确地计算用户位置之前，需要合理地处理这些误差源。本节对 GNSS 观测中的主要误差源进行简要地介绍和分析。

GNSS 接收机能够从 GNSS 信号中提取 4 种类型的观测值：伪距（测距码）、载波相位、多普勒频移和信号载噪比（C/N0）。其中伪距（测距码）和载波相位观测是 GNSS 定位中主要使用的观测值类型。多普勒频移通常用于测速和周跳探测。载噪比可用于确定随机模型、周跳探测和 GNSS 遥感等。在本书中，主要讨论 GNSS 测距码和载波相位观测值。

GNSS 的测距码和载波相位观测方程可以表示为

$$\begin{cases} P_i = \rho + \delta_{\text{orb}} + c(\delta t^{\text{S}} - \delta t^{\text{R}}) + (I_i + b_i^{\text{S}} - b_i^{\text{R}}) + \delta_{\text{trop}} + \epsilon_{P_i} \\ L_i = \rho + \delta_{\text{orb}} + c(\delta t^{\text{S}} - \delta t^{\text{R}}) - I_i + \delta_{\text{trop}} + \lambda_i(\phi_i^{0,\text{S}} - \phi_i^{0,\text{R}} + N_i) + \epsilon_{\phi_i} \end{cases} \tag{2.1}$$

式中：P_i 是第 i 个频率信号的伪距（测距码）观测值，m；L_i 是第 i 个 L 波段测距信号的载波相位观测值，m；ρ 是卫星 S 和接收机 R 之间的几何距离，m；δ_{orb} 是卫星轨道误差，m；c 是真空中的光速，299 792 458 m/s；δt^S 是卫星钟差，s；δt^R 是接收机钟差，s；I_i 是第 i 个频率信号的电离层延迟，m；δ_{trop} 是对流层延迟，m；λ_i 是第 i 个频率的载波相位的波长，m；b_i^S 是卫星相关的硬件延迟，m；b_i^R 是接收机相关的硬件延迟，m；$\phi_i^{0,S}$ 是卫星相关的第 i 个频率的载波相位信号的初始相位小数偏差，周；$\phi_i^{0,R}$ 是接收机相关的第 i 个载波相位信号的初始相位小数偏差，周；N_i 是以周为单位的第 i 个频率的载波相位信号的整周模糊度；ϵ_{P_i} 是接收机伪距噪声，m；ϵ_{ϕ_i} 是接收机载波相位噪声，m。下标 i 的项表示误差与信号频率有关。

除了上述的偏差，还有几项可以通过数学模型修正的误差未在公式中列出，包括：卫星端和接收机端天线相位中心偏差（PCO）、卫星端和接收机端天线相位中心变化（PCV）、相位缠绕误差、卫星端和接收机端的相对论效应、地球自转效应、地球固体潮汐、海洋潮汐和大气负荷潮汐效应等。虽然这些误差源可能也会有一些应用，例如 GNSS 遥感、地球物理学应用等，但对于 GNSS 定位的应用来说，式（2.1）中除几何距离之外的所有项都是"有害偏差"。在定位问题中，都应想办法消除这些误差源的影响。关于这些误差源的特性和介绍，很多国内外的教材都做了详细的描述（Leick et al., 2015；李征航和黄劲松，2005），本书中不再赘述。本书将重点介绍 GNSS 误差处理的共性技术。

所有 GNSS 观测误差源可以分为三类：卫星相关的误差、接收机相关的误差和传播路径相关的误差。卫星相关的误差包括轨道误差、卫星钟差、卫星相关的硬件延迟、初始相位小数偏差等。接收机相关的误差包括接收机钟差、接收机相关的硬件延迟和初始相位小数偏差等。传播路径相关的误差包括对流层和电离层延迟。多路径误差很多情况下都被视为传播路径相关的误差，但它也受 GNSS 接收机和天线设计的影响（夏林元，2001）。多数卫星相关的误差，例如轨道误差和卫星钟差，都可以通过地面监测站网联合解算来估计或者通过站间差分技术削弱或者消除（付文举，2018）。大部分接收机相关的误差，例如接收机钟差、接收机硬件延迟等，也可以通过参数估计、星间差分或者事先标定来削弱或消除其影响。因此，如何处理传播路径相关的误差是 GNSS 误差处理的主要挑战。

通常情况下，处理 GNSS 误差源的方法大致可分为三类：误差建模、误差消除和误差估计。

误差建模方法是指根据 GNSS 误差源的特性建立适当的数学模型描述该误差的变化特征，这些数学模型来自全球监测网解算的产品（例如精密轨道和钟差产品、全球电离层图）、经验模型 [例如 Klobuchar 电离层模型（Klobuchar, 1987）、Saastamoinen 对流层模型（Saastamoinen, 1972）] 或外部校准产品（例如码间偏差，卫星天线偏移）（李云中，2013）。建模方法特别适用于处理卫星相关的偏差，因为这些偏差对所有地面用户都是相同的，可以通过全球地面站网精确地估计，而经验模型主要用于校正大气延迟误差。通过对大气长时间的观测资料的分析，大气变化特征及对电磁波的影响已经得到了比较深刻的认识，因此大气延迟适合建立经验模型来修正。另一方面，由于大气变化的复杂性，经验模型通常只能修正一部分误差，模型修正后仍有部分残余影响。例如，GPS 采用 Klobuchar 经验电离层修正模型大约可以修正 60%～70%的电离层影响，伽利略系统的 NeQuick 模型大约可修正 70%～80%的电离层延迟（Yuan et al.，2019）。接收机相关的误差一般情况下很难建立经验修正模型，因为这一类误差通常情况下跟接收机和天线的品牌、型号甚至固件版本都有关。虽然有一些接收机相关的误差也是可以通过制造商预先标定来消除的，例如接收机天线相位中心偏移，但是绝大多数接收机相关的误差都无法通过标定来处理，大部分的接收机相关的误差甚至是随时间或温度而变化的。此外，由于制造商数量的增加，对接收机相关误差的建模也变得更加困难。

误差消除方法是指通过观测值的线性组合或差分技术来消除或削弱 GNSS 观测值中的某些误差。误差消除方法利用误差之间的相关性或函数关系来消除或削弱误差，常见的有无电离层组合法、无几何距离组合法、站间差分、星间差分等（Cocard et al.，2008；Feng，2008）。误差消除的方法可以直接消除偏差，与偏差的大小或变化特征无关，简单且有效。这种方法有三个方面的局限性：缺乏灵活性，无论是线性组合还是差分都会导致部分观测信息丢失和观测值精度下降。另外，缺乏灵活性，误差消除方法仅能够处理具有某些特定特征的偏差，并不适用于处理所有误差。当形成线性组合或差分观测值时，观测值中的一些有用信息会不可避免地丢失。在大多数情况下，线性组合或差分观测值比原始观测值噪声更大，这是通过线性组合或者差分的方法来削弱或消除误差的代价。

参数估计方法是将偏差视为未知参数引入系统中进行参数估计。该方法不仅可以消除观测值中的偏差，而且还能够从观测值中提取指定的误差值的大小。估计方法原理上可用于处理任何可区分的偏差，因此参数估计的方法比误差消除方法更灵活。然而，由于过度参数化可能会降低参数估计精度甚至引起方程秩亏问题，在观测值个数有限的条件下，通常只能估计有限的偏差。增加参数的个数也会降低参数估计的精度。通常情况下，函数模型只会考虑用户感兴趣的参数或者其他方法无法处理的偏差。

要从 GNSS 观测值中估计所需参数，则要用适当的数学模型来描述参数和观测值的关系，具体包括函数模型和随机模型。函数模型描述观测值之间或观测值与参数之间的关系。通常情况下，这种关系是确定性的，而最近有学者则致力于研究参数中含有误差的数学模型，该模型也考虑了观测值与参数的关系中含有的误差的情况，例如 Amiri-Simkooei（2013）、Xu 等（2012a）。在本书中，主要讨论确定性函数模型。随机模型描述了观测值和参数的统计特征。作为函数模型的扩展，随机模型能够考虑观测值的随机特性和参数的先验信息，从而提高估计参数的精度。另一方面，随机模型也可以作为"伪观测值"加入函数模型中，形成统一的参数估计模型（Teunissen and Kleusberg，1998；Schaffrin and Bock，1988）。

在 GNSS 快速精密定位领域，面临的主要问题是如何正确求解载波相位整周模糊度。如式（2.1）所示，GNSS 的观测值受到一系列误差源的影响，导致定位计算时不能直接利用载波相位模糊度的整数性质。因此，需要在函数模型中适当地处理这些偏差并恢复载波相位模糊度的整数性质。目前，有三种模型可以恢复模糊度的整数性质：双差模型、单差模型和非差模型。双差模型通常被称为实时动态差分定位（RTK）模型，至少需要两台接收机，而另外两个模型被称为 PPP-RTK 模型，能够使用一台接收机进行精密定位。

由于假设在数据处理过程中始终可以获取精确的卫星轨道信息，在下面的讨论中轨道误差 δ_{orb} 可以忽略不计。国际 GNSS 服务（IGS）提供的 GPS 精密轨道产品的三维不确定度仅为 3～5 cm（Kouba and Heroux，2001）。IGS 提供的轨道产品中，径向方向与距离计算直接相关，也对定位影响最大。然而轨道产品精度评估结果显示，GNSS 精密轨道产品在径向精度还要高于切向和法向。因此，通过使用 IGS 精密星历产品，轨道误差可以降低到可忽略的水平，在后续的公式中将忽略轨道误差的影响。为简单起见，分别将卫星相关和接收机相关的硬件延迟偏差合并到钟差参数中，记作广义钟差，定义如下：

$$\begin{cases} d\breve{t}_i^{\mathrm{S}} = c\delta t^{\mathrm{S}} + b_i^{\mathrm{S}} \\ d\breve{t}_i^{\mathrm{R}} = c\delta t^{\mathrm{R}} + b_i^{\mathrm{R}} \\ d\breve{T}_i^{\mathrm{S}} = c\delta t^{\mathrm{S}} + \lambda_i \phi_i^{\mathrm{S},0} \\ d\breve{T}_i^{\mathrm{R}} = c\delta t^{\mathrm{R}} + \lambda_i \phi_i^{\mathrm{R},0} \end{cases} \quad (2.2)$$

其中：$d\breve{t}_i^{\mathrm{S}}$ 和 $d\breve{T}_i^{\mathrm{S}}$ 分别是伪距和载波相位观测值对应的卫星相关的广义钟差；$d\breve{t}_i^{\mathrm{R}}$ 和 $d\breve{T}_i^{\mathrm{R}}$ 分别是测距码和载波相位对应的接收机相关的广义钟差。需要注意的是，广义钟差项对于不同频率的观测数据是不同的，并且以米为单位。

将式（2.2）中的广义钟差代入式（2.1），那么观测方程（2.1）可以写成

$$\begin{cases} P_i = \rho + d\breve{t}_i^{\mathrm{S}} - d\breve{t}_i^{\mathrm{R}} + I_i + \delta_{\mathrm{trop}} + \epsilon_{P_i} \\ \phi_i = \rho + d\breve{T}_i^{\mathrm{S}} - d\breve{T}_i^{\mathrm{R}} - I_i + \delta_{\mathrm{trop}} + \lambda_i N_i + \epsilon_{\phi_i} \end{cases} \quad (2.3)$$

如果卫星相关的广义钟差 $d\breve{t}_i^{\mathrm{S}}$、$d\breve{T}_i^{\mathrm{S}}$，接收机相关的广义钟差 $d\breve{t}_i^{\mathrm{R}}$、$d\breve{T}_i^{\mathrm{R}}$ 和传播路径相关的大气误差 I_i、δ_{trop} 都得到正确处理，那么载波相位模糊度 N_i 的整数性质就很容易被恢复。以下讨论都基于这个简化的观测值方程。

2.2　函数模型

函数模型的作用是描述观测值和参数之间的关系。一个合理的函数模型可以准确地反映观测值之间及观测值与参数之间的关系，能够保证观测值的残差中不含有任何系统性偏差。基于载波相位的定位模式有两种，即实时动态差分定位（RTK）和精密单点定位（PPP）模式。传统的 PPP 模式不涉及模糊度解算，但 PPP-RTK 技术可以解决 PPP 定位模式中的模糊度固定问题。RTK 模式采用双差观测值模型，PPP-RTK 模式采用单差或非差观测值模型（Wabbena et al.，2005）。本节将分别讨论 RTK 和 PPP-RTK 定位模式的原理。

2.1.1　双差模型

处理 GNSS 观测值中的误差源最直接的方法是双差定位模型。自 20 世纪 80 年代以来，该模型就被广泛地用于确定接收机之间的相对位置（Bossler et al.，1980）。通过双差定位可以消除或削弱大部分 GNSS 观测值中误差源的影响，简化定位的数学模型，提升定位精度，因而得到广泛的应用。GNSS 定位双差模型包含两次差分过程，即站间差分和星间差分。

（1）站间差分。双差模型至少需要两台接收机残余，且其中一台接收机的天线要安装在坐标已知的点上。安装在已知点上的接收机称为参考站，另一台待定位的 GNSS 接收机站称为流动站。站间差分是指对流动站和参考站的对应卫星的观测值之间进行差分，站间差分后的单差观测方程可表示为

$$\begin{cases} \Delta P_i = \Delta \rho + \Delta d\tilde{t}_i^{\,R} + \Delta I_i + \Delta \delta_{\text{trop}} + \Delta \epsilon_{P_i} \\ \Delta \phi_i = \Delta \rho + \Delta d\tilde{T}_i^{\,R} - \Delta I_i + \Delta \delta_{\text{trop}} + \lambda_i \Delta N_i + \Delta \epsilon_{\phi_i} \end{cases} \tag{2.4}$$

其中：Δ 是站间差分运算符。在站间单差之后，卫星相关的广义钟差被完全消除，轨道误差被大幅度削弱。由于两个接收机的信号传播路径相似，在站间差分之后，传播路径相关的误差也被大幅度削弱。如果两个接收机的距离足够接近，则差分后传播路径相关的误差可以忽略。同时，卫星间的差分也消除了两台接收机的站星几何距离中的公共部分。剩下的 $\Delta \rho$ 只对两个站之间的距离向量敏感。因此，站间差分观测值只能用于相对定位。另一方面，站间单差的观测方程中，接收机钟差 $d\tilde{T}_i^{\,R}$ 和模糊度偏差 ΔN_i 也从绝对偏差变为了两台接收机的相对偏差。模糊度偏差 ΔN_i 仍然无法恢复其整数特性，因为其仍受到相对接收机钟差 $\Delta d\tilde{t}_i^{\,R}$ 和 $d\tilde{T}_i^{\,R}$ 的影响。站间差分有助于消除卫星相关的误差，削弱传播路径相关的误差，但是站间

差分也会导致观测值丢失有用信息。首先,差分后的观测值无法获得站星间的绝对几何距离,因此失去了绝对定位的能力。其次,站间差分观测值中的大气偏差也变成了相对值,因此站间单差后的观测值无法用于提取绝对大气延迟量。

(2)星间差分。为了恢复模糊度参数的整数性质,还可以通过进一步差分来处理接收机相关的误差。接收机相关的误差可以通过形成星间差分观测值来消除。星间差分即对同一台接收机接收到的卫星信号之间进行差分,通常情况下对于同一个星座的所有观测值会选择一颗参考星,其他卫星的观测数据都减去参考星的观测数据形成星间差分观测值。在站间差分观测值的基础上再进行星间差分就形成了双差的观测值,可表示为

$$
\begin{cases}
\nabla\Delta P_i = \nabla\Delta\rho + \nabla\Delta I_i + \nabla\Delta\delta_{\text{trop}} + \nabla\Delta\epsilon_{P_i} \\
\nabla\Delta\phi_i = \nabla\Delta\rho - \nabla\Delta I_i + \nabla\Delta\delta_{\text{trop}} + \lambda_i\nabla\Delta N_i + \nabla\Delta\epsilon_{\phi_i}
\end{cases}
\tag{2.5}
$$

其中:∇ 是星间差分算子。在星间差分之后,式中接收机相关的误差被完全消除。星间差分与站间差分在双差观测值形成的过程中作用是不同的。首先,因为来自不同卫星的信号传播路径明显不同,星间差分不能显著削弱传播路径相关的误差。其次,对于星间差分观测值既可用于非差观测值也可用于站间差分后的观测值。星间差分后的观测值仍然可以计算用户的绝对坐标,但是不能用于计算绝对的大气延迟量。另一个重要的区别是,星间差分使得观测值之间产生了数学上的相关性。一般情况下,非差和单差观测值都可视为观测值之间相互独立,但星间差分后,观测值之间就引入了相关性。换言之,星间差分观测值对应的方差–协方差矩阵不再是对角阵。

式(2.5)表示双差观测值可以完全消除卫星相关的和接收机相关的误差。通过双差运算也可以显著削弱传播路径相关的误差。剩余传播路径相关的误差大小取决于参考站与流动站间的距离,即基线长度。显然,如果传播路径相关的误差(主要是大气传播延迟误差)残差太大,也会破坏模糊度的整数性质。因此,如何处理这些大气延迟误差的残差成为双差模糊度解算中的主要挑战。这些大气延迟误差可以通过参数估计的方法进一步削弱。考虑不同量级的大气延迟误差的残余量大小不同,本小节分以下三种情况讨论双差定位的函数模型:短基线情况、中长基线情况和长基线情况。

(1)短基线情况。对于短基线情况,电离层和对流层残差的大小不会影响整周模糊度解算。因此,不需要采取额外的措施来处理这些大气延迟误差。在数据处理过程中,大气延迟的残差可以被忽略。在这种情况下,观测方程可以简化为

$$
\begin{cases}
\nabla\Delta P_i = \nabla\Delta\rho + \nabla\Delta\epsilon_{P_i} \\
\nabla\Delta\phi_i = \nabla\Delta\rho + \lambda_i\nabla\Delta N_i + \nabla\Delta\epsilon_{\phi_i}
\end{cases}
\tag{2.6}
$$

在该模型中，观测值仅涉及双差几何距离和模糊度参数。如果测得的双差几何距离足够准确，则模糊度参数可以很容易地固定到正确的整数向量上。假设有 s 颗可见卫星和 f 个频率的观测值，短基线的函数模型如下：

$$E\begin{pmatrix} \nabla\Delta P \\ \nabla\Delta\phi \end{pmatrix} = (e_2 \otimes e_f \otimes (DG), M_A \otimes \Lambda_f \otimes I_{s-1})\begin{pmatrix} b \\ a \end{pmatrix} \tag{2.7}$$

其中：e_i 是 $i{\times}1$ 列向量，其所有元素等于 1；$M_A = \mathrm{diag}([0,1]^{\mathrm{T}})$；$\mathrm{diag}()$ 是将列向量填充到对角矩阵的主对角线元素；$\Delta_f = \mathrm{diag}([\lambda_1, \lambda_2, \cdots, \lambda_f]^{\mathrm{T}})$；$I_{s-1} = \mathrm{diag}(e_{s-1})$；$D$ 是一个星间差分映射矩阵，可以表示为 $D = [I_{s-1}, e_{s-1}]$；G 是 $s{\times}3$ 的雅可比矩阵，对应的每个元素都是几何距离对三个用户坐标分量的偏导 $\left(\dfrac{\partial\rho}{\partial x}, \dfrac{\partial\rho}{\partial y}, \dfrac{\partial\rho}{\partial z}\right)$；$a$ 和 b 分别是模糊度和基线参数。

（2）长基线情况。双差模型中另一个极端情况是长基线情况。在这种情况下，假设两台接收机之间距离很远，因此信号传播路径完全不同。在这种情况下，卫星相关和接收机相关的误差仍然可以在双差之后被消除，但是传播路径相关的误差残差很大。传播路径相关的残差主要是指电离层残差和对流层残差。

当电磁波通过对流层时，对流层会对电磁波产生弯曲效应，相当于延长了信号在空间中的传播时间。在一定的频率范围内，对流层是一种非色散传播介质，对流层延迟量的大小取决于信号在大气层中的传播路径。根据中性大气理论，对流层延迟可以表示为（Leick，2004）

$$T_{\mathrm{los}} = T_{z,d} * m_h(E) + T_{z,w} * m_w(E) \tag{2.8}$$

其中：T_{los} 是视线方向上的对流层延迟；$T_{z,d}$ 和 $T_{z,w}$ 分别是天顶方向的干延迟和湿延迟；$m_h(E)$ 和 $m_w(E)$ 分别是干延迟和湿延迟的投影函数。

其中对流层干延迟可以根据气温、气压等气象信息计算，而湿延迟由于复杂的水气变化难以建模。一种常用的方法是利用经验模型修正对流层干延迟和湿延迟的主项，剩余的对流层湿延迟残余量通过引入天顶方向对流层延迟参数来估计（郑福，2017）。将对流层延迟表达为式（2.8）的好处，是对同步观测的多颗卫星观测值仅需要引入一个对流层参数，而其主要局限是估计的天顶湿延迟的精度取决于对流层投影函数的精度。目前对流层投影函数已经研究得比较深入了，常见的对流层投影函数包括 Neill 投影函数（NMF）（Neill，1996），维也纳投影函数（VMF）（Boehm and Schuh，2004）和全球投影函数（GMF）（Boehm et al.，2006）等。

在太阳活动剧烈的年份，电离层对 GNSS 信号视线方向的影响最高可达到 150 个总电子含量（TEC）单位，相当于给站星距离观测值引入 25 m 误差（Langley，2000）。当电离层延迟量对观测值的影响达到数厘米甚至分米级时，就会影响载波相位整周模糊度的解算。电离层延迟也可以通过经验模型进行修正，例如 Klobuchar 模型（Klobuchar，1987）和 NeQuick 模型（Radiceila，2009）。国际 GNSS 服务定期发布由全球跟踪监测网络解算的全球电离层图（Schaer，1999）。由于电离层活动比较活跃，这些模型的精度还不足以支持 GNSS 载波相位模糊度解算（Schaer，1999；Klobuchar，1987）。对于双频或多频的 GNSS 观测值的情况，电离层延迟可以通过无电离层（IF）线性组合来消除。使用 IF 组合来进行长基线的模糊度解算方法已经得到了验证（Blewitt，1989），但此方法仅适用于静态基线数据处理。另外一种等效的电离层延迟处理方法是将其作为参数引入线性系统进行估计。考虑大气延迟参数，长基线 GNSS 数据处理的函数模型可以表示为

$$E\begin{pmatrix}\nabla\Delta P\\\nabla\Delta\phi\end{pmatrix}=(e_2\otimes e_f\otimes(DG),e_2\otimes e_f\otimes(DM),M_I\otimes\mu_f\otimes I_{s-1},M_A\otimes\Lambda_f\otimes I_{s-1})\begin{pmatrix}b\\\delta_T\\\delta_I\\a\end{pmatrix}\quad(2.9)$$

其中：δ_T 和 δ_I 分别是天顶方向上的双差对流层延迟和视线方向上的双差 L1 电离层延迟；M 是 $s\times1$ 向量，对应的元素包含流动站的每颗卫星的湿延迟映射函数 $M_w(E)$；$M_I=[1,-1]^{\mathrm{T}}$；$\mu_f=\left[\dfrac{f_1^2}{f_1^2},\dfrac{f_1^2}{f_2^2},\cdots,\dfrac{f_1^2}{f_f^2}\right]^{\mathrm{T}}$。

　　（3）中长基线情况。在双差数据处理中，最常用的模型是中长基线模型。关于如何界定中长基线目前没有统一的定义，但一般认为在中长基线情况下，双差的大气延迟影响不可忽略（Teunissen and Kleusberg，1998）。中长基线的情况与长基线的情况又有不同，中长基线情况下大气延迟仍在一定程度上得到削弱，但其残差仍然在不可忽略的量级。在中长情况下可以将大气残差建模为基线长度的函数。再利用先验的大气残差信息对电离层延迟进行约束，进一步增强数据处理模型的强度。先验的电离层信息可以采用参数的先验方差–协方差矩阵形式或虚拟观测值形式加入线性系统。根据 Schaffrin 和 Bock（1988）的研究，这两种形式的效果完全相同。如果将先验大气信息作为虚拟观测值引入线性系统，则中长基线的双差模型可表示为

$$E\begin{pmatrix}\nabla\Delta P\\\nabla\Delta\phi\\\nabla\Delta V_I\end{pmatrix}=\left(\begin{pmatrix}e_2\otimes e_f\otimes(DG)\\0_{(s-1)\times3}\end{pmatrix},\begin{pmatrix}e_2\otimes e_f\otimes(DM)\\0_{(s-1)\times1}\end{pmatrix},\begin{pmatrix}M_I\otimes\mu_f\otimes I_{s-1}\\I_{s-1}\end{pmatrix},\begin{pmatrix}M_A\otimes\Lambda_f\otimes I_{s-1}\\e_f\otimes0_{(s-1)\times(s-1)}\end{pmatrix}\right)\begin{pmatrix}b\\\delta_T\\\delta_I\\a\end{pmatrix}$$

$$(2.10)$$

其中：$\nabla\Delta V_I$ 是虚拟电离层观测值。相应的随机模型将在式（2.48）中给出。具有先验电离层信息的中长基线模型也称为"电离层加权模型"（Odijk，2000）。

2.2.2　单差模型

双差模型简单而有效,但在差分的过程中也消除了一些有用的信息。随着对 GNSS 信号中的各种偏差的深入理解,可以在消除误差干扰的同时保留更多有用信息。通过各种精密的 GNSS 产品的支持,精密单点定位技术使得用户能够用一台接收机就达到厘米级的定位精度(Zumberge et al.,1997)。PPP-RTK 技术还可以通过对 PPP 的模糊度解算来有效地缩短 PPP 收敛时间(Zhang et al.,2012;Geng et al.,2010)。PPP-RTK 技术引起了 GNSS 领域研究人员极大的兴趣。PPP-RTK 和 RTK 之间最显著的区别在于处理误差使用的改正数是以观测值空间表示 (OSR)或是状态空间表示(SSR)(Wabbena et al.,2005)。RTK 技术通常使用双差模型实现高精度定位,而 PPP-RTK 技术则使用单差模型或非差模型来实现精密定位。利用单台接收机实现模糊度固定的方法有三种,即钟差去耦模型、单差模型和整数钟模型。其中单差模型是在 PPP-RTK 技术中经常使用的方法(Teunissen and Khodabandeh,2015b;Geng et al.,2010;Ge et al.,2008)。这三种方法从原理上具备等价性,但是模糊度基准的选取各有不同。

本小节的重点是介绍如何用单差模型恢复 GNSS 载波相位的整数性质。由于 PPP-RTK 以 SSR 形式表达其改正数,它对应两个步骤:SSR 的生成过程和 SSR 的使用过程。PPP-RTK 的基本架构是在服务器端产生各种改正数,并播发给用户,用户则在用户端使用这些改正数以获得精密定位服务。在单差模型中,在服务器端和用户端分别使用单差观测值。由于用户端只有一个 GNSS 接收机,无法进行站间差分。对方程(2.3)使用星间差分操作,可表示为

$$\begin{cases} \nabla P_i = \nabla \rho + \nabla d\tilde{t}_i^{\,S} + \nabla I_i + \nabla \delta_{\text{trop}} + \nabla \epsilon_{P_i} \\ \nabla \phi_i = \nabla \rho + \nabla d\tilde{T}_i^{\,S} - \nabla I_i + \nabla \delta_{\text{trop}} - \lambda_i \nabla N_i + \nabla \epsilon_{\phi_i} \end{cases} \tag{2.11}$$

星间单差观测值中仍然含有传播路径相关的误差 ∇I_i、$\nabla \delta_{\text{trop}}$ 和卫星相关的误差 $\nabla d\tilde{t}_i^{\,S}$、$\nabla d\tilde{T}_i^{\,S}$,星间差分无法直接恢复 GNSS 载波相位模糊度的整数性质。因此,PPP-RTK 需要解决的主要问题是卫星端的误差和传播路径相关误差的建模。事实上,虽然在用户端没有形成双差观测值,但是 PPP-RTK 技术仍旧恢复了用户端的双差模糊度(Teunissen and Khodabandeh,2015)。在本书中,将讨论两种情况下的 PPP-RTK 函数模型:单参考站和多参考站情况。

1. 单参考站情况

为了更直观地介绍 PPP-RTK 模型的原理,选择一个最简单的 PPP-RTK 系统,即单参考站 PPP-RTK,通过这一节的讨论来揭示 RTK 与 PPP-RTK 之间的异同点。

单参考站 PPP-RTK 模型也分为服务器端的改正数生成和用户端的定位模型。

在单参考站情况下，服务器端仅包含一个参考站用于 SSR 生成。在本小节中，参考站的观测值用下标 'r' 标记，用户端的观测值用下标 'u' 标记。

如果流动站与参考站之间的距离很短，那么参考站和流动站观测值受到的大气延迟基本相同。首先形成星间单差的观测方程，消除接收机端钟差和载波相位小数偏差的影响。为了更加直观地揭示单参考站 PPP-RTK 的原理，先假设参考站端的电离层延迟和对流层延迟精确已知。在服务器端，将各个卫星的载波相位模糊度固定为任意整数 $\mathbf{Z}$，然后定位卫星端的整数钟差，表示为

$$\begin{cases} \nabla d\bar{t}_{r,i}^{S} = \nabla d\bar{t}_{i}^{S} + \nabla I_{r,i} + \nabla \delta_{\text{trop},r} + \nabla \epsilon_{P_i} \\ \nabla d\bar{T}_{r,i}^{S} = \nabla d\check{T}_{i}^{S} - \nabla I_{r,i} + \nabla \delta_{\text{trop},r} + \lambda_i(\nabla N_{r,i} - Z_i) + \nabla \epsilon_{\phi_i} \end{cases} \quad (2.12)$$

其中：$Z_i \in \mathbf{Z}$ 是模糊度基准，原则上模糊度基准可以固定为任意整数。如果单差整周模糊度 $\nabla N_{r,i}$ 的真值已知，那么可以通过选择合适的模糊度基准 Z_i 来移除整数偏差项 $\nabla N_{r,i} - Z_i$。然而，在现实中，整周模糊度的真值永远不可知，所以模糊度参数中的整数偏差项也始终存在。一旦服务器端的模糊度参数固定为整数，变换后的载波相位整数钟差可以表示为

$$\nabla d\tilde{T}_{i}^{S} = \nabla d\check{T}_{i}^{S} + \lambda_i(\nabla N_{r,i} - Z_i) \quad (2.13)$$

变换后的整数钟差参数 $\nabla d\tilde{T}_{i}^{S}$ 是可估计的时钟参数，但是真正的整数时钟 $\nabla d\check{T}_{i}^{S}$ 是不可估的，因为真实的模糊度基准未知。式（2.13）表示整数钟差和进行基准变换后的整数钟差参数之间的差异是一个与模糊度基准选取相关的整数偏移量。若将式（2.12）回代到单差观测值方程（2.11）中，则服务器端的观测方程可以表示为

$$\begin{cases} \nabla P_{r,i} = \nabla \rho_r + \nabla d\bar{t}_{r,i}^{S} \\ \nabla \phi_{r,i} = \nabla \rho_r + \nabla d\bar{T}_{r,i}^{S} + \lambda_i Z_i \end{cases} \quad (2.14)$$

式（2.14）中仅包含几何距离项、接收机相关的误差和用户自定义的模糊度基准。

将重新定义的单差形式的整数卫星钟差 $\nabla d\bar{t}_{i}^{S}$ 和 $\nabla d\bar{T}_{i}^{S}$ 作为卫星钟差改正数播发给用户。在加入整数卫星钟差改正数之后，用户端的观测方程变为

$$\begin{cases} \nabla \bar{P}_{u,i} = \nabla \rho_u + \nabla d\bar{t}_{i}^{S} + \nabla I_{u,i} + \nabla \delta_{\text{trop},u} + \nabla \epsilon_{P_i} - d\bar{t}_{r,i}^{S} \\ \nabla \bar{\phi}_{u,i} = \nabla \rho_u + \nabla d\check{T}_{i}^{S} - \nabla I_{u,i} + \nabla \delta_{\text{trop},u} + \lambda_i \nabla N_{u,i} + \nabla \epsilon_{\phi_i} - d\bar{T}_{r,i}^{S} \end{cases} \quad (2.15)$$

加入了整数钟差改正数后的用户端观测值记作 $\nabla \bar{P}_{u,i}$ 和 $\nabla \bar{\phi}_{u,i}$。式（2.15）可以简化为

$$\begin{cases} \nabla \bar{P}_{u,i} = \nabla \rho_u + \delta_{\Delta \nabla I_{u,i}} + \delta_{\Delta \nabla \delta_{\text{trop},u}} + \Delta \nabla \epsilon_{P_i} \\ \nabla \bar{\phi}_{u,i} = \nabla \rho_u - \delta_{\Delta \nabla I_{u,i}} + \delta_{\Delta \nabla \delta_{\text{trop},u}} + \lambda_i(\Delta \nabla N_{u,i} + Z_i) + \Delta \nabla \epsilon_{\phi_i} \end{cases} \quad (2.16)$$

其中：$\delta_{\Delta\nabla I_{u,i}}$ 和 $\delta_{\Delta\nabla\delta_{\text{trop},u}}$ 是用户端的双差电离层和对流层延迟残差；$\Delta\nabla N_{u,i}+Z_i$ 是在用户端恢复的双差模糊度参数。对于参考站和用户距离比较近的情况，双差电离层和对流层残差可忽略不计，那么用户端的单差观测方程（2.16）与短基线 RTK 的双差观测方程（2.6）具有相同的形式。然而，式（2.16）和式（2.6）之间存在两个明显的差异。①几何距离项在 PPP-RTK 模型中是单差的，但在 RTK 模型中它是双差的。这意味着尽管观测值中已经有部分变为了双差形式，但是 PPP-RTK 模型仍然保留绝对定位能力。②用户端恢复的整周模糊度参数与双差模糊度的真值相比，平移了整数 Z_i。整数平移不会影响模糊度参数的整数性质，但可能会影响估计的模糊度参数的真值（Collins et al.，2010；Teunissen et al.，2010）。Z_i 被称为在服务器端定义的模糊度基准，与钟差一起传递给用户端。

本小节的介绍中，重点在介绍 PPP-RTK 模型中的模糊度基准转换问题，而没有过多地强调电离层和对流层的处理方法。在实际计算中，电离层和对流层模型也很难精密地确定。在实际的 PPP-RTK 计算中，往往采用无电离层组合、MW 组合等形式回避电离层延迟的问题。考虑导电离层和对流层的问题，PPP-RTK 模糊度固定的方法在形式上会发生一些改变，但是其原理与本小节介绍的原理相同。值得注意的是，近年来，基于非差非组合观测值的 PPP-RTK 方法也得到了发展和广泛地关（Liu et al.，2019；Zhang et al.，2018）

2. 多参考站情况

单个参考站的情况模型简单，但也有其缺点：①服务覆盖范围有限；②由于缺乏冗余观测，很难确保改正数的质量和可靠性；③由于大气延迟的变化范围较大，改正数传输数据量与 RTK 模型相同。为了克服这些缺点，本小节将探讨多参考站 PPP-RTK 情况。它假设服务器端有一个包括 m 个 GNSS 跟踪站的监测网络用于生成改正数。在这种情况下，不同参考站的观测值对应的电离层延迟 ∇I_i，对流层延迟 $\nabla\delta_{\text{trop}}$ 和模糊 ∇N_i 是不同的，因此，式（2.12）对于多基站的情况不再适用。为了简化模型，仍然假设能够精确获取对流层延迟 $\nabla\bar{\delta}_{\text{trop}}$ 和电离层延迟 $\nabla\bar{I}_i$。选择一个参考站来确定模糊度基准，由确定模糊度基准的参考站用下标 1 标记。所选参考站的观测值如下：

$$\begin{cases} \nabla d\bar{t}_{1,i}^{\text{S}} = \nabla P_{1,i} - \nabla\rho_1 - \nabla\hat{I}_{1,i} - \nabla\hat{\delta}_{\text{trop},1} = \nabla d\breve{t}_i^{\text{S}} + \nabla\epsilon_{P_i} \\ \nabla d\bar{T}_{1,i}^{\text{S}} = \nabla\phi_{1,i} - \nabla\rho_1 + \nabla\hat{I}_{1,i} - \nabla\hat{\delta}_{\text{trop},1} - \lambda_i Z_i = \nabla d\breve{t}_i^{\text{S}} + \lambda_i(\nabla N_{1,i} - Z_i) + \nabla\epsilon_{\phi_i} \end{cases} \quad (2.17)$$

其中：$\nabla d\bar{t}_{1,i}^{\text{S}}$ 和 $\nabla d\bar{T}_{1,i}^{\text{S}}$ 是由上述所选的参考站估计的卫星钟差改正数；$\nabla\hat{I}_{1,i}$ 和 $\nabla\hat{\delta}_{\text{trop},1}$ 是由外部精密模型插值的参考站的电离层和对流层改正数。载波相位整数钟差中存在一个整数基准平移量 $(\nabla N_{1,i}-Z_i)$，但它不影响用户端模糊度整数性质的恢复。

式（2.17）中描述的卫星钟差改正数定义了服务器端改正数网解的模糊度基准。基于这个基准，整个参考站网的模糊度可以被确定下来，并且用于估计最终钟差改正产品。一旦模糊度基准被固定，整个网的所有模糊度参数都从不可估量变成了可估量。把利用第一个参考站估计的卫星钟差改正数 $\nabla d\check{t}_{1,i}^{S}$ 和 $\nabla d\bar{T}_{1,i}^{S}$ 传递给其他参考站，那么监测网中其他参考站的观测可表示为

$$\begin{cases} \nabla\bar{P}_{r,i}=\nabla\rho_r+\nabla d\check{t}_i^{S}+\nabla I_{r,i}+\nabla\delta_{\mathrm{trop},r}+\nabla\epsilon_{P_i}-d\check{t}_{1,i}^{S}-\nabla\bar{I}_{r,i}-\nabla\bar{\delta}_{\mathrm{trop},r} \\ \nabla\bar{\phi}_{r,i}=\nabla\rho_r+\nabla d\check{T}_i^{S}-\nabla I_{r,i}+\nabla\delta_{\mathrm{trop},r}+\lambda_i\nabla N_{r,i}+\nabla\epsilon_{\phi_i}-d\bar{T}_{1,i}^{S}+\nabla\bar{I}_{r,i}-\nabla\bar{\delta}_{\mathrm{trop},r} \end{cases} \quad (2.18)$$

其中：$r=2,3,\cdots,m$。如果利用接收的卫星钟差改正数，外部的精密对流层和电离层改正数来修正这些参考站的观测值，则方程（2.18）可进一步简化为

$$\begin{cases} \nabla\bar{P}_{r,i}=\nabla\rho_r+\delta_{\nabla I_{r,i}}+\delta_{\nabla\delta_{\mathrm{trop},r}}+\Delta\nabla\epsilon_{P_i} \\ \nabla\bar{\phi}_{r,i}=\nabla\rho_r-\delta_{\nabla I_{r,i}}+\delta_{\nabla\delta_{\mathrm{trop},r}}+\lambda_i(\Delta\nabla N_{r,i}+Z_i)+\Delta\nabla\epsilon_{\phi_i} \end{cases} \quad (2.19)$$

其中：$\delta_{\nabla I_{r,i}}$ 和 $\delta_{\nabla\delta_{\mathrm{trop},r}}$ 分别是单差的电离层和对流层残差，计算公式为

$$\begin{cases} \delta_{\nabla I_{r,i}}=\nabla I_{r,i}-\nabla\bar{I}_{r,i} \\ \delta_{\nabla\delta_{\mathrm{trop},r}}=\nabla\delta_{\mathrm{trop},r}-\nabla\bar{\delta}_{\mathrm{trop},r} \end{cases} \quad (2.20)$$

模糊度解算的性能受单差电离层和对流层残差 $\delta_{\nabla I_{r,i}}$ 和 $\delta_{\nabla\delta_{\mathrm{trop},r}}$ 的影响。只有当 $\delta_{\nabla I_{r,i}}$ 和 $\delta_{\nabla\delta_{\mathrm{trop},r}}$ 足够小时，模糊度解算才可靠。因此，对流层和电离层的精确建模是 PPP-RTK 模糊度解算的关键步骤。

利用来自第一个参考站的卫星钟差改正数，可以恢复来自其余参考站观测值的载波相位模糊度的整数性质。因此，其余参考站的模糊度可以固定为整数。由于模糊度被正确地固定为整数，相应的卫星钟差改正数也可以用以下公式计算：

$$\begin{cases} \nabla d\check{t}_{r,i}^{S}=\nabla d\check{t}_{1,i}^{S}+\Delta\nabla\hat{N}_{r,i}-\Delta\nabla\check{N}_{r,i} \\ \nabla d\check{T}_{r,i}^{S}=\nabla d\check{T}_{1,i}^{S}+\Delta\nabla\hat{N}_{r,i}-\Delta\nabla\check{N}_{r,i} \end{cases} \quad (2.21)$$

其中：$\Delta\nabla\hat{N}_{r,i}$ 和 $\Delta\nabla\check{N}_{r,i}$ 是第 i 个参考站的浮点数和固定的双差模糊度。利用站点 r 计算的卫星整数钟差的改正数记作 $\nabla d\check{t}_{r,i}^{S}$ 和 $\nabla d\check{T}_{r,i}^{S}$。

通过获取每个参考站的卫星整数钟差改正数，可以生成基于整个参考站网的卫星整数钟差改正数：

$$\begin{cases} \nabla d\bar{t}_i^{S}=\dfrac{\sum_{r=1}^{m}\nabla d\check{t}_{r,i}^{S}}{m} \\ \nabla d\bar{T}_i^{S}=\dfrac{\sum_{r=1}^{m}\nabla d\check{T}_{r,i}^{S}}{m} \end{cases} \quad (2.22)$$

通过多站的数据取平均可以减小卫星整数钟差改正数的噪声，因此基于参考站网的卫星钟差产品的质量优于单站产品。此外，基于卫星钟差产品的参考站网质量也可以得到保证。当基于整个监测网的卫星钟差改正数传送到用户端时，用户可以采用式（2.19）中的方式进行定位解算，然后，可以在用户端恢复模糊度参数的整数性质。

对于大型 GNSS 参考站网，某些卫星可能仅对部分参考站可见。如果卫星对于第一参考站是不可见的，则可以在新卫星出现时确定模糊度基准。对于 PPP-RTK，如何确定模糊度基准并不重要，但模糊度基准必须对于参考网中的所有载波相位模糊度保持一致。

2.2.3　非差模型

GNSS 定位的非差模型和单差模型都可以实现单接收机的精密定位。根据对电离层影响处理方法的不同，非差定位模型又可以划分为基于无电离层组合的定位模型，非差非组合的定位模型和电离层加权的定位模型（臧楠 等，2017）。随着对 GNSS 定位各项误差特性研究的深入，目前针对多频多模的 GNSS 观测数据，已经有统一的非差非组合定位模型（Liu et al.，2016；辜声峰，2013）。基于非差模型的模糊度固定方法也是近年来的研究热点（周锋，2018；李盼，2016；Li，2013；郭斐，2013）。Laurichesse 等（2009）提出的整数相位钟模型，Collins（2008）提出的钟差去耦模型等都是基于非差定位模型的模糊度固定方法（Shi and Gao，2014；Geng et al.，2010）。与单差定位模型相比，非差定位模型模糊度固定除了需要固定卫星端的模糊度基准，还需要固定接收机端的模糊度基准。从基准转换的角度，非差模型的模糊度固定与单差模糊度固定的思路是一致的（张小红 等，2017；Geng et al.，2010），本书不再赘述。

2.2.4　函数模型的比较

在双差定位模型、单差定位模型和非差定位模型中，非差定位模型和单差定位模型的原理相似，表 2-1 对双差定位模型和单差定位模型进行简要比较。从式（2.19）可以看出，单差模型实际上也是求解双差模糊度的问题。因此，两个模型之间的模糊度解算部分没有本质区别。两种模型的本质区别在于，双差模型的改正数在观测空间中表示，单差模型的改正数在状态空间中表示。SSR 中的改正数更加灵活，因为它们实际上是一种部分双差模型。在单差模型中，几何距离是单差形式的，而模糊参数则以双差的形式出现。这使得单差模型能够通过差分消除误差干扰并且保留有用几何距离信息。单差模型需要对 GNSS 观测值中各种误差源有深入的了解，同时也需要更精确的改正数；双差模型不需要了解各种误差源的特性，但是在差分的过程中也消除了一部分用户感兴趣的信息。两种模型都需要基础设施来支持模糊度解算，例如 GNSS 参考站或 GNSS 参考站网。单差模型能够支持从全球范围到局部区域的精密定位服务，而双差模型的覆盖范围相对有限。

表 2-1　双差模型和单差模型的比较

项目	双差模型	单差模型
校正演示	观测空间表示（OSR）	状态空间表示（SSR）
基础设施要求	必要	必要
定位模式	相对定位	绝对定位
恢复模糊度类型	双差模糊度	双差模糊度
覆盖范围	区域/本地	全球/区域/本地

2.3　函数模型的检验

在实际 GNSS 数据处理过程中，函数模型的选取方法非常重要。函数模型选取的一个重要原则就是保证函数模型的无偏性。如果使用的函数模型考虑了观测值中包含的所有系统性误差，则参数估计的验后残差一定是零均值噪声。否则，后验残差和参数的估值都会受到系统性误差的影响。本节将重点讨论验证函数模型无偏性的方法。

2.3.1　线性模型的解

GNSS 定位问题本身是一个非线性问题，但是可以通过泰勒级数展开很好地转化为线性问题解决。一般线性模型可以表示为

$$y = Ax + e \tag{2.23}$$

其中：$y \in \mathbf{R}^m$ 和 $x \in \mathbf{R}^n$；e 是随机观测误差，并假设其具有多元正态分布，其随机噪声服从 $N(0, Q_{yy})$ 分布。线性模型可以使用 A 的列向量展开，表示为

$$E(y) = A_1 x_1 + A_2 x_2 + \cdots + A_n x_n \tag{2.24}$$

其中：A_i 是 A 中的第 i 列向量；x_n 是 x 中的第 n 个元素。式（2.24）表示 $E(y)$ 是列向量 A_i 的线性组合。如果这些列向量的子空间表示为 $R(A)$，则 $E(y) \in R(A)$。但是，由于存在随机误差 e，$y \in R(A)$ 不一定总是成立。为简化问题，假设线性系统（2.23）是可解的。

1. 普通最小二乘

线性系统的解取决于观测向量的方差–协方差矩阵。在本小节中讨论最简单的线性模型。假设观测值的方差–协方差矩阵具有以下形式：

$$Q_{yy}=\sigma_0^2 I \tag{2.25}$$

其中：σ_0^2 是先验的方差因子；I 是 $m\times m$ 单位矩阵。

线性系统的求解过程如图 2-1 所示，其中灰色平面是子空间 $R(A)$，而 x 是参数的真值，通常情况下参数真值未知。根据式（2.24），$A\hat{y}\in R(A)$ 也成立。y 和 Ax 的差异被称为真误差，表示为 $e=y-Ax$。问题的关键是用观测向量 y 找出最优的参数 x 的估计值。

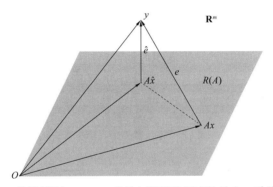

图 2-1　线性模型 $y=Ax+e$ 的几何解释和相应的最小二乘估计 $\hat{x}$

高斯给出的参数 x 的最小二乘估值可表示为

$$\hat{x}=\arg\min_{\hat{x}\in\mathbf{R}^m}\left\{\|\hat{e}\|^2\right\}=\arg\min_{\hat{x}\in\mathbf{R}^m}\left\{(y-A\hat{x})^\mathrm{T}(y-A\hat{x})\right\} \tag{2.26}$$

其中：$\hat{x}$ 是最小二乘估值；$\hat{e}$ 是最小二乘验后残差。

最小二乘解（2.26）的估计准则是保证验后残差 $\hat{e}$ 的平方和最小。根据图 2-1，当且仅当 $\hat{e}\perp R(A)$ 时，验后残差 $\hat{e}$ 的值最小。可求得最小二乘解如下：

$$\begin{cases} A\hat{e}=0 \\ \hat{x}=(A^\mathrm{T}A)^{-1}A^\mathrm{T}y \end{cases} \tag{2.27}$$

由于求解过程中没有对观测值进行加权，式（2.27）给出的解称为普通最小二乘解。

最小二乘估计误差计算如下（崔希璋 等，2001）：

$$\begin{aligned} \Delta_{\hat{x}} &= x-\hat{x} \\ &= x-(A^\mathrm{T}A)^{-1}A^\mathrm{T}(Ax+e) \\ &= -(A^\mathrm{T}A)^{-1}A^\mathrm{T}e \end{aligned} \tag{2.28}$$

根据方差–协方差传播定律，估计误差的方差如下：

$$D(\Delta_{\hat{x}})=(A^{\mathrm{T}}A)^{-1}A^{\mathrm{T}}Q_{ee}A(A^{\mathrm{T}}A)^{-1} \tag{2.29}$$

由于 x 是确定性的，$D(y)=D(e)$。在普通最小二乘的情况下，$Q_{ee}=\sigma_0^2 I$。那么估计误差的方差可以简化为（崔希璋 等，2001）

$$D(\hat{x})=D(\Delta_{\hat{x}})=\sigma_0^2(A^{\mathrm{T}}A)^{-1} \tag{2.30}$$

参数最小二乘估值 $\hat{x}$ 的方差等于估计误差的方差 $D(\hat{x})=D(\Delta_{\hat{x}})$，因此最小二乘估计是一种无偏估计。

2. 加权最小二乘

普通最小二乘法只能求解某一种特定的线性系统。在本小节中，需要处理更一般的情况，即具有任意方差–协方差矩阵的观测值的情况。在这种情况下，观测向量 y 的方差–协方差矩阵是任意对称正定矩阵 Q_{yy}。对于这类问题，可以将其转化为普通最小二乘问题求解。观测值的方差–协方差矩阵是正定矩阵，那么它可以通过 Cholesky 分解（Bierman，1977）如下：

$$Q_{yy}=RR^{\mathrm{T}} \tag{2.31}$$

其中：R 是下三角矩阵。线性系统观测方程（2.23）可以等效地表示为

$$E(R^{-1}y)=R^{-1}Ax, \quad D(R^{-1}y)=R^{-1}RR^{\mathrm{T}}R^{-\mathrm{T}}=I \tag{2.32}$$

在这种情况下，残差变为 $\hat{e}=R^{-1}(y-A\hat{x})$，加权最小二乘的目标函数可以转换为

$$\hat{x}=\arg\min_{\hat{x}\in\mathbf{R}^m}\{\|\hat{e}\|_{Q_{yy}}^2\}=\arg\min_{\hat{x}\in\mathbf{R}^m}\{(y-A\hat{x})^{\mathrm{T}}Q_{yy}^{-1}(y-A\hat{x})\} \tag{2.33}$$

那么，加权最小二乘问题在转换后仍可以使用普通的最小二乘法求解，如下：

$$\begin{cases} \hat{x}=(A^{\mathrm{T}}R^{-\mathrm{T}}R^{-1}A)^{-1}A^{\mathrm{T}}R^{-\mathrm{T}}R^{-1}y \\ \hat{x}=(A^{\mathrm{T}}Q_{yy}^{-1}A)^{-1}A^{\mathrm{T}}Q_{yy}^{-1}y \end{cases} \tag{2.34}$$

参数估值的估计精度 $D(\hat{x})$ 表示如下：

$$\begin{aligned} D(\hat{x})&=(A^{\mathrm{T}}Q_{yy}^{-1}A)^{-1}A^{\mathrm{T}}Q_{yy}^{-1}Q_{yy}Q_{yy}^{-1}A(A^{\mathrm{T}}Q_{yy}^{-1}A)^{-1} \\ &=(A^{\mathrm{T}}Q_{yy}^{-1}A)^{-1} \end{aligned} \tag{2.35}$$

式（2.32）中的变换也可以从向量空间的角度来解释。在正交基张成的向量空间中相关的观测噪声也可以转换为在非正交基张成的空间中的独立观测噪声。正交基通过与变换矩阵 R^{-1} 相乘可以变换为非正交基。

m 维的观测向量 y 在 $\mathbf{R}^n$ 空间的投影可以使用以下公式计算：

$$\hat{y}=A\hat{x}=A(A^{\mathrm{T}}Q_{yy}^{-1}A)^{-1}A^{\mathrm{T}}Q_{yy}^{-1}y=P_A y \tag{2.36}$$

其中：$\hat{y}$ 是 y 在 $\mathbf{R}^n$ 空间的投影；P_A 是投影矩阵，它将 m 维的观测向量 y 投影到子空间（Teunissen，2003a）。根据投影矩阵定理（Koch，1988），投影矩阵 P_A 是幂等的，即 $P_A = P_A P_A$。

参数估计的验后残差在质量控制中是必不可少的，它可以由下式计算：

$$\hat{e} = (I - P_A)y = P_A^{\perp} y \tag{2.37}$$

根据图 2-1，$\hat{e} \perp A\hat{x}$ 并且 $P_A^{\perp}$ 也是幂等矩阵（Koch，1988）。后验残差的方差可以通过以下公式计算：

$$Q_{\hat{e}\hat{e}} = P_A^{\perp} Q_{yy} (P_A^{\perp})^{\mathrm{T}} = P_A^{\perp} Q_{yy} = Q_{yy} - A(A^{\mathrm{T}} Q_{yy}^{-1} A)^{-1} A^{\mathrm{T}} \tag{2.38}$$

验后残差的二次形式 $\hat{e}^{\mathrm{T}} Q_{yy}^{-1} \hat{e}$ 可以通过以下公式计算：

$$\begin{aligned}\|\hat{e}\|_{Q_{yy}}^2 &= \hat{e}^{\mathrm{T}} Q_{yy}^{-1} \hat{e} = (P_A^{\perp} y)^{\mathrm{T}} Q_{yy}^{-1} (P_A^{\perp} y) \\ &= y^T Q_{yy}^{-1} y + y^T Q_{yy}^{-1} A(A^{\mathrm{T}} Q_{yy}^{-1} A)^{-1} A^{\mathrm{T}} Q_{yy}^{-1} y\end{aligned} \tag{2.39}$$

2.3.2　函数模型的检验

本章已讨论了几种 GNSS 定位的函数模型，但尚未讨论如何检验函数模型的无偏性。如何验证数学模型的适用性是一个非常重要的问题。函数模型正确与否取决于残差向量 e 是否为零均值噪声。迄今为止，模型检验理论已经发展了几十年（Baarda，1968）。函数模型的无偏性对于 GNSS 定位、载波相位模糊度估计和检验都非常重要，因此本小节主要讨论模型无偏性检验的方法。

线性模型是否含有偏差可以通过假设检验的方法来检验，原假设和备选假设如下：

$$\begin{cases} H_0 : y = Ax + e \\ H_a : y = Ax + C\nabla + e \end{cases} \tag{2.40}$$

其中：∇ 是未知的 $q \times 1$ 偏向量；C 是已知的 $m \times q$ 大小的设计矩阵。如何选择 C 取决于潜在的偏差类型，C 矩阵的选择方法可以在 Forstner（1983）中找到。对于单个偏差的情况，可以选择矩阵 C 作为标准向量 c_i，最大偏差数 q 不能超过系统的冗余观测数 $m - n$。

模型无偏性检验问题可以通过几何的方法来解释，如图 2-2 所示。原假设 H_0 和备选假设 H_a 对应的后验残差分别表示为 $\hat{e}_0$ 和 $\hat{e}_a$。类似地，观测向量对应的原假设和备选假设在空间 $R(A, C)$ 上的投影分别表示为 $\hat{y}_0$ 和 $\hat{y}_a$。$\hat{y}_0$ 和 $\hat{y}_a$ 之间的区别在于 $\hat{y}_0 \in R(A)$ 而 $\hat{y}_a \in R(A, C)$。$R(A, C)$ 是由子空间 $R(A)$ 和 $R(C)$ 张成的空间，在图中使用灰色平面表示。因此，$\hat{e}_0 \perp R(A)$ 并且 $\hat{e}_a \perp R(A, C)$。H_0 和 H_a 之间的区别可以转化为检验 $\|\hat{e}_0\|_{Q_{yy}}^2 - \|\hat{e}_a\|_{Q_{yy}}^2 = 0$ 是否成立，这相当于检验 $\|\hat{\nabla}\|_{Q_{\hat{\nabla}\hat{\nabla}}}^2 = 0$（Koch，1988）。

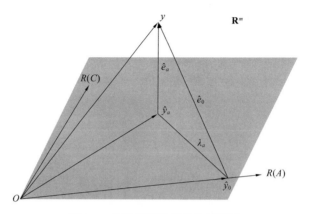

图 2-2　线性模型验证的几何解释

如果假设 H_a 为真,那么偏差 $\hat{\nabla}$ 估计如下:

$$
\begin{aligned}
Q_{\hat{\nabla}\hat{\nabla}} &= \left\{ C^{\mathrm{T}} \left[Q_{yy}^{-1} - Q_{yy}^{-1} A (A^{\mathrm{T}} Q_{yy}^{-1} A)^{-1} A^{\mathrm{T}} Q_{yy}^{-1} \right] C \right\}^{-1} \\
&= (C^{\mathrm{T}} Q_{yy}^{-1} P_A^{\perp} C)^{-1} \\
&= (C^{\mathrm{T}} Q_{yy}^{-1} Q_{\hat{e}\hat{e}} Q_{yy}^{-1} C)^{-1} \hat{\nabla} \\
&= Q_{\hat{\nabla}\hat{\nabla}} C^{\mathrm{T}} Q_{yy}^{-1} \left[I - A (A^{\mathrm{T}} Q_{yy}^{-1} A)^{-1} A^{\mathrm{T}} Q_{yy}^{-1} \right] y \\
&= (C^{\mathrm{T}} Q_{yy}^{-1} Q_{\hat{e}\hat{e}} Q_{yy}^{-1} C)^{-1} C^{\mathrm{T}} Q_{yy}^{-1} P_A^{\perp} y \\
&= (C^{\mathrm{T}} Q_{yy}^{-1} Q_{\hat{e}\hat{e}} Q_{yy}^{-1} C)^{-1} C^{\mathrm{T}} Q_{yy}^{-1} \hat{e}
\end{aligned}
\tag{2.41}
$$

$\hat{\nabla}$ 的二次形式如下:

$$
\begin{aligned}
\|\hat{\nabla}\|_{Q_{\hat{\nabla}\hat{\nabla}}}^2 &= \hat{\nabla}^{\mathrm{T}} Q_{\hat{\nabla}\hat{\nabla}}^{-1} \hat{\nabla} \\
&= \hat{e}^{\mathrm{T}} Q_{yy}^{-1} C (C^{\mathrm{T}} Q_{yy}^{-1} Q_{\hat{e}\hat{e}} Q_{yy}^{-1} C)^{-1} (C^{\mathrm{T}} Q_{yy}^{-1} Q_{\hat{e}\hat{e}} Q_{yy}^{-1} C)(C^{\mathrm{T}} Q_{yy}^{-1} Q_{\hat{e}\hat{e}} Q_{yy}^{-1} C)^{-1} C^{\mathrm{T}} Q_{yy}^{-1} \hat{e} \\
&= \hat{e}^{\mathrm{T}} Q_{yy}^{-1} C (C^{\mathrm{T}} Q_{yy}^{-1} Q_{\hat{e}\hat{e}} Q_{yy}^{-1} C)^{-1} C^{\mathrm{T}} Q_{yy}^{-1} \hat{e}
\end{aligned}
\tag{2.42}
$$

如果 H_0 为真,那么 $\|\hat{\nabla}\|_{Q_{\hat{\nabla}\hat{\nabla}}}^2 \sim \chi^2(q,0)$;否则,它遵循非中心 χ^2 分布。另一种常见的模型检验方法是形成 F 检验统计(Teunissen,1998a):

$$
T_q = \frac{\hat{e}^{\mathrm{T}} Q_{yy}^{-1} C (C^{\mathrm{T}} Q_{yy}^{-1} Q_{\hat{e}\hat{e}} Q_{yy}^{-1} C)^{-1} C^{\mathrm{T}} Q_{yy}^{-1} \hat{e}}{q}
\tag{2.43}
$$

其中:$T_q \sim F(q,\infty)$。q 和 ∞ 是分子和分母的自由度。假设转化为

$$
\begin{cases}
H_0 : T_q \sim F(q,\infty,0) \\
H_a : T_q \sim F(q,\infty,\lambda)
\end{cases}
\tag{2.44}
$$

其中:λ 是非中心参数。假设式(2.44)可用显著性检验方法检验。如果 $T_q \geqslant F_\alpha(q,\infty,0)$,则可以拒绝 H_0,其中 α 是用户指定的显著性水平。

2.4 随 机 模 型

精确的随机模型不仅能提高定位精度,而且对质量控制和瞬时模糊度解算也至关重要。对于观测噪声服从正态分布的情况,观测值的随机模型可以用方差–协方差矩阵来描述,该矩阵包含了每个观测值分量的精度和观测值之间的相关性信息。在本节中,将讨论确定随机模型的方法。

2.4.1 随机模型确定方法概述

随机模型是 GNSS 定位模型的一个重要方面,目前有许多 GNSS 观测值随机模型确定方法。现有方法一般可分为 4 类(Wang et al., 2013)。

(1)经验法:包括常数模型和高度角相关模型(Jin et al., 1996;Euler and Goad, 1991)。这些经验随机模型只能粗略地描述 GNSS 观测值随机特性,由于实现简单而被广泛地使用。这些方法的局限性有三点:①经验模型不能反映电离层闪烁和太阳风暴等偶然事件的影响;②经验模型不能反映多路径误差,因为多路径误差的影响取决于天线设计和观测环境;③观测值噪声对卫星高度角的依赖性取决于信号跟踪方法(Tiberius et al., 1999),部分 GNSS 信号噪声没有明显的随高度角变化的特征。此外,测距码噪声水平取决于 GNSS 接收机内部跟踪环路的设计。常用的 0.3 m 测距码噪声并不适用于所有接收机。

(2)外部指标法:经典的方法是 C/N0 方法(Hartinger and Brunner, 1999)。该方法使用外部指标来反映观测值噪声水平,如信号载噪比(C/N0)或信噪比(SNR)。该方法的局限性在于 SNR 不仅取决于接收机,还取决于天线设计。不同的接收机环路参数不同,捕获和跟踪的灵敏度也存在差异,导致相同的载噪比对应的观测噪声大小不同。

(3)后验残差估计法:随机模型可以通过方差分量估计(VCE)获得。最小二次无偏估计和最小二乘方差分量估计(LS-VCE)(Teunissen and Amiri-Simkooei, 2007;Teunissen, 1988)已被证明可以估计测距码方差和自相关特性。但是,这些方法依赖大量的观测数据,因此主要用于静态数据处理。

(4)观测值组合估计法:这些方法通过线性组合消除 GNSS 观测值中的所有系统性偏差,保留观测值的随机噪声,包括单差(SD)法(De Bakker et al., 2009;Bona, 2000),双差(DD)法(De Bakker et al., 2009;Borre and Tiberius, 2000)和多差(MD)法(Kim and Langley, 2001)。这些方法非常灵活,能够反映实际的噪声变化,但一般情况下至少需要两台 GNSS 接收机,因此不适用于非差用户。特别是对于利用单站观测数据评估载波相位观测值的噪声。Wang 等（2013）提出了一种基于单台接收机的随机模型实时估计方法。

随机模型包括观测精度和观测值之间的相关性信息。相关性是指自相关、互相关和数学相关性。时间相关性描述观测值时间序列的特征，互相关描述了不同观测值类型之间的关系。自相关和互相关特性取决于接收机跟踪环路的设计，因此可以由接收机制造商进行标定。数学相关性则通过对观测值的数学运算（例如线性组合）引入。数学相关性可以通过定位的数学模型精确描述。

2.4.2 随机模型的结构

本小节分别研究双差模型和单差模型的随机模型。假设原始观测值的随机模型是已知的，并具有以下形式：

$$\begin{cases} Q_P = C_P W^{-1} \\ Q_\phi = C_\phi W^{-1} \end{cases} \tag{2.45}$$

其中：Q_P 和 Q_ϕ 分别是测距码和相位观测值的方差；Q_P 和 Q_ϕ 与频率无关，测距码和相位观测值的权矩阵 W 相同；C_P 和 C_ϕ 是测距码和相位观测值的方差因子。不考虑观测值之间的互相关和时间相关性，双差观测值的随机模型可表示为

$$D\begin{pmatrix} \Delta\nabla P \\ \Delta\nabla\phi \end{pmatrix} = (1+\alpha)\left(\begin{pmatrix} C_P & 0 \\ 0 & C_\phi \end{pmatrix} \otimes I_f \otimes (DW^{-1}D^{\mathrm{T}}) \right) \tag{2.46}$$

其中：权矩阵 W 是 $s \times s$ 的方阵，其中包含 GNSS 非差观测值的权重信息。在等权的情况下，W 是一个单位矩阵。如果采用卫星高度角加权策略（Jin et al., 1996; Euler and Goad, 1991），权矩阵和卫星高度角之间的关系可以表达为

$$W_{i,i} = \left(\frac{a_{0,P} + a_{1,P}\exp\left(\dfrac{-E_i}{E_0}\right)}{C_P} \right)^{-1} = \left(\frac{a_{0,\phi} + a_{1,\phi}\exp\left(\dfrac{-E_i}{E_0}\right)}{C_\phi} \right)^{-1} \tag{2.47}$$

其中：a_0 和 a_1 是接收机相关的模型系数；E_i 和 E_0 分别第 i 颗卫星的高度角和参考高度角。按高度角加权的策略并不唯一，还可以将权矩阵表达为三角函数的形式或者分段函数的形式等。模型系数和方差因子可以使用方差分量估计方法来确定。由星间差分引入的观测值之间的数学相关性由卫星间差分映射矩阵 D 来表示。式（2.47）前面的系数 $1+\alpha$ 指的是站间差分对观测值噪声的放大系数。对于双差观测模型，站间差分后观测值方差放大 2 倍，此时放大因子 α 取 1。对于单差模型而言，基于网解的改正数精度可能比基于单参考站估计的改正数精度更高，因此方差的放大系数 α 应该小于 1，具体数值根据网解改正数的精度合理确定。

对于中长基线的情况，先验的电离层约束通过虚拟电离层观测值的形式被引

入观测方程。这些虚拟观测值的先验精度信息也通过方差–协方差阵的形式加入方差–协方差矩阵。引入虚拟观测值的方差–协方差信息后，电离层约束模型对应的随机模型可表示为

$$D\begin{pmatrix}\Delta\nabla P\\\Delta\nabla\phi\\\Delta\nabla V_I\end{pmatrix}=(1+\alpha)\begin{pmatrix}\begin{pmatrix}C_P & 0\\0 & C_\phi\end{pmatrix}\otimes I_f\otimes(DW^{-1}D^{\mathrm{T}}) & 0_{[2f(s-1)]\times(s-1)}\\ 0_{s\times[2f(s-1)]} & C_I\otimes(DW_I^{-1}D^{\mathrm{T}})\end{pmatrix} \quad (2.48)$$

其中：C_I 和 W_I 是虚拟电离层观测值的方差因子和权矩阵。方差因子和权矩阵根据电离层的先验信息确定。

2.4.3 随机模型估计

经验随机模型对于精密定位或高可靠性的导航定位应用来说不够准确，可能会带来可靠性或者完好性方面的风险。此时可以通过后验残差来估计观测值更准确的随机模型。在本小节中，介绍两种随机模型估计方法。第一个是实时方差因子估计，在权矩阵精确已知的条件下，通过引入方差因子实时估计来反映观测环境或者观测条件变化带来的方差变化。该方法特别适合于动态实时数据处理。另一种是用于估计完整方差–协方差矩阵的最小二乘方差分量估计（LS-VCE）法，该方法是方差分量估计的通用解法。

1. 实时方差因子估计

对于实时动态定位应用，GNSS 定位中随机模型不准确的一个重要原因是方差因子随着观测环境变化会发生变化，从而导致观测值的随机模型不够准确［例如式（2.45）中的 C_P 和 C_ϕ］。权矩阵可以通过卫星高度角相关的模型确定，而且伪距和载波相位观测值之间的比例因子也可以凭经验确定。方差因子取决于观测条件和卫星几何分布，这些因素会随着观测环境或者观测条件变化而发生变化。根据经验，σ_P 和 σ_ϕ 分别为 0.3 m 和 0.003 m，但是对于实时模糊度解算来说经验方差因子不够准确。因此，需要使用实测的 GNSS 观测值来估计方差因子。根据标准最小二乘理论，方差因子 $\hat{\sigma}_0^2$ 的无偏估计如下：

$$\hat{\sigma}_0^2=\frac{\hat{e}^{\mathrm{T}}Q_{yy}^{-1}\hat{e}}{m-n} \quad (2.49)$$

其中：m 和 n 分别是观测值数和参数个数，$m-n$ 也被称为自由度。

估计 $\hat{\sigma}_0^2$ 的准确性与自由度有关。通常情况下，自由度越大意味着 $\hat{\sigma}_0^2$ 的估值越准。然而，对于 GNSS 定位而言，利用单个历元的观测值进行方差因子估计的精度受制于单个历元的观测值数量有限，自由度比较小。假设方差因子在短时间内变

化比较平滑,则可以利用移动窗口平滑方法来增加方差因子估计的自由度,从而提高 $\hat{\sigma}_0^2$ 的估计准确性(Han, 1997)。利用移动窗口平滑的方法方差因子可表示为

$$\hat{\sigma}_{0,t}^2 = \frac{\sum_{i=t-L}^{t} (\hat{e}_i^{\mathrm{T}} Q_{yy,i}^{-1} \hat{e}_i)}{\sum_{i=t-L}^{t} (m_i - n_i)} \tag{2.50}$$

其中:下标 i 是历元号; t 是当前历元; L 是窗口长度。该方法已成功用于改善模糊度解算性能(Han, 1997)。

2. 使用 LS-VCE 方法进行随机模型估计

方差因子估计方法仅适用于单个方差因子的情况。但在许多情况下,需要估计多个方差因子,因此需要用到方差分量估计方法(Li, 2010)。

目前方差分量估计方法有很多种,包括赫尔默特 VCE 方法(Helmert, 1907)、最小范数二次无偏估计器(MINQUE)(Rao, 1971)、最优不变二次无偏估计器(BIQUE)(Crocetto et al., 2000; Koch, 1988; Corbeil and Searle, 1976)和附有约束的极大似然估计(RMLE)(Corbeil and Searle, 1976; Patterson and Thompson, 1971)。此外,最小二乘方差分量估计方法是估计方差分量的通用方法,而其他 VCE 方法是 LS-VCE 方法的特殊形式(Teunissen and Amiri-Simkooei, 2007; Teunissen, 1985; Pukelsheim, 1976)。在本小节中,简要介绍 LS-VCE 方法的原理。

对于线性模型

$$E(y) = Ax, \quad D(y) = Q_{yy} \tag{2.51}$$

对应观测值的方差–协方差矩阵 Q_{yy} 可以视为多个方差分量的总和,可以表示如下:

$$Q_{yy} = Q_0 + \sum_{k=1}^{p} \sigma_k Q_k \tag{2.52}$$

其中: $Q_0, Q_1, \cdots, Q_k$ 是已知的方差–协方差分量矩阵。VCE 是根据观测向量 y 来估计各个方差分量的系数 σ_k 。

观测向量 y 可表示为如下的函数:

$$\begin{pmatrix} \hat{x} \\ t \end{pmatrix} = \begin{pmatrix} (A^{\mathrm{T}} Q_{yy}^{-1} A)^{-1} A^{\mathrm{T}} Q_{yy}^{-1} \\ B^{\mathrm{T}} \end{pmatrix} y \tag{2.53}$$

其中: B 是 A^{T} 的零空间的基础矩阵,因此 $A^{\mathrm{T}} B = 0$ 。有关矩阵零空间的概念可参见 Strang 和 Borre(1997); t 被称为闭合差, $E(t) = 0$ 。式(2.53)中的第一个等式 $\hat{x} = (A^{\mathrm{T}} Q_{yy}^{-1} A)^{-1} A^{\mathrm{T}} Q_{yy}^{-1} y$ 被称为间接平差模型,第二个等式 $t = B^{\mathrm{T}} y$ 被称为条件平差模型(Teunissen, 2003a)。这两个模型在两个正交的子空间中对 y 进行处理,但参数估计的结果相同。因此,条件平差模型与间接平差模型在理论是等价的。

间接平差模型的求解过程服从 2.3.1 小节中描述的最小二乘解算流程。根据式（2.37），验后残差 $\hat{e}$ 可以表示为 y 的线性函数，记为 $\hat{e}=P_A^\perp y$。那么 $\hat{e}$ 的方差可以表示为 $D(\hat{e})=P_A^\perp Q_{yy} P_A^{\perp T}$。另一方面，$E(\hat{e})=0$，因此 $D(\hat{e})=E(\hat{e}\hat{e}^T)$。然后可以确定以下关系：

$$
\begin{cases}
E(\hat{e}\hat{e}^T)=P_A^\perp Q_{yy} P_A^{\perp T}=P_A^\perp Q_0 P_A^{\perp T}+\sum_{k=1}^{p}\sigma_k P_A^\perp Q_k P_A^{\perp T} \\
\sum_{k=1}^{p}\sigma_k P_A^\perp Q_k P_A^{\perp T}=E(\hat{e}\hat{e}^T)-P_A^\perp Q_0 P_A^{\perp T}
\end{cases}
\tag{2.54}
$$

在上述公式中，$E(\hat{e}\hat{e}^T)$ 可以表达为方差分量 σ_k 的线性表达式，因此方差分量估计问题可以采用标准最小二乘理论求解。然而，该等式仍然是矩阵形式，无法直接采用最小二乘求解。式（2.54）中，矩阵 $P_A^\perp Q_k P_A^{\perp T}$ 的所有元素都可以用 vec(·) 运算符表示成向量形式。vec(·) 可以通过逐个连接矩阵的列向量的形式将一个矩阵重新表达为一个向量形式。此外，由于方差–协方差矩阵是对称矩阵，只需要上/下三角形元素。运算符 vh(·) 表示只对下三角矩阵的元素矢量化。关于 vec(·) 和 vh(·) 的更多性质可以参见 Teunissen 和 Amiri-Simkooei（2007）。

将矩阵表达为向量后，式（2.54）可写为

$$
\left(\mathrm{vh}(P_A^\perp Q_1 P_A^{\perp T}),\cdots,\mathrm{vh}(P_A^\perp Q_p P_A^{\perp T})\right)\begin{pmatrix}\sigma_1\\\vdots\\\sigma_p\end{pmatrix}=\mathrm{vh}(\hat{e}\hat{e}^T)-\mathrm{vh}(P_A^\perp Q_0 P_A^{\perp T})
\tag{2.55}
$$

然后各个方差分量因子可以使用加权最小二乘理论求解（Teunissen and Amiri-Simkooei，2007）。

LS-VCE 也可以用条件平差模型实现，其步骤与使用间接平差模型相似。条件平差模型中表达的 LS-VCE 观测方程如下：

$$
\left(\mathrm{vh}(BQ_1 B^T),\cdots,\mathrm{vh}(BQ_p B^T)\right)\begin{pmatrix}\sigma_1\\\vdots\\\sigma_p\end{pmatrix}=\mathrm{vh}(tt^T)-\mathrm{vh}(BQ_0 B^T)
\tag{2.56}
$$

条件平差模型中的观测方程也可以用加权最小二乘理论求解。

LS-VCE 理论已被应用于 GNSS 数据处理和分析，如 GNSS 观测数据的噪声特性分析（Amiri-Simkooei，2009；Amiri-Simkooei and Tiberius，2007），GPS 坐标时间序列分析（Amiri-Simkooei，2008；Amiri-Simkooei et al.，2007）。此外，总体最小二乘问题中的 LS-VCE 理论也得到了发展（Amiri-Simkooei，2013）。在本小节中，将用一个算例来验证 LS-VCE 的计算效果。在该算例中，假定 GPS 测距码

的观测值噪声服从卫星高度角相关模型 $Q_{yy} = 0.05 + 0.5\exp\left\{\dfrac{-E_i}{15}\right\}$。根据给定的随机模型仿真了大量观测值（例如 10 000 个），然后利用仿真观测值根据式（2.55）估计方差分量系数，其估计结果见表 2-2 和图 2-3。估计结果表明，估计的 GPS 观测随机模型与真实模型非常接近。因此，LS-VCE 方法可以用于估计 GNSS 观测值的随机模型。

表 2-2　估计和真实 GPS 观测值随机模型的比较

项目	$a_{1,P}(m^2)$	$a_{2,P}(m^2)$
真实数	0.01	0.10
估计值	0.009 9	0.102 9

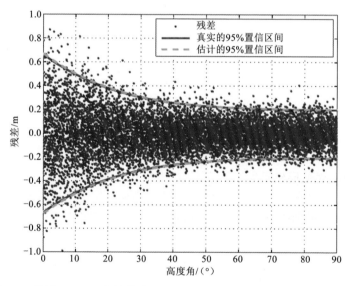

图 2-3　使用 LS-VCE 方法估计 GNSS 观测噪声的随机模型与真值的对比

第 3 章　GNSS 整周模糊度估计理论

GNSS 整周模糊度解算包括整周模糊度估计和整周模糊度检验两个部分。其中整周模糊度估计的过程并不神秘，它只是将 GNSS 载波相位模糊度的浮点解映射为整数，而这种映射的方法并不唯一。衡量整周模糊度估计器的主要性能指标是模糊度估计的可靠性。本章首先介绍混合整数模型的解算方法，然后讨论整数估计方法和整数估计的可靠性相关理论。

3.1　GNSS 混合整数模型的解

对于基于载波相位的 GNSS 定位模型，其数学模型可以表达为混合整数线性模型：

$$E(y)=(A,B)\begin{pmatrix} a \\ b \end{pmatrix}, \quad D(y)=Q_{yy}, \quad a\in \mathbf{Z}^n, b\in \mathbf{R}^p \tag{3.1}$$

其中：a 和 b 分别是整数型和实数型参数。实数型参数 b 可以是坐标参数、钟差参数、卫星轨道、对流层延迟参数、电离层延迟单数、码间偏差参数、频间偏差、系统间偏差参数等。具体的参数类型取决于定位计算使用的函数模型。整数型参数主要是指载波相位模糊度参数。矩阵 A 和 B 分别是整数型参数和实数型参数对应的设计矩阵。假设观测向量 y 服从多元正态分布，其随机特性由其方差–协方差矩阵 Q_{yy} 反映。与式（2.23）中描述的标准线性模型相比，混合整数模型涉及整数和实数两类参数。由于标准最小二乘估计器无法顾及参数的整数特性，混合整数 GNSS 模型需要分步求解。Teunissen（1995b）提出了一种混合整数线性模型的求解方案，其目标函数与标准最小二乘法相同，可以表示为

$$\arg\min_{a,b}\left\{ \|y-Aa-Bb\|^2_{Q_{yy}}, a\in \mathbf{Z}^n, b\in \mathbf{R}^p \right\} \tag{3.2}$$

其中：n 和 p 分别是整数参数和实数参数的维度。该最小化问题可以通过正交分解来实现。残差的二次型可以分解为三个正交项，表示为（Teunissen，1995b）：

$$\|y-Aa-Bb\|^2_{Q_{yy}}=\|\hat{e}\|^2_{Q_{yy}}+\|\hat{a}-a\|^2_{Q_{\hat{a}\hat{a}}}+\|\hat{b}(a)-b\|^2_{Q_{\hat{b}(a)\hat{b}(a)}} \tag{3.3}$$

其中：$\hat{a},\hat{b}$ 是标准最小二乘法的参数估值；$\hat{e}$ 是标准最小二乘估计的验后残差。

式（3.3）中所述的正交分解可以利用图 3-1 来表达。图中 $R(A)$ 和 $R(B)$ 是分别由矩阵 A 和 B 中的列向量张成的子空间。子空间 $R(A)$ 和 $R(B)$ 不是正交的，但 $Aa+Bb \in R(A) \cup R(B)$ 并且 $A\hat{a}+B\hat{b} \in R(A) \cup R(B)$ 关系总是成立。另一方面，$y \in \mathbf{R}^m$ 且 $m \geq n+p$，因此混合整数线性模型通常情况下是一个超定方程组。因此，最小化问题式（3.2）可以分两步求解：①使用加权最小二乘法解决线性系统的不自洽问题；②求解子空间 $R(A)$ 内的整数问题。如果等式（3.3）中的前两项达到最小，那么第三项自动达到最小。

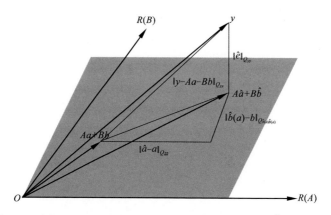

图 3-1　混合整数模型的正交分解 $\left\| y - Aa - Bb \right\|_{Q_{yy}}^2$

模型（3.2）的加权最小二乘解可以表示为

$$\begin{pmatrix} \hat{a} \\ \hat{b} \end{pmatrix} = \begin{pmatrix} A^{\mathrm{T}} Q_{yy}^{-1} A & A^{\mathrm{T}} Q_{yy}^{-1} B \\ B^{\mathrm{T}} Q_{yy}^{-1} A & B^{\mathrm{T}} Q_{yy}^{-1} B \end{pmatrix}^{-1} \begin{pmatrix} A^{\mathrm{T}} Q_{yy}^{-1} y \\ B^{\mathrm{T}} Q_{yy}^{-1} y \end{pmatrix} \tag{3.4}$$

加权最小二乘对应的方差–协方差（vc-）矩阵为

$$D\begin{pmatrix} \hat{a} \\ \hat{b} \end{pmatrix} = \begin{pmatrix} Q_{\hat{a}\hat{a}} & Q_{\hat{a}\hat{b}} \\ Q_{\hat{b}\hat{a}} & Q_{\hat{b}\hat{b}} \end{pmatrix} = \begin{pmatrix} A^{\mathrm{T}} Q_{yy}^{-1} A & A^{\mathrm{T}} Q_{yy}^{-1} B \\ B^{\mathrm{T}} Q_{yy}^{-1} A & B^{\mathrm{T}} Q_{yy}^{-1} B \end{pmatrix}^{-1} \tag{3.5}$$

由于式（3.4）和式（3.5）中没有考虑待估参数的整数特性，参数估值 $\hat{a}$，$\hat{b}$ 通常被称为浮点解。加权最小二乘估计解决了线性系统的不一致性问题，求得的参数估值使得观测值的估值 $\hat{y} = A\hat{a} + B\hat{b}$ 总是位于子空间 $R(A) \cup R(B)$ 中。式（3.2）被转换为

$$\arg\min_{a,b} \{ \| \hat{y} - (Aa+Bb) \|_{Q_{yy}}^2 \} = \arg\min_{a,b} \{ \| \hat{a} - a \|_{Q_{\hat{a}\hat{a}}}^2 + \| \hat{b}(a) - b \|_{Q_{\hat{b}(a)\hat{b}(a)}}^2 \}, \quad a \in \mathbf{Z}^n, b \in \mathbf{R}^p \tag{3.6}$$

根据图 3-1，最小二乘残差与子空间 $R(A) \cup R(B)$ 正交，即 $\hat{e} \perp R(A) \cup R(B)$，标准最小二乘估计不影响后续的整数参数求解过程。

$R(A)$ 和 $R(B)$ 之间的关系已经由线性模型定义，因此最小化问题可以通过最小化式（3.6）右侧的第一项来解决，该最小化问题可等价地转换为

$$\arg\min_a\{\|\hat{a}-a\|^2_{Q_{\hat{a}\hat{a}}}\}, a\in\mathbf{Z}^n \tag{3.7}$$

式（3.7）估计的整数向量能够使得相应的验后残差平方和最小，因此称为"整数最小二乘"估计。整数最小二乘问题的求解的具体步骤将在下一节中讨论。在本小节中，关注求解混合整数模型问题。假设已经求解得到了正确的整数参数估值，并表示为 $\breve{a}$，然后再回过头来看式（3.3）中的最后一项。由于 $R(A)$ 和 $R(B)$ 并不正交，将 $\hat{a}$ 固定为 $\breve{a}$ 的同时，也会对参数 $\hat{b}$ 产生影响。参数 $\hat{a}$ 对参数 $\hat{b}$ 的影响可以通过正交化子空间 $R(A)$ 和 $R(B)$ 来判断。两个子空间的正交化可以通过 Cholesky 分解来实现。利用 Cholesky 分解可以将方差–协方差矩阵（3.5）分解为

$$\begin{pmatrix} Q_{\hat{a}\hat{a}} & Q_{\hat{a}\hat{b}} \\ Q_{\hat{b}\hat{a}} & Q_{\hat{b}\hat{b}} \end{pmatrix} = \begin{pmatrix} 1 & 0 \\ Q_{\hat{b}\hat{a}}Q_{\hat{a}\hat{a}}^{-1} & 1 \end{pmatrix} \begin{pmatrix} Q_{\hat{a}\hat{a}} & 0 \\ 0 & Q_{\hat{b}\hat{b}}-Q_{\hat{b}\hat{a}}Q_{\hat{a}\hat{a}}^{-1}Q_{\hat{a}\hat{b}} \end{pmatrix} \begin{pmatrix} 1 & Q_{\hat{a}\hat{a}}^{-1}Q_{\hat{a}\hat{b}} \\ 0 & 1 \end{pmatrix} \tag{3.8}$$

正交化后的 $\hat{a}$ 和 $\hat{b}$ 表示为 $\hat{a}'$ 和 $\hat{b}'$，它们具有以下关系：

$$\begin{pmatrix} \hat{a} \\ \hat{b} \end{pmatrix} = \begin{pmatrix} 1 & 0 \\ Q_{\hat{b}\hat{a}}Q_{\hat{a}\hat{a}}^{-1} & 1 \end{pmatrix} \begin{pmatrix} \hat{a}' \\ \hat{b}' \end{pmatrix} \tag{3.9}$$

也可以写成

$$\begin{pmatrix} \hat{a} \\ \hat{b} \end{pmatrix} = \begin{pmatrix} \hat{a}' \\ \hat{b}'+Q_{\hat{b}\hat{a}}Q_{\hat{a}\hat{a}}^{-1}\hat{a} \end{pmatrix} \tag{3.10}$$

模糊度浮点解 $\hat{a}$ 与整数模糊度固定解向量 $\breve{a}$ 之间的差异称为模糊度残差，记为 $\breve{\epsilon}=\hat{a}-\breve{a}$。由于浮点解 $\hat{a}$ 和 $\hat{b}$ 是相关的，将浮点解 $\hat{a}$ 固定为整数 $\breve{a}$ 也会对参数 $\hat{b}$ 产生影响。考虑模糊度参数固定为整数的影响，模糊度固定后的实数参数 $\hat{b}$ 的条件解可以表示为

$$\hat{b}_{(\breve{a})}=\hat{b}-Q_{\hat{b}\hat{a}}Q_{\hat{a}\hat{a}}^{-1}(\hat{a}-\breve{a}) \tag{3.11}$$

为方便起见，将实数参数的相对与模糊度固定的条件解 $\hat{b}_{(\breve{a})}$ 表示为 $\breve{b}$。尽管 $\breve{b}$ 没有整数特性，也通常将 $\breve{b}$ 称作浮点参数的固定解。固定解 $\breve{b}$ 对应的条件方差–协方差矩阵可表示为

$$D(\breve{b})=Q_{\breve{b}\breve{b}}=Q_{\hat{b}\hat{b}}-Q_{\hat{b}\hat{a}}Q_{\hat{a}\hat{a}}^{-1}Q_{\hat{a}\hat{b}} \tag{3.12}$$

$\breve{a}$ 和 $\breve{b}$ 被称为"固定解"。式（3.11）显示模糊度固定正确与否将会对实数参数的固定解 $\breve{b}$ 产生一定的影响。如果模糊度固定错误，对应的定位结果产生一定的影响。假设模糊度固定解为 $\breve{a}=a+\Delta a$，Δa 为模糊度固定解与模糊度真值之差，那么对应的位置参数的估值则为

$$\hat{b}_{(\bar{a})} = \hat{b} - Q_{\hat{b}\hat{a}}Q_{\hat{a}\hat{a}}^{-1}\left[\hat{a}-(a+\Delta a)\right]$$
$$= \hat{b} - Q_{\hat{b}\hat{a}}Q_{\hat{a}\hat{a}}^{-1}(\hat{a}-a) + Q_{\hat{b}\hat{a}}Q_{\hat{a}\hat{a}}^{-1}\Delta a \qquad (3.13)$$

其中，$Q_{\hat{b}\hat{a}}Q_{\hat{a}\hat{a}}^{-1}\Delta a$ 即为错误的固定解对浮点解固定解带来的影响。由于 Δa 的大小无法控制，错误的模糊度固定解对定位结果的影响也无法估计。此外，应注意 $\hat{b}$ 对应的方差–协方差矩阵（3.12）事实上是条件方差。条件方差的大小与模糊度固定正确与否无关，即使模糊度固定错误，其条件方差–协方差阵仍然如式（3.12）所示的形式，但是此时它不再反映固定解 $\hat{b}$ 的真实精度了。

求解混合整数模型的过程可以概括为 4 个过程，如图 3-2 所示。

（1）建立混合整数模型的函数模型和随机模型，利用最小二乘法求解混合整数模型，解得整数型参数和实数型参数的浮点解，在这一步中，参数的整数特性将被忽略。

（2）选择一个整数估计器，利用整数参数的浮点解及其方差–协方差矩阵，将整数参数的浮点解映射为整数，称为整数参数的固定解。

（3）构造模糊度接受性检验量，检验整数参数的固定解是否可靠，如果不可靠则使用浮点解作为最终结果。

（4）如果整数参数固定解通过了接受性检验，则更新实数型参数的估值，并将实数型参数的条件解作为最终定位结果。

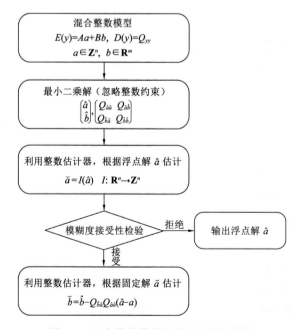

图 3-2 混合整数模型的求解过程流程图

混合整数模型的解法也可以用参数消去法进行推导，详细推导过程可参见 Hassibi 和 Boyd（1998）、Xu 等（1995）。参数消去法推导得到的结果与本小节中讨论的正交分解方法得到的结果相同。

3.2　可容许的整数估计器

根据图 3-2，解决混合整数模型的关键步骤是如何将实数解 $\hat{a} \in \mathbf{R}^n$ 映射为整数模糊度 $\check{a} \in \mathbf{Z}^n$。由于 $\mathbf{Z}^n$ 的是 n 维空间中离散的点，该映射不是一一映射。一般的映射方法是将某一个整数向量附近的所有实数向量映射到同一个整数。因此，可以给每个整数向量 $z \in \mathbf{Z}^n$ 分配一个集合 $S_z \subset \mathbf{R}^n$，该集合定义为

$$S_z = \{x \in \mathbf{R}^n \mid z = F(x)\}, \quad z \in \mathbf{Z}^n \tag{3.14}$$

所有落入区域 S_z 的实数向量，都被整数估计器映射为整数向量 z。S_z 表示该整数估计器映射到同一个整数向量的范围，通常称为 pull-in region（Teunissen，1999）。关于 pull-in region 的中文翻译有多个版本，本书中统称为"拉入区"。一些文献还将 S_z 称为 Voronoi cells（Hassibi and Boyd，1998）。

拉入区由整数估计器唯一确定，并不是任意的区域都可以定义成为拉入区。Teunissen（1999）系统地研究了整数估计器的拉入区理论，并且引入了"可容许整数估计器"的概念。一个可容许的整数估计器的拉入区必须满足三个条件。

（1）n 维实数空间中的每个实数向量都可以映射到一个整数向量，这意味着任意相邻的两个拉入区域之间没有间隙，可表示为

$$\bigcup_{z \in \mathbf{Z}^n} S_z = \mathbf{R}^n \tag{3.15}$$

（2）每个 n 维实数向量只能映射到一个整数向量，这意味着拉入区之间不允许重叠，并且每个拉入区内只有一个整数向量，表达为

$$S_{z_1} \bigcap S_{z_2} = \varnothing, \quad \forall z_1 \neq z_2, \ z_1 \in \mathbf{Z}^n, \ z_2 \in \mathbf{Z}^n \tag{3.16}$$

（3）拉入区域的形状和大小与中心整数向量 z 无关，这个属性也称为整数平移不变性（"z-translational invariant"），可以表达为（Teunissen，1999）

$$S_z = z + S_0, \quad z \in \mathbf{Z}^n \tag{3.17}$$

整数估计器的拉入区由整数估计器唯一定义，因此不同的整数估计器的拉入区各有不同。如果一个整数估计器的拉入区同时满足以上三个条件，则该估计器称为可容许的整数估计器（Teunissen，1999）。通过上述三个条件可知任意一个可容许的拉入区体积总是等于 1，表示为（Teunissen，2000b）

$$\int_{S_z} \mathrm{d}x = 1 \qquad (3.18)$$

最常见的可容许整数估计器包括整数舍入（IR）估计器、整数 bootstrapping 估计器和整数最小二乘估计器。这些整数估计器的拉入区将在下一节中详细讨论。

3.2.1 整数舍入估计器

整数舍入估计器是最简单的可容许整数估计器。它简单地将浮点解 $\hat{a}$ 的每一个分量四舍五入到该分量最接近的整数。固定整数向量可表示为

$$\breve{a}_{\mathrm{IR}} = [\langle \hat{a}_1 \rangle, \langle \hat{a}_2 \rangle, \cdots, \langle \hat{a}_n \rangle]^{\mathrm{T}} \qquad (3.19)$$

其中：$\langle \cdot \rangle$ 四舍五入到最接近的整数运算符。整数舍入估计器的相应拉入区可表示为（Teunissen，1999）

$$S_{\mathrm{IR},z} = \bigcap_{i=1}^{n} \left\{ x \in \mathbf{R}^n \,\big|\, \|x_i - z_i\| \leqslant \frac{1}{2} \right\}, \quad \forall z \in \mathbf{Z}^n \qquad (3.20)$$

在二维情况下，整数舍入估计器的拉入区是一个正方形。整数舍入估计器的定义表明其拉入区对浮点解的方差–协方差矩阵 $Q_{\hat{a}\hat{a}}$ 不敏感。另外，整数舍入估计器独立地对浮点解 $\hat{a}$ 的每个分量分别地执行舍入过程，因此整数舍入估计器也不考虑浮点解 $\hat{a}$ 不同分量之间的相关性。但是事实上方差–协方差矩阵 $Q_{\hat{a}\hat{a}}$ 对整数估计的影响不容忽视。假设模糊度浮点解的分量之间独立且对应的方差不同，则其对应的方差–协方差矩阵可表示为 $Q_{\hat{a}\hat{a}} = \mathrm{diag}([Q_{1,1}, Q_{2,2}, \cdots, Q_{n,n}]^{\mathrm{T}})$。由于不同分量的方差不同，采用四舍五入的方法确定整数正确的概率对于每个分量也各不相同（李博峰 等，2012）。为了充分考虑方差–协方差矩阵带来的影响，引入归一化距离来衡量空间上两点之间的距离，记作 Mohalanobis 距离（或马氏距离）。Mohalanobis 距离的定义为（Mahalanobis，1936）

$$\|x - z\|_{Q_{\hat{a}\hat{a}}} = \sqrt{(x-z)^{\mathrm{T}} Q_{\hat{a}\hat{a}}^{-1} (x-z)} \qquad (3.21)$$

Mohalanobis 距离反映的是将服从各种不同多维高斯分布的向量归一化到标准高斯分布的条件下，再计算这两点在标准高斯分布条件下的距离。Mohalanobis 距离能够一定程度上削弱方差–协方差的影响。

从 Mohalanobis 距离的角度考虑，IR 估计器的拉入区可以写成

$$S_{\mathrm{IR},z} = \bigcap_{i=1}^{n} \left\{ x \in \mathbf{R}^n \,\big|\, \|x_i - z_i\|_{Q_{i,i}} \leqslant \frac{1}{2\sqrt{Q_{i,i}}} \right\}, \quad \forall z \in \mathbf{Z}^n \qquad (3.22)$$

式（3.22）表明 IR 估计器的拉入区看起来像一个正方形，但其每个分量的边界到中心整数向量的 Mohalanobis 距离并不相同。因此从概率的角度分析，IR 估

计器在不同维度上的阈值的尺度标准并不统一。考虑不同维度存在相关性的情况，简单地使用四舍五入法更加难以确定最优整数。

GNSS 模糊度之间的相关性取决于信号跟踪时间的长短。长时间的观测可以提高模糊度浮点解的估计精度，并且降低模糊度之间的相关性。对于静态短基线解算，如果观测时间足够长，模糊度浮点解的精度足够高，也可以使用直接取整的方法确定模糊度。但是对于动态数据，或者观测时间比较短的情况，模糊度浮点解的精度还不够高，模糊度分量之间的相关性还比较显著，此时使用 IR 估计器固定模糊度风险比较大。

3.2.2　整数 bootstrapping 估计器

整数 bootstrapping 估计器是一种广义整数舍入估计器，被 Dong 和 Bock（1989）和 Blewitt（1989）应用到模糊度估计中。整数 bootstrapping 估计器也被 Xu 等（1995）称为模糊度估计的一步非线性方法。IB 估计器同样采用四舍五入的方法确定整数，但它在进行四舍五入操作之前先处理浮点解 $\hat{a}$ 不同分量之间的相关性，而 IR 估计器则完全不考虑方差–协方差矩阵 $Q_{\hat{a}\hat{a}}$ 非对角元素的影响。整数 bootstrapping 估计器首先通过 bootstrapping 变换处理模糊度浮点解各个分量之间的相关性。变换后得到的条件模糊度向量中的第 i 分量与前 $i-1$ 个分量之间相互独立。然后，IB 估计器对变换后的模糊度浮点解分量执行舍入操作。

IB 估计的第一步是通过 LDL^{T} 矩阵分解来处理模糊度浮点解 $\hat{a}$ 各分量之间的相关性。浮点解 $\hat{a}$ 及其方差–协方差矩阵可表示为

$$\hat{a}=\begin{pmatrix}\hat{a}_1\\\hat{a}_2\\\vdots\\\hat{a}_n\end{pmatrix},\quad Q_{\hat{a}\hat{a}}=\begin{pmatrix}Q_{1,1}&Q_{1,2}&\cdots&Q_{1,n}\\Q_{2,1}&Q_{2,2}&\cdots&Q_{2,n}\\\vdots&\vdots&&\vdots\\Q_{n,1}&Q_{n,2}&\cdots&Q_{n,n}\end{pmatrix}\tag{3.23}$$

LDL^{T} 矩阵分解应用于方差–协方差矩阵以获得各个维度的条件方差（Teunissen，1993）分解过程可描述为

$$Q_{\hat{a}\hat{a}}=\begin{pmatrix}1&0&\cdots&0\\L_{2,1}&1&\cdots&0\\\vdots&\vdots&&\vdots\\L_{n,1}&L_{n,2}&\cdots&1\end{pmatrix}\begin{pmatrix}D_{1,1}&0&\cdots&0\\0&D_{2,2}&\cdots&0\\\vdots&\vdots&&\vdots\\0&0&\cdots&D_{n,n}\end{pmatrix}\begin{pmatrix}1&L_{1,2}&\cdots&L_{1,n}\\0&1&\cdots&L_{2,n}\\\vdots&\vdots&&\vdots\\0&0&\cdots&1\end{pmatrix}=LDL^{\mathrm{T}}\tag{3.24}$$

其中：L 是主对角线元素为 1 的下三角矩阵；D 是对角矩阵，对角元素是模糊度浮点解各个分量的条件方差。L 和 D 的具体表达式如下：

$$L = \begin{pmatrix} 1 & 0 & \cdots & 0 \\ \sigma_{2,1}\sigma_{1,1}^{-2} & 1 & \cdots & 0 \\ \vdots & \vdots & & \vdots \\ \sigma_{n,1}\sigma_{n|1,n|1}^{-2} & \sigma_{n,2}\sigma_{n|2,n|2}^{-2} & \cdots & 1 \end{pmatrix}, \quad D = \begin{pmatrix} \sigma_{1,1}^2 & 0 & \cdots & 0 \\ 0 & \sigma_{2|1,2|1}^2 & \cdots & 0 \\ \vdots & \vdots & & \vdots \\ 0 & 0 & \cdots & \sigma_{n|n-1,n|n-1}^2 \end{pmatrix} \tag{3.25}$$

其中：$\sigma_{i,j}$ 是第 i 个分量和第 j 个分量的协方差；$\sigma_{i,i}^2$ 是第 i 个分量的方差；$\sigma_{i|k,i|k}$ 是第 i 个分量相对于前 k 个分量的条件协方差。IB 估计器通过顺序舍入过程获得固定整数，给出如下：

$$\begin{aligned} \breve{a}_{\mathrm{IB},1} &= \langle \hat{a}_1 \rangle \\ \breve{a}_{\mathrm{IB},2} &= \langle \hat{a}_{2|1} \rangle = \langle \hat{a}_2 - \sigma_{2,1}\sigma_{1,1}^{-2}(\hat{a}_1 - \breve{a}_{\mathrm{IB},1}) \rangle \\ &\vdots \\ \breve{a}_{\mathrm{IB},n} &= \langle \hat{a}_{n|N} \rangle = \left\langle \hat{a}_n - \sum_{i=1}^{n-1} \sigma_{n,i|I}\sigma_{i|I,i|I}^{-2}(\hat{a}_{i|I} - \breve{a}_{\mathrm{IB},i}) \right\rangle \end{aligned} \tag{3.26}$$

其中：$\hat{a}_{n|N}$ 是条件浮点解的第 n 个分量，按 $N=n-1, n-2, \cdots, 1$ 依次进行条件舍入计算。$\breve{a}_{\mathrm{IB},i}$ 是整数 bootstrapping 估计器的模糊度固定解的第 i 个分量。

相应地，整数 bootstrapping 估计器的拉入区可以表示为

$$S_{\mathrm{IB},z} = \bigcap_{i=1}^{n} \left\{ x \in \mathbf{R}^n \,\Big|\, \left\| c_i^T L^{-1}(x-z) \right\| \leqslant \frac{1}{2} \right\}, \quad \forall z \in \mathbf{Z}^n \tag{3.27}$$

其中：c_i 是 $n \times 1$ 标准单位向量，其第 i 个元素等于 1，其余元素等于 0。图 3-3 展示了整数 bootstrapping 区域的二维示例。它表明在二维情况下 IB 拉入区是平行四边形。平行四边形可以看作是 IR 拉入区域的一种变换，其变形是由模糊度浮点解 $\hat{a}$ 的不同分量之间的相关性引起的。考虑 $Q_{\hat{a}\hat{a}}$，整数 bootstrapping 估计器的拉入区可以表示如下：

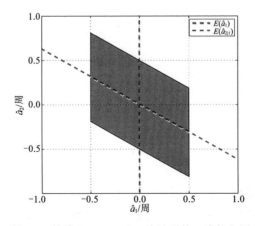

图 3-3　整数 bootstrapping 估计器的二维拉入区

$$S_{\text{IB},z} = \bigcap_{i=1}^{n} \left\{ x \in \mathbf{R}^n \left| \left\| c_i^T L^{-1}(x-z) \right\| Q_{\hat{i}|i,\hat{i}|I} \leq \frac{1}{2\sqrt{Q_{\hat{i}|I,\hat{i}|I}}}, \forall z \in v^n \right. \right\} \qquad (3.28)$$

该等式表明 IB 拉入区边界与其中心的 Mohalanobis 距离是不同的。IB 拉入区的二维示例如图 3-3 所示。该图显示了 IB 拉入区域是平行四边形，也可以看作一种错切变换后的正方形。两条虚线表示 $\hat{a}_1$ 和 $\hat{a}_{2|I}$ 的期望。由于两个维度并不独立，这两个维度的期望不是正交的。如果 $E(\hat{a}_1)$ 和 $E(\hat{a}_{2,1})$ 表示空间的非正交基，那么 IB 拉入区将在这个非正交坐标系中变为一个正方形。IR 估计器是正交基条件下的四舍五入估计器，而 IB 估计器则是任意一组基（无论正交还是非正交）条件下的四舍五入估计器。因此 IB 估计器是 IR 估计器的一种推广，IB 估计器虽然解决了相关性问题，但是其拉入区边界到中心整数的距离对不同维度是不同的，这也是 IB 和 IR 的相同点。当且仅当 $\hat{a}$ 的方差–协方差矩阵为对角阵时，IB 估计器退化为 IR 估计器。

对于模糊度之间的相关性比较弱的情况，IB 估计器仍然是最简单实用的模糊度估计方法。对于静态 GNSS 数据处理，可以通过构造特定的线性组合来获得比较容易固定的模糊度，将其固定后，再将固定的模糊度作为已知量帮助固定其他的模糊度。这种逐级固定模糊度的方法在静态 GNSS 数据处理中得到了广泛的应用。逐级固定模糊度的方法本质上也是一种整数 bootstrapping 估计器。下面就对几种典型的利用 IR 估计器求解整数模糊度的方法进行简单地介绍。

1. 利用 MW 组合和 IF 组合固定模糊度

利用 MW 组合和 IF 组合确定模糊度的方法既可以用于双差定位，也可以用于非差定位。这种方法能够巧妙地避开电离层误差的影响，因而广泛地应用于长基线 RTK 模糊度解算和 PPP 模糊度解算（Blewitt, 1989）。这种方法的主要特点是利用 MW 组合来固定宽巷模糊度，然后固定窄巷模糊度模糊度（Ge et al., 2008）。该方法的模糊度固定过程有三个步骤。

第 1 步：利用 MW 组合修复宽巷模糊度。

MW 组合的定义如下：

$$L_{\text{MW}} = \frac{f_1 L_1 - f_2 L_2}{f_1 - f_2} - \frac{f_1 P_1 + f_2 P_2}{f_1 + f_2} = \lambda_{\text{WL}} N_{\text{WL}} + \epsilon_{P,\text{NL}} \qquad (3.29)$$

MW 组合巧妙地利用载波相位宽巷组合和伪距窄巷组合，不但消除了几何距离相关的项，还消除了频率相关的一阶电离层误差的影响。上式显示 MW 组合观测值中仅剩下宽巷模糊度和窄巷伪距组合的观测噪声。对于 GPS 系统而言，宽巷组合观测值的等效波长约为 86 cm，远远大于原始的载波相位波长。如果伪距的观测噪声比较小，那么宽巷模糊可以通过简单地四舍五入的方法直接固定到最接近的整数。如果伪距的观测值噪声比较大，可通过多历元平滑来降低伪距观测值噪声的影响，因为只要不发生周跳，MW 组合的理论值是个常数。

第 2 步：借助无电离层组合固定窄巷模糊度。无电离层组合可表示如下（以 m 为单位）：

$$L_{IF} = \frac{f_1^2 L_1 - f_2^2 L_2}{f_1^2 - f_2^2} = \rho + \lambda_1 N_{IF} \tag{3.30}$$

其中：ρ 是 IF 组合中几何距离相关的项，包括站星几何距离、钟差及对流层延迟的综合；λ_1 是 L1 的波长；N_{IF} 是 IF 组合的模糊度（以周为单位）。无电离层组合的等效波长只有几毫米，不可能直接固定 IF 模糊度。IF 模糊度可以分解为宽巷组合模糊度和 L1 模糊度的组合。分解后的 L1 模糊度具有的窄巷波长（约 10.6 cm），如下式所示：

$$N_{IF} = \frac{f_1 f_2 N_{WL}}{f_1^2 - f_2^2} - \frac{f_1 N_1}{f_1 + f_2} \tag{3.31}$$

其中：N_{WL} 是宽巷模糊度；N_1 是 L1 模糊度，但 N_1 对应的是窄巷组合观测值的等效波长，通常称作窄巷模糊度。N_{IF} 的浮点解可以通过图 3-2 中所述的方法求解。考虑窄巷模糊度方差较大，波长较短，往往不能单历元固定，但是可以通过多历元平滑来降低窄巷模糊度的噪声，再通过四舍五入的方法将窄巷模糊度浮点解固定为整数，窄巷模糊度 N_1 固定方法如下：

$$\breve{N}_1 = \left\langle \frac{f_2 \breve{N}_{WL}}{f_1 - f_2} - \frac{(f_1 + f_2)\breve{N}_{IF}}{f_1} \right\rangle \tag{3.32}$$

对于双差定位模型，初始的载波相位小数偏差可以通过双差消除，因此宽巷和窄巷模糊度可以直接固定为整数。对于单差或者非差定位模型，由于初始载波相位小数偏差仍然在宽巷和窄巷模糊度的浮点解中，需要外部提供载波相位小数偏差改正产品修正，保证修正后的宽巷和窄巷模糊度具备整数特性，再进行模糊度固定。

第 3 步：确定无电离层模糊度。

一旦窄巷模糊度 N_1 和宽巷 N_{WL} 都固定为整数，再将这两个固定的模糊度代入 IF 组合观测方程中。此时 IF 组合的载波相位观测方程可以看作高精度的距离测量值，直接参与精密定位。

2. TCAR 和 CIR 方法

新一代 GNSS 系统，包括 GPS 3、伽利略和北斗具备提供三个或三个以上的不同频率伪距和载波相位观测值的能力。针对多频 GNSS 载波相位模糊度处理，也发展出了相关的模糊度固定理论和方法。Forssell 等（1997）和 Hatch 等（2000）分别提出了三频模糊度固定方法：TCAR（三频载波模糊度解算）和 CIR（级联整数解算）来解决三频 GPS 和三频伽利略观测值的模糊度固定问题。这两种方法的思路非常类似，只是对应的观测值频率有一定差异。在后续论述的过程中，不再区分 TCAR 和 CIR 方法。下面介绍 TCAR 和 CIR 模糊度固定方法的流程。假设三个频率满足条件 $f_1>f_2>f_5$，并且 $f_2-f_5>f_1-f_2$。实际上，这两个条件对所有的三频 GNSS 系统都是成立的。根据以上假设，可以定义两种线性组合观测值：① $\phi_{EWL}=\phi_2-\phi_5$ 具有长达数米的非常长的波长，并表示为作为超宽巷观测值（EWL）；② $\phi_{WL}=\phi_1-\phi_2$ 具有长波长，可以是几个分米，称为宽巷组合观测值（WL）。TCAR/CIR 方法利用三个步骤确定整数模糊度：①形成超宽巷观测值并通过四舍五入的方法来确定 EWL 模糊度最接近整数；②形成宽巷观测值并将 WL 模糊度通过四舍五入取整的方法固定到最接近的整数；③利用模糊度固定的 EWL 和 WL 组合观测值，通过一定的组合方法带入原始观测方程，帮助固定"窄巷"模糊度。

　　TCAR、CIR 方法都是通过逐级确定模糊度的方法来实现模糊度固定的。在理论上，这与整数 bootstrapping 的方法等价。TCAR、CIR 都是通过一组预定义的模糊度转换矩阵，将原始的模糊度转换到线性组合的模糊度域上，实现模糊度逐级固定。要实现精密定位，这个转换矩阵必须是满秩矩阵，这意味着无论多少个频率的观测值参与定位，无论怎么组合，最终都会产生一个窄巷模糊度，只有成功地固定了这个窄巷模糊度，才能进行精密定位。

3.2.3　整数最小二乘估计

　　整数舍入估计器和整数 bootstrapping 估计器都使用 0.5 的阈值来定义其拉入区边界，但 0.5 也不一定是最优的阈值选择。如果 $Q_{\hat{a}\hat{a}}$ 是一个单位矩阵，0.5 作为阈值还算合理，但是如果 $Q_{\hat{a}\hat{a}}$ 是任意的对称正定矩阵，则 0.5 不一定是阈值的最优选择。因为在 $Q_{\hat{a}\hat{a}}$ 张成的非正交基空间中，相邻的两个整数向量之间的 Mohalanobis 距离最小值不一定为 1。整数最小二乘法使用 Mohalanobis 距离的平方 $\|\hat{a}-a\|^2_{Q_{\hat{a}\hat{a}}}$ 定义其拉入区，而不是 0.5。

　　1. 整数最小二乘的推入区

　　整数最小二乘法的目标函数由等式（3.7）定义。整数最小二乘估计的定义可以等效地表示为其拉入区，可表达为（Teunissen，1999）

$$S_{ILS,a}=\left\{\hat{a}\in\mathbf{R}^n\Big|\|\hat{a}-a\|^2_{Q_{\hat{a}\hat{a}}}\leqslant\|\hat{a}-z\|^2_{Q_{\hat{a}\hat{a}}},\forall z\in\mathbf{Z}^n\right\} \tag{3.33}$$

该式显示整数最小二乘估计器的拉入区中任何一个实数向量到其中心整数向量的

Mohalanobis 距离小于到任何其他整数向量的距离。式（3.33）可以表达为

$$\left\| \hat{a}-a \right\|_{Q_{\hat{a}\hat{a}}}^{2} \leqslant \left\| \hat{a}-z \right\|_{Q_{\hat{a}\hat{a}}}^{2} \Leftrightarrow (z-a)^{\mathrm{T}} Q_{\hat{a}\hat{a}}^{-1} (\hat{a}-a) \leqslant \frac{1}{2}\left\| z-a \right\|_{Q_{\hat{a}\hat{a}}}^{2}, \quad \forall z \in \mathbf{Z}^{n} \quad (3.34)$$

进一步，整数最小二乘的拉入区可以描述为（Verhagen，2003；Teunissen，1999）

$$S_{\mathrm{ILS},0}=\left\{ \hat{a}\in \mathbf{R}^{n} \,\middle|\, w\leqslant \frac{1}{2}\left\| z \right\|_{Q_{\hat{a}\hat{a}}}, \forall z\in \mathbf{Z}^{n} \right\}, \quad w=\frac{z^{\mathrm{T}} Q_{\hat{a}\hat{a}}^{-1}(\hat{a}-a)}{\left\| z \right\|_{Q_{\hat{a}\hat{a}}}} \quad (3.35)$$

其中：w 是向量 $(\hat{a}-a)$ 在 z 方向上的投影。整数最小二乘的拉入区可以解释为通过点 $\frac{1}{2}z$ 的无限多个半空间的交集。但是，一个整数向量最多有 $2^{n}-1$ 对相邻整数向量（Cassels，2012）。为了方便表达，将 z 的相邻整数集定义为

$$C_{z}=\left\{ c\in \mathbf{Z}^{n} \,\middle|\, \arg\min_{c\in \mathbf{Z}^{n}\setminus\{z\}} \left\| x-c \right\|_{Q_{\hat{a}\hat{a}}}^{2}, x\in S_{\mathrm{ILS},z}, z\in \mathbf{Z}^{n} \right\} \quad (3.36)$$

其中：$\forall c\in C_{z}$，c 是 $S_{\mathrm{ILS},z}$ 中 x 的次优整数向量之一。对于 n 维空间，集合 C_{z} 最多包含 $2(2^{n}-1)$ 个整数向量。对于 C_{z} 中的每个整数向量 $c\in C_{z}$，在整数最小二乘估计器的拉入区中都有一个对应的子拉入区，记做 $S'_{z,c}$。在这个子拉入区中，$\forall x\in S'_{z,c}$，相应的最优和次优整数候选向量分别为 z 和 c。$S'_{z,c}$ 具有以下属性：

$$\begin{cases} S'_{z,c}\subset S_{\mathrm{ILS},z} \\ S'_{z,c_{1}}\cap S'_{z,c_{2}}=\varnothing, \quad \forall c_{1},c_{2}\in C_{z}, c_{1}\neq c_{2} \\ \bigcup_{c\in C_{z}} S'_{z,c}=S_{\mathrm{ILS},z} \end{cases} \quad (3.37)$$

如图 3-4 所示，$S'_{0,c}$ 的边界用虚线标出。对于二维情况，整数最小二乘拉入区 $S_{\mathrm{ILS},0}$ 由 6 个子拉入区 $S'_{0,c}$ 组成，每个子拉入区 $S'_{0,c}$ 对应一个相邻次优整数向量。

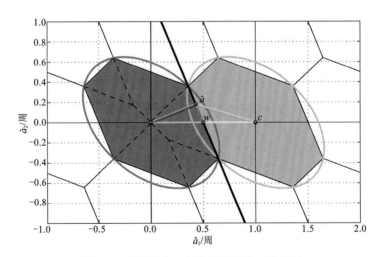

图 3-4 　整数最小二乘拉入区域的二维示例

两个六边形之间的黑色实线表示半空间的边界。$S_{ILS,0}$ 的顶点是多个半空间的边界的交点。这些顶点到中心整数向量的 Mohalanobis 距离是相同的。因此 S_{ILS} 是一个超椭球体的内切多边形。该图表明整数最小二乘的拉入区实际上由相邻的整数集合 C_z 定义。ILS 拉入区域由模糊度浮点解 $\hat{a}$ 在向量 c 方向上的投影在图中表示为 w。如果 $w \leqslant \frac{1}{2}\|c\|_{Q_{\hat{a}\hat{a}}}$，则对应的模糊度浮点解 $\hat{a}$ 落入拉入区 S_0 并且可以通过 ILS 固定为 0 向量。

2. 整数最小二乘的解法

除了推入区问题，整数最小二乘的另外一个关键问题是最优整数向量的求解问题。整最小二乘的解定义为

$$\breve{a}_{ILS} = \arg\min_z \left\{ \|\hat{a} - z\|_{Q_{\hat{a}\hat{a}}}^2 \right\}, \quad z \in \mathbf{Z}^n \tag{3.38}$$

在 GNSS 模糊度解算问题中，整数最小二乘问题是在已知在模糊度浮点解 $\hat{a}$ 及其方差–协方差矩阵 $Q_{\hat{a}\hat{a}}$ 规定的一组格基，求解在这组格基上的距离 $\hat{a}$ 最近的整数向量，这个问题在数学上被称为"最近点"问题（刘经南 等，2012）。最近点问题是一个"NP-Hard"问题，即难以找到在多项式时间复杂度的算法来求解（Agrell et al.，2002）。

考虑模糊度分量之间的相关性，整数最小二乘问题通过搜索而不是直接计算找到全局最优解。根据搜索空间确定方法不同，整数最小二乘问题的搜索方法有 4 种：矩形搜索、条件矩形搜索、椭球搜索和 SE-VB 搜索。

（1）矩形搜索。矩形搜索即根据每个模糊度分量的方差分别确定置信区间，并逐维进行搜索。给定 vc 矩阵 $Q_{\hat{a}\hat{a}}$ 和搜索空间大小 k，相应的搜索空间可以表示为

$$\hat{a}_i - k\sigma_i < \breve{a}_i < \hat{a}_i + k\sigma_i \tag{3.39}$$

其中：σ_i 是模糊度浮点解 $\hat{a}$ 的第 i 个分量的标准差；k 可以根据搜索置信度确认。为了保证搜索的成功率，应保证 $k \geqslant 4$。在矩形搜索中，每个模糊度分量的搜索过程是独立的。对于二维情况，其搜索空间是矩形区域。矩形搜索空间容易构造，但是构造过程中没有使用模糊度分量间的相关性信息。只要选择的搜索参数 k 合适，矩形搜索方法能够正确地求解整数最小二乘问题。矩形搜索空间的构造利用的是每个模糊度分量的边际概率，没有利用模糊度分量之间的相关性信息从而导致在搜索空间中有很多冗余的整数备选向量，影响了搜索效率。

（2）条件矩形搜索空间。它的思路与 IB 估计器的构造类似，即利用逐级确定条件概率的方法确定搜索空间。条件矩形搜索空间可表示为

$$\hat{a}_{i|I} - k\sigma_{i|I} < \breve{a}_{i|I} < \hat{a}_{i|I} + k\sigma_{i|I} \tag{3.40}$$

与式（3.39）相比，条件矩形搜索是利用条件期望和条件概率确定搜索空间。在 Bootstrapping 的过程中处理了模糊度分量之间的相关性，由于条件方差总是小于等于边际方差，条件矩形搜索空间的搜索效率得到提高。

（3）椭球搜索。解决整数最小二乘问题理论上最严密的还是椭球搜索空间。椭球搜索空间表示为

$$(\hat{a}-a)^{\mathrm{T}} Q_{\hat{a}}^{-1}(\hat{a}-a) \leqslant \chi^2 \tag{3.41}$$

考虑模糊度浮点解服从多元正态分布，那么其二次型服从 χ^2 分布。根据 χ^2 分布和用户确定的置信水平确定搜索空间的大小。De Jonge 和 Tiberius（1996）研究了搜索空间的体积与搜索空间内的候选者之间的关系。确定椭圆体大小的推荐方法可确保椭圆体中有足够的候选者，并且至少有 2 个候选者用于模糊度检验。如果搜索空间中包含了过多的整数候选向量，那么搜索空间变得太大会使得搜索过程变得效率低下。相反，搜索空间内的整数候选向量太少则无法保证搜索空间中包含正确的整数候选向量。将 $Q_{\hat{a}\hat{a}}^{-1}$ 由 $L^{\mathrm{T}}DL$ 分解后，式（3.41）可表示为（De Jonge and Tiberius，1996）

$$\sum_{i=1}^{n} \frac{(a_i - \hat{a}_{i|I})^2}{\sigma_{\hat{a}_{i|I}}^2} \leqslant \chi^2 \tag{3.42}$$

其中：$\hat{a}_{i|I}$ 是模糊度向量浮点解中的第 i 个相对于 $i+1,\cdots,n$ 的条件分量。对于第 i 步搜索，搜索空间可写为

$$(a_i - \hat{a}_{i|I})^2 \leqslant \frac{\chi^2}{d_i} - \frac{1}{d_i} \sum_{l=i+1}^{n} d_i (a_l - \hat{a}_{l|L})^2 \tag{3.43}$$

由于模糊度浮点解向量的不同分量之间存在相关性，椭球搜索算法看起来比较复杂。然而，椭圆搜索空间比矩形搜索空间更有效，特别是在模糊度浮点解分量之间存在相关性的情况下。椭球搜索算法也被称为 "Fincke-Pohst" 算法。在划定搜索椭球空间后，逐个计算椭球空间内的整数向量与浮点解之间的，并找出 Mohalanobis 距离最小的整数向量作为整数最小二乘解（De Jonge and Tiberius，1996）。

（4）SE-VB 搜索。前三种方法的思路都是先确定一个搜索空间，再逐个计算椭球空间内的整数向量与浮点解之间的，并找出 Mohalanobis 距离最小的整数向量。搜索空间的思路便于理解，但从搜索效率的角度来讲并不一定是最优的。从搜索策略的角度分析，整数最小二乘算法的搜索效率又得到了进一步提升（Chang et al.，2005）。Viterbo 与 Biglieri（1993）提出序贯缩小搜索半径的策略被称为 VB 算法。Schnorr 与 Euchner（1994）提出了 Z 字型搜索算法，可以有效地提高模糊度的搜索效率。将这两个算法结合，称为 SE-VB 算法。SE-VB 算法不需要确定搜索空间大小，初始状态下可以认为搜索空间是无限大。在搜索的过程中动态地缩

小搜索空间。与搜索空间内穷举搜索的策略不同,SE-VB 算法规定了搜索的起点和搜索的顺序。搜索的起点是利用整数 Bootstrapping 估计器确定的模糊度整数解。搜索的过程服从 Z 字型搜索,搜索过程中不停地缩小搜索空间,直至找到最优整数解(Verhagen et al.,2013)。

3.3　整周模糊度降相关方法

整数最小二乘是最优整数估计器,其最优候选向量必须通过搜索过程找到。搜索空间由模糊度浮点解的方差–协方差矩阵 $Q_{\hat{a}\hat{a}}$ 确定。对于快速或瞬时模糊度解算,模糊度浮点解的不同维度之间相关性很强,导致模糊度浮点解的置信区是一个狭长的超椭球体。因此整数最小二乘最优解的搜索空间被拉得很长,这导致了整数模糊度最优解的搜索效率很低。为了提高模糊度搜索效率,Teunissen(1993)提出了利用矩阵变换的方法提升 GNSS 模糊度搜索效率,通常称为降相关方法。联合整数降相关和整数最小二乘的模糊度估计方法被称为最小二乘模糊度降相关调整法(LAMBDA)。该方法是目前 GNSS 模糊度解算领域理论体系最完善的方法。需要特别注意的是降相关过程只能提升搜索效率,不改变整数最小二乘的搜索结果。

模糊度降相关的基本思想是使用可逆整数变换对浮点解及其方差–协方差矩阵 $Q_{\hat{a}\hat{a}}$ 进行变换,变换过程可表示为

$$\hat{z}=Z^{\mathrm{T}}\hat{a}, \quad Q_{\hat{z}\hat{z}}=Z^{\mathrm{T}}Q_{\hat{a}\hat{a}}Z \tag{3.44}$$

其中:Z 是整数变换矩阵。利用变换后的 $\hat{z}$ 和 $Q_{\hat{z}\hat{z}}$ 展开整数最小二乘搜索,确定出最优整数候选向量 $\breve{z}$,再使用一个整数逆变换来确定模糊度浮点解的最优整数候选值 $\breve{a}$:

$$\breve{a}=Z^{-\mathrm{T}}\breve{z}, \quad Q_{\breve{a}\breve{a}}=Z^{-\mathrm{T}}Q_{\breve{z}\breve{z}}Z^{-1} \tag{3.45}$$

以上两个方程表明降相关中的变换矩阵 Z 必须是可逆的。除此之外,模糊度整数变换的两个前提条件是(Teunissen,1995a):变换矩阵必须是整数矩阵,并且变换矩阵不得改变搜索空间的体积。具体可以表示如下。

(1)变换矩阵及其逆矩阵必须是整数矩阵,即 $Z\in \mathbf{Z}^{n\times n}$ 且 $Z^{-1}\in \mathbf{Z}^{n\times n}$。该条件保证变换前后不破坏模糊度参数的整数性质。

(2)搜索体积不变是指变换前后矩阵的行列式值不变,即 $|Q_{\hat{a}\hat{a}}|=|Q_{\hat{z}\hat{z}}|$。这个条件保证 $\|\hat{a}-\breve{a}\|_{Q_{\hat{a}\hat{a}}}^{2}=\|\hat{z}-\breve{z}\|_{Q_{\hat{z}\hat{z}}}^{2}$。因此,降相关的整数变换前后不影响整数最小二乘的搜索结果。

满足上述两个条件的模糊度变换称作"可容许的模糊度变换"（Teunissen，1995a）。在实际模糊度解算中，往往选择解算线性组合后的模糊度而不是原始的模糊度，这样能一定程度上提升模糊度解算效率，例如著名的宽巷–窄巷模糊度固定方法、TCAR 和 CIR 固定方法等。事实上，这些模糊度解算方法对应的变换矩阵都需要满足可容许的模糊度变换条件，否则变换后的模糊度将无法还原。这也是为什么无论是双频模糊度解算还是三频模糊度解算，无论怎么构造线性组合，最终都绕不开窄巷模糊度解算的原因。这些逐级模糊度固定方法采用的变换矩阵是预定义的，而本小节所述的降相关方法则是根据方差–协方差矩阵自动搜索最优的矩阵变换方法（Teunissen et al.，2002）。

满足可容许的模糊度变换条件前提下，整数最小二乘在变换前执行还是在变换后执行都不影响搜索结果。为了达到降相关的目的，变换矩阵必须满足一个附加条件，即 $Q_{\hat{z}\hat{z}}$ 的非对角线元素不大于 $Q_{\hat{a}\hat{a}}$ 中的对应元素。该条件确保了变换后模糊度分量之间的相关性降低，而不是进一步降低搜索效率（Xu et al.，1995）。

第二个条件定义该变换矩阵的行列式 $|Z|=\pm 1$。矩阵满足这个条件称为幺模矩阵（Xu et al.，1995）。大多数降相关方法是用对角线为 1 的三角矩阵构造幺模矩阵。根据 Cramer 的法则（Strang and Borre，1997），整数幺模矩阵的逆矩阵也是整数矩阵。

模糊解相关的二维示例如图 3-5 所示。该图显示了变换前后方差–协方差矩阵 $Q_{\hat{a}\hat{a}}$ 和 $Q_{\hat{z}\hat{z}}$ 的 95% 置信区。两个置信区域的面积相同，两个椭圆中的整数候选数量也相同。不同的是原始的方差–协方差矩阵 $Q_{\hat{a}\hat{a}}$ 对应的置信区域在搜索过程中外包络矩形较大，因而其搜索效率比较低。该图还给出了一个变换前后的模糊度浮点

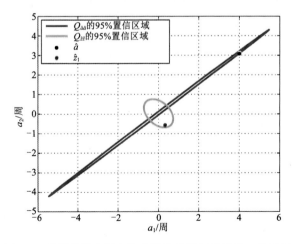

图 3-5　使用整数高斯变换方法的模糊解相关的二维示例

解向量的示例 $\hat{a}$ 和 $\hat{z}$。降相关整数变换不会改变它们与原点的 Mohalanobis 距离，因为 $\|\hat{a}\|_{Q_{\hat{a}\hat{a}}}^2 = \|\hat{z}\|_{Q_{\hat{z}\hat{z}}}^2$。

降相关过程的实现方法有很多种，例如，整数高斯变换（Teunissen，1995a）和 Lenstra，Lenstra、Lovasz（LLL）规约法（Hassibi and Boyd，1998），联合模糊度降相关（Liu et al.，1999），逆整数 Cholesky 分解（Xu，2001），配对 Cholesky 整数变换（Zhou，2011），并行 Cholesky 约化法（Xu，2012）。下面对三种典型的整数降相关方法的原理进行介绍，这些算法包括整数高斯变换、LLL 算法和逆整数 Cholesky 降相关。

3.3.1　整数高斯变换

整数高斯变换过程基于 L^TDL 分解。由于模糊度浮点解的方差–协方差矩阵是对称正定矩阵，它可以通过 L^TDL 方法进行分解，表示如下：

$$Q_{\hat{a}\hat{a}} = L^TDL \qquad (3.46)$$

其中：L 矩阵是下三角矩阵；D 矩阵是对角矩阵；L^TDL 分解是 Cholesky 分解的一种实现形式，但是 L^TDL 分解通过一个对角矩阵 D 将条件方差提取出来。一旦 L 矩阵已知，矩阵 $Q_{\hat{a}\hat{a}}$ 可以很容易地去相关为对角矩阵 $D = L^{-T}Q_{\hat{a}\hat{a}}L^{-1} = L^{-T}L^TDLL^{-1}$。去相关之后方差–协方差矩阵中所有非对角线元素变为零，即模糊度向量的各个分量之间彼此独立。原理上讲，任意对称矩阵都可以执行 L^TDL 分解。但是，L^TDL 分解过程不能保证矩阵 L 中的所有元素都是整数，所以不能直接使用 L^TDL 进行降相关。下三角矩阵 L 可以表达为以下形式：

$$l_{ij} = \begin{cases} 0, & i<j \\ 1, & i=j \\ l_{ij}, & i>j \end{cases} \qquad (3.47)$$

其中：l_{ij} 是矩阵 L 中的一个元素，i 和 j 分别是行号和列号；L 矩阵的对角线元素是 1，上三角矩阵中的元素是 0。所有对角线元素中都为 1 的三角矩阵一定是一个幺模矩阵。

下面介绍基于 L^TDL 分解的降相关过程，这个过程通常被称为高斯整数变换或者 Z 变换。Z 变换的基本思想是将原始的实数模糊度向量 $\hat{a}$，通过一系列高斯初等变换变为相关性较低的 $\hat{z}$ 参数，变换过程可表示为

$$\hat{z} = Z^T\hat{a}, \quad Q_{\hat{z}\hat{z}} = Z^TQ_{\hat{a}\hat{a}}Z \qquad (3.48)$$

其中：$\hat{z}$ 是变换后的浮点模糊度参数向量；$Q_{\hat{z}\hat{z}}$ 是变换后的方差–协方差矩阵，且 $Q_{\hat{z}\hat{z}}$ 矩阵的非对角线元素将小于 $Q_{\hat{a}}$ 矩阵的非对角线元素。问题的关键在于如何构造满

足上述要求的 Z 变换矩阵。

Teunissen 通过整数高斯变换解决了这个问题（Teunissen，1995b）。整数高斯变换为 L 矩阵的每个元素构造一个 Z 变换矩阵，可以表示如下（Chang et al.，2005）：

$$Z = I - \mu e_i e_j^{\mathrm{T}} \tag{3.49}$$

其中：一个 Z 矩阵表示执行一次高斯变换矩阵；I 是一个单位矩阵；μ 是一个整数；e_i 是一个规范的列单位向量，其第 i 个元素是 1，其他元素为 0。$e_i e_j^{\mathrm{T}}$ 形成一个方阵，只有 $[i,j]$ 元素不为 0，其他元素均为 0。显然矩阵 Z 的行列式等于 1，由于 $Z^{-1} = I + \mu e_i e_j^{\mathrm{T}}$，所以 Z^{-1} 矩阵的所有元素都是整数。每一个变换矩阵都由一个单位矩阵和一个非零的非对角元素构成，令 $\mu = \langle l_{ij} \rangle$。变换一次使得一个非对角线元素 l_{ij} 的绝对值小于 0.5。每个矩阵等价于执行一次高斯行变换。但是，一次 Z 变换会影响同一行中的其他元素，因此 Z 变换需要反复迭代地执行。

LAMBDA 中降相关过程的另一个显著特征是在 Z 变换的过程中会对条件方差进行重新排序。重新排序过程使最终降相关后的条件方差谱变得更加均匀，并且使搜索过程更高效（Teunissen，1995b）。进行行列交换后，变换矩阵 Z 不再是三角矩阵，但它仍然是一个幺模整数矩阵。在降相关的过程中对矩阵元素进行重排列十分重要。有关条件方差重新排序的详细算法请参阅 De Jonge 和 Tiberius（1996）。

3.3.2　LLL 算法

LLL 算法最初由 Lenstra 于 1982 年提出，并被 Hassibi 和 Boyd（1998）用来解决 GNSS 模糊度降相关问题。该方法的思路与 Gram-Shmidt 正交化类似。在数学中该问题也称为格基规约理论。

在格基规约理论中，最近邻格网点（CLP）问题等价于整数最小二乘问题（于兴旺，2011）。最近邻格网点问题的重点是如何根据一个实数向量和空间一组基向量找到其最接近的格网点，在正交基构成的空间内，最近邻格网点很容易计算，但是对于非正交基条件下，最近邻格网点就需要通过搜索算法来确定了。LLL 算法的降相关过程相当于把一组矩阵的非正交基进行正交化过程。

将模糊度的方差–协方差矩阵 $Q_{\hat{a}\hat{a}}$ 视为一组 n 维列向量 $[b_1, b_2, \cdots, b_n]$，并且这一组列向量张成一个 n 维子空间 $\mathbf{R}^n$。如果所有列向量彼此独立，则可以将向量视为该子空间的一组基。同一子空间中的任何其他向量可以表示为这组基的线性组合。如果组合的所有系数都是整数，则生成的向量集称为格基，可以表示如下：

$$\Lambda = u \in R^n \,|\, u = \sum_{i=1}^{n} a_i b_i, \quad a_i \in Z \tag{3.50}$$

相同的格网点可以用不同的格基描述，并且任意两组格基之间的变换矩阵都是幺模矩阵。因此，可以通过构造幺模整数矩阵找到一组新的更短格基基底。理想情况下，正交基可以使得基底变得更短，因此可以求解将最短的基底问题转换为求解正交基的问题。显然，Gram-Shmidt 正交化提供了一种寻找正交基的简便方法。值得注意的是，格基之间的变换矩阵刚好是一个幺模矩阵，与转换过程与式（3.47）类似，不同的是 l_{ij} 具有如下形式：

$$l_{ij} = b_j^T b_i^* / \left\| b_j^* \right\|^2 \qquad (3.51)$$

其中：$[b_1, b_2, b_3 \cdots, b_n]$ 是原始格基向量；$[b_1^*, b_2^*, b_3^*, \cdots, b_n^*]$ 是正交基；$\|\|^2$ 代表 Euclidean 范数，可以通过递归地构造幺模矩阵 L 来实现正交化。然而，式（3.51）中的 l_{ij} 不一定是整数，不满足降相关变换矩阵的条件，因此不能直接用 Gram-Shmidt 正交化进行降相关。类似于式（3.51），可以通过对 l_{ij} 进行四舍五入操作，确保 l_{ij} 是整数，取整后的 l_{ij} 可表示为

$$l_{ij} = \left\langle b_j^T b_i^* / \left\| b_j^* \right\|^2 \right\rangle \qquad (3.52)$$

四舍五入操作使得变换矩阵 L 中的所有元素都是整数，但是经过四舍五入后基底并不是严格的正交。最终的结果是基于 Gram-Schmidt 正交化构造出了下三角整数矩阵，但变换后的这些格基基底并不严格正交。因此 LLL 算法也只能达到降相关的目的，不能实现完全的去相关。降相关后仍然需要通过搜索来确定最优整数。

在 LLL 算法降相关的过程中，需要执行与 LAMBDA 方法类似的元素重排序过程。判断是否交换两行的标准表示为

$$\left\| b_{j+1}^* + l_{j+1,j} b_j^* \right\|^2 \geqslant \frac{3}{4} \left\| b_j^* \right\|^2 \qquad (3.53)$$

式（3.53）也称为 Lovasz 条件（Jazaeri et al., 2012）。Xu 等（2012b）比较了不同排列策略对降相关性能的影响，并试图通过适当的排列来提高 LLL 规约的性能。矩阵元素的重排序过程目前已经集成在 LLL 算法中（Jazaeri et al., 2012），但就整数向量搜索空间的大小而言，LLL 降相关的性能仍然不如整数高斯变换（Jazaeri et al., 2014）。

3.3.3　逆整数 Cholesky 降相关法

逆整数 Cholesky 降相关法由 Xu（2001）提出，其构造方法也比较直观。该方法也是基于 $L^T DL$ 分解。由于 L 矩阵是幺模矩阵，如果 L 矩阵也是整数矩阵，就满足降相关变换矩阵的基本条件。目前主要的问题就是 $L^T DL$ 分解得到的 L 矩阵不是一个整数矩阵。构造整数幺模矩阵的最简单方法是简单地舍入 L 矩阵的每个元

素，取整后的 L 矩阵记作 $\tilde{L}$。只要保证 L 矩阵是整数幺模矩阵，那么 $\tilde{L}$ 的逆矩阵也是幺模整数矩阵，Xu（2001）将幺模矩阵设置为 $\tilde{L}^{-1}$，因此对应的方差–协方差矩阵降相关过程可表示为

$$\tilde{Q}_{\hat{a}} = \tilde{L}^{-1} Q_{\hat{a}} \tilde{L} = \tilde{L}^{-1} L^{\mathrm{T}} D L \tilde{L} \tag{3.54}$$

由于矩阵 $\tilde{L}$ 和 L 非常相似，可以认为该逆整数 Chlolesky 矩阵具有出色的降相关性能。特别注意的是该方法不涉及重排序的过程。浮点解各个维度的条件方差大小相对均匀可以显著提高搜索效率（Teunissen，1995b）。Xu（2001）认为这种方法比其他两种方法在去相关方面更有效。但是用该方法来固定模糊度时，应该像整数高斯变换和 LLL 算法一样加入重排序的过程来加速最优整数的搜索。

3.4　整周模糊度估计的可靠性

拉入区理论从几何的角度解释了整数估计过程，它直观地解释了浮点解怎么映射到整数解和为什么要这样映射。然而，拉入区理论无法帮助评估整数估计器的性能。本节从概率的角度研究整数估计理论，研究整数估计器可靠性的评价方法。

由于观测值向量 y 服从多元正态分布，利用最小二乘法求解的线性系统的模糊度浮点解也服从多元正态分布，记作 $\hat{a} \sim N(a, Q_{\hat{a}\hat{a}})$。$\hat{a}$ 的数学期望是未知的整数向量 a，模糊度浮点解 $\hat{a}$ 的概率密度函数（PDF）表示为

$$f_{\hat{a}}(x) = \frac{1}{\sqrt{|Q_{\hat{a}\hat{a}}|(2\pi)^n}} \exp\left\{-\frac{1}{2}\|x\|^2_{Q_{\hat{a}\hat{a}}}\right\} \tag{3.55}$$

其中：$|\cdot|$ 是矩阵的行列式运算符。浮点解模糊度的随机特征由其方差–协方差矩阵 $Q_{\hat{a}\hat{a}}$ 来描述。模糊度浮点解 $\hat{a}$ 落入拉入区 S_a 的概率称为模糊度估计的成功率，模糊度估计的成功率可以通过在 S_a 上对 $f_{\hat{a}}(x)$ 积分来计算，定义如下：

$$P_s = P(\check{a} = a) = \int_{S_a} f_{\hat{a}}(x)\mathrm{d}x \tag{3.56}$$

其中：P_s 是模糊度估计的成功率；$\check{a}$ 是固定的整数模糊度向量。式（3.56）表明模糊度估计的成功率越高意味着模糊度浮点解更大概率地于落入正确的拉入区，也就更容易被固定为正确的整数向量。因此，模糊度估计的成功率可用来衡量模糊度估计的可靠性。模糊度估计的成功率 P_s 取决于模糊度浮点解的概率密度函数 $f_{\hat{a}}(x)$ 和整数估计器的拉入区 S_a。在给定浮点解概率分布的条件下，模糊度估计成功率的高低取决于整数估计器，因此模糊度估计的成功率可以作为衡量整数估计器性能的指标。反过来，在给定整数估计器的情况下，成功率也反映了模糊度浮点解的概率分布，因此也可以作为一个很好的模型强度指标。

图 3-6 是整数估计成功率的二维示例。该图显示由于 $\hat{a}$ 具有随机特性，$\hat{a}$ 可能落在拉入区域内，也可能落在拉入区外。尽管对于图中的算例落在拉入区外的概率并不高，这种模糊度浮点解 $\hat{a}$ 未落入拉入区 S_a 中的概率称为模糊度估计的失败率，定义为

$$P_f = P(\breve{a} \neq a) = 1 - P_s \qquad (3.57)$$

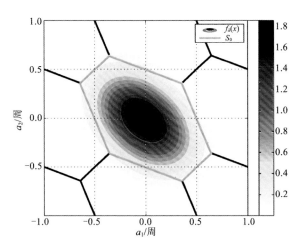

图 3-6　模糊度估计成功率的二维示例

在整数估计中，由于拉入区之间不重叠，也没有缝隙，$P_s + P_f = 1$。这就是说对于整数估计器，它的失败率和成功率是等效的，失败率也可以用作整数估计的可靠性指标。

下面将详细讨论三个可容许的整数估计器的成功率计算方法。

3.4.1　整数舍入估计器的成功率

对于整数舍入估计器，其拉入区 $S_{R,z}$ 由式（3.20）定义。对于一维的模糊度，整数舍入估计器的成功率可表示为

$$P(\breve{a}_{\mathrm{IR}} = a) = \int_{-0.5}^{0.5} f_{\hat{a}}(x - a)\mathrm{d}x = 2\Phi\left(\frac{1}{2\sigma_{\hat{a}}}\right) - 1 \qquad (3.58)$$

其中：$\sigma_{\hat{a}} = \sqrt{Q_{\hat{a}\hat{a}}}$ ；$\Phi(x)$ 是标准正态分布的累积分布函数，定义如下：

$$\Phi(x) = \int_{-\infty}^{x} \frac{1}{\sqrt{2\pi}} \exp\left\{-\frac{1}{2} z^2\right\} \mathrm{d}z \qquad (3.59)$$

对于一维情况，IR 成功率取决于模糊度浮点解的方差–协方差矩阵 $Q_{\hat{a}\hat{a}}$。对于多维的情况，如果模糊度浮点解的方差–协方差矩阵 $Q_{\hat{a}\hat{a}}$ 是对角矩阵，则可以使用

式（3.58）逐个维度计算 IR 成功率。否则，虽然 $S_{R,z}$ 是一个规则的区域，仍然很难直接计算 IR 成功率。在这种情况下，可以通过忽略 $Q_{\hat{a}\hat{a}}$ 的非对角线元素来获得 IR 成功率的下限。在将 $Q_{\hat{a}\hat{a}}$ 近似为对角矩阵之后，可以逐维度计算相应的 IR 成功率。IR 成功率的下限可以表示为（Teunissen，1998c）

$$\underline{P(\breve{a}_{\mathrm{IR}}=a)}=\prod_{i=1}^{n}\left[\int_{-\frac{1}{2}}^{\frac{1}{2}}f_{\hat{a}_i}(x-a)\mathrm{d}x\right]=\prod_{i=1}^{n}\left[2\varPhi\left(\frac{1}{2\sigma_{\hat{a}_i}}\right)-1\right] \tag{3.60}$$

其中：$f_{\hat{a}_i}(x)$ 是 $f_{\hat{a}}(x)$ 第 i 维的边际概率密度分布函数。

然而，在浮点解方差–协方差矩阵近似过程中，模糊度浮点解不同维度之间的相关性信息被丢弃，这导致近似的方差–协方差矩阵 $Q'_{\hat{a}\hat{a}}$ 仅含有模糊度浮点解边际概率分布的信息，$Q'_{\hat{a}\hat{a}}$ 也称为模糊度浮点解的边际方差–协方差矩阵。具有完整的方差–协方差矩阵 $Q_{\hat{a}\hat{a}}$ 和边际方差–协方差矩阵 $Q'_{\hat{a}\hat{a}}$ 的浮点解 $\hat{a}$ 的概率分布如图 3-7 所示。图 3-7 显示 $\hat{a}$ 的概率密度函数。绿色和红色椭圆是对应于两种方差–协方差矩阵的 95% 置信椭圆。虚线突出了置信椭圆的边界。很明显，置信椭圆的边界在对方差–协方差矩阵取近似之前和之后是完全相同的。不同之处在于图 3-7（a）置信椭圆的长半轴是沿着某一方向延伸，而且椭圆比较扁。图 3-7（b）的置信椭圆则比较接近正圆形。在置信度相同的情况下，图 3-7（b）的置信椭圆面积大于图 3-7（a）的置信椭圆的面积，因此图 3-7（b）中所示的概率分布更加分散，也可以说精度较差。蓝色方形区域是整数舍入估计器的拉入区，很明显图 3-7（a）具有更高的成功率。边际方差–协方差矩阵的成功率很容易计算，但低于完整的方差–协方差矩阵对应的成功率，因此式（3.60）只是 IR 成功率的下限，而不是 IR 成功率。$Q_{\hat{a}\hat{a}}$ 的非对角线元素越接近 0，则 IR 成功率的下限越接近真实的 IR 成功率。

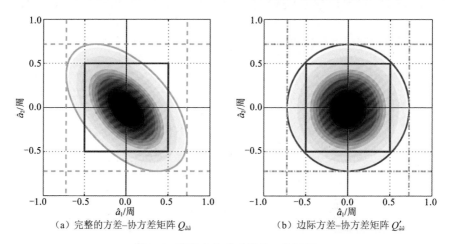

（a）完整的方差–协方差矩阵 $Q_{\hat{a}\hat{a}}$　　　　（b）边际方差–协方差矩阵 $Q'_{\hat{a}\hat{a}}$

图 3-7　整数舍入成功率的二维示例

3.4.2　整数 bootstrapping 估计的成功率

回顾条件模糊度向量的定义 $\hat{a}'=[\hat{a}_1,\hat{a}_{2|1},\cdots,\hat{a}_{n|N}]^{\mathrm{T}}$，模糊度浮点解 $\hat{a}$ 的概率密度函数可以转换为条件向量的概率密度函数 $f_{\hat{a}'}(x)$，给定为

$$
\begin{aligned}
f_{\hat{a}}(x) &= \frac{1}{\sqrt{|Q_{\hat{a}\hat{a}}|(2\pi)^n}}\exp\left\{-\frac{1}{2}\|\hat{a}\|^2_{Q_{\hat{a}\hat{a}}}\right\} \\
&= \frac{1}{\sqrt{|D|(2\pi)^n}}\exp\left\{-\frac{1}{2}\|\hat{a}'\|^2_D\right\}=f_{\hat{a}'}(x)
\end{aligned}
\tag{3.61}
$$

因为 $|L|=1$，所以式中 $|Q_{\hat{a}\hat{a}}|=|D|$。该式表明 $f_{\hat{a}'}(x)$ 可等效转换为 $f_{\hat{a}}(x)$。$f_{\hat{a}'}(x)$ 比 $f_{\hat{a}}(x)$ 具有更简洁的形式，因为 $Q_{\hat{a}'\hat{a}'}=D$。如果将模糊度浮点解 $\hat{a}$ 首先转换为条件模糊度向量 $\hat{a}'$，那么 IB 成功率就可以转换为条件模糊度向量的每个维度对应的成功率的乘积。根据 IB 拉入区的定义，IB 成功率可表示为

$$
P(\breve{a}_{\mathrm{IB}}=a)=P\left(\bigcap_{i=1}^n\|\hat{a}_{i|I}-a_i\|\leqslant\frac{1}{2}\right)
\tag{3.62}
$$

将条件方差代入方程（3.62），IB 成功率可以按下式计算：

$$
P(\breve{a}_{\mathrm{IB}}=a)=\prod_{i=1}^n\left[\int_{-\frac{1}{2}}^{\frac{1}{2}}f_{\hat{a}_i'}(x-a)\mathrm{d}x\right]=\prod_{i=1}^n\left[2\Phi\left(\frac{1}{2\sigma_{\hat{a}_{i|I}}}\right)-1\right]
\tag{3.63}
$$

其中：$f_{\hat{a}_i'}(x)$ 是 $f_{\hat{a}'}(x)$ 第 i 维的边际概率密度函数。

与式（3.60）中给定的 IR 成功率的下限不同，式（3.63）中给定的是理论上准确的 IB 成功率。IB 成功率的二维示例如图 3-8 所示。绿色和红色椭圆分别是模糊度浮点解 $\hat{a}$ 和条件模糊度向量 $\hat{a}'$ 的 95% 置信椭圆，绿色和红色虚线表示置信

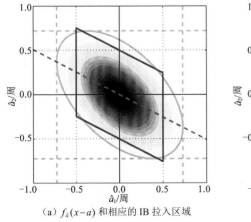
（a）$f_{\hat{a}}(x-a)$ 和相应的 IB 拉入区域

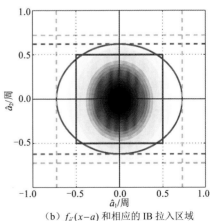
（b）$f_{\hat{a}'}(x-a)$ 和相应的 IB 拉入区域

图 3-8　整数 bootstrapping 成功率的二维示例

椭圆的边界。由于 $|Q_{\hat{a}\hat{a}}|=|D|$，两个置信椭圆的面积相同。由于存在相关性，原始 IB 拉入区是一个平行四边形，但是利用 Bootstrapping 过程处理了模糊度分量间的相关性后 $\hat{a}'$ 的 IB 拉入区变成了正方形，因为模糊度浮点解 $\hat{a}$ 的条件方差–协方差矩阵是对角矩阵。IB 成功率的计算过程是先将 $\hat{a}$ 转换为 $\hat{a}'$，然后在 IR 的拉入区上积分 $f_{\hat{a}'}(x)$。图中的虚线表明 $\hat{a}'$ 置信椭圆的上下边界更小。因此，IB 成功率可以作为 IR 成功率的上限，可表示为

$$\overline{P(\breve{a}_{\text{IR}}=a)}=P(\breve{a}_{\text{IB}}=a) \tag{3.64}$$

IB 成功率可以准确计算，但是其成功率并不唯一，这是因为满足等体积变换 $|Q_{\hat{a}\hat{a}}|=|D|$ 的变换过程并不唯一。相同的 $Q_{\hat{a}\hat{a}}$ 可以通过不同的变换顺序形成不同的条件方差矩阵 D。尽管这些 D 的行列式相同，但是每个条件方差矩阵 D 对应的 IB 成功率大小可能不同。解决 IB 成功率不唯一问题的方法是定义一个标准 bootstrapping 顺序。例如，首先通过高斯初等变换将模糊度浮点解方差按从小到大的顺序排列，然后从方差最小的元素开始逐级取条件概率，进行 bootstrapping 变换。按照相同的 bootstrapping 顺序，对一个方差–协方差真可以计算出一个唯一的 IB 成功率，如果 bootstrapping 顺序选择比较合理，还可以获得一个比较高的 IB 成功率。

虽然不可能找到唯一的 IB 成功率，但是仍然可以找到一组最大的 IB 成功率，它可以用作 IB 成功率的上限。在寻找 IB 成功率的上限方面，可以构造一个理想的方差–协方差矩阵用于整数 bootstrapping 估计。例如，可以构造一个与 $Q_{\hat{a}\hat{a}}$ 具有相同的体积的方差–协方差矩阵 $|Q_{\hat{a}\hat{a}}|^{\frac{1}{n}} I_n$。由于 $\left| |Q_{\hat{a}\hat{a}}|^{\frac{1}{n}} I_n \right| = |Q_{\hat{a}\hat{a}}|$，这两个方差–协方差矩阵的体积相同。对于理想矩阵 $|Q_{\hat{a}\hat{a}}|^{\frac{1}{n}} I_n$，它的置信区域是一个超球体，$Q_{\hat{a}\hat{a}}$ 的每个元素对应的方差可以表示 $\sigma_i^2 = |Q_{\hat{a}\hat{a}}|^{\frac{1}{n}}$，那么将理想情况下的 $Q_{\hat{a}\hat{a}}$ 的标准差定义的均值定义为模糊度精度衰减因子（ADOP），计算公式如下（Teunissen，1997a；Teunissen and Odijk，1997）：

$$\text{ADOP}=|Q_{\hat{a}\hat{a}}|^{\frac{1}{2n}} \tag{3.65}$$

根据 ADOP 的定义，可以使用 Teunissen（1997a、2003d）提出的方法计算 IB 成功率的上限：

$$P(\breve{a}_{\text{IB}}=a)\leqslant \left[2\Phi\left(\frac{1}{2\text{ADOP}}\right)-1\right]^n \tag{3.66}$$

使用 ADOP 计算的 IB 成功率上限不随 IB 的计算顺序和重排序改变，其证明可以在 Teunissen（2003d）中找到。

3.4.3　整数最小二乘估计的成功率

整数最小二乘法已被证明是最优整数估计器，因为它总能达到最大成功率（Teunissen，1999）。然而，由于其复杂的拉入区形状导致 ILS 的成功率很难直接计算。评估 ILS 成功率的方法有两种：计算数值解和计算其概率的上下限。

首先介绍计算 ILS 成功率的数值解的流程。ILS 成功率的数值解通常采用蒙特卡洛法进行仿真计算。ILS 成功率的数值解计算分为三步。

（1）按正态分布 $N(0, Q_{\hat{a}\hat{a}})$ 仿真得到 N_{total} 个模糊度浮点解样本 $\hat{a}$。

（2）对每个仿真的样本执行 ILS 整数估计，并将估计得到的固定解 $\check{a}$ 与模糊度真值 0 向量进行比较。

（3）计算正确固定的样本数，记做 N_{correct}。那么 ILS 成功率的数值解可以使用 $P_s = N_{\text{correct}} / N_{\text{total}}$ 计算。

蒙特卡洛方法是一种常用的成功率计算方法，它也可用于计算 IR 和 IB 的成功率。由于蒙特卡洛法需要计算大量的仿真样本，其计算量很大，也很耗时。数值解的精度取决于样本数 N_{total}。样本数 N_{total} 越大，求得的成功率 $P_{s,\text{ILS}}$ 越准确，计算也会更耗时。Verhagen 等（2013）研究了样本数 N_{total} 和成功率 $P_{s,\text{ILS}}$ 的精度之间的关系，结果表明 N_{total} 应介于 100 000 和 1 000 000 之间才能获得合理的成功率数值解精度。

数值解（蒙特卡洛方法）是一种计算量很大的方法，因此不能满足实时应用的要求。还可以通过计算 ILS 的成功率的上下限来估计 ILS 成功率，虽然 ILS 成功率的上下限的精度不高，但计算效率显著提高。在本小节中，介绍几种有代表性的计算 ILS 成功率的上下限的方法，包括基于整数 bootstrapping 的下限、基于椭球的上/下限、基于特征值的上/下限和基于积分区的上限。

1. 基于整数 bootstrapping 的成功率下限

在给定模糊度方差–协方差矩阵的情况下，整数最小二乘可以获得最大的成功率（Teunissen，1999）。这也意味着，尽管 ILS 成功率难以计算，但却始终高于（或等于）IB 成功率。因此，IB 成功率可以作为 ILS 成功率的下限，可表示为

$$\underline{P_{s,\text{ILS}}} = P_{s,\text{IB}} = \prod_{i=1}^{n}\left[2\Phi\left(\frac{1}{2\sigma_{\hat{a}_{i|I}}}\right) - 1\right] \qquad (3.67)$$

其中：$\underline{P_{s,\text{ILS}}}$ 是 ILS 成功率的下限。根据现有的研究，降相关之后的 IB 成功率被认为是 ILS 成功率的紧下限（Thomsen，2000）。

2. 基于椭球的成功率上下限

尽管 ILS 的拉入区体积难以精确计算,但可以用易于计算的椭球来逼近它。Hassibi 和 Boyd(1998)提出了基于超椭球体的 ILS 成功率的上限和下限,在本小节中将其记为基于椭球的上限和下限。超椭球实际上是 $Q_{\hat{a}\hat{a}}$ 张成的空间中的超球体,因此确定边界实际上是确定超球体的半径。

基于椭球的成功率上限的基本思想是构造一个与 $Q_{\hat{a}\hat{a}}$ 体积相同的超球体。n 维超球的体积计算公式为

$$V = \alpha_n r^n = \frac{\pi^{\frac{n}{2}}}{\Gamma\left(\frac{n}{2}+1\right)} r^n \tag{3.68}$$

其中:V 是超球体的体积;$\Gamma(n)$ 是伽玛函数,可以由递归形式定义:$\Gamma(1)=1$,$\Gamma(n+1)=n\Gamma(n)$,$\Gamma(1/2)=\sqrt{\pi}$。$Q_{\hat{a}\hat{a}}$ 的体积为 $|Q_{\hat{a}\hat{a}}|$,但 $S_{0,\text{ILS}}$ 的体积等于 1。为了确保超球与 $S_{0,\text{ILS}}$ 具有相同的体积,超球体在 $Q_{\hat{a}\hat{a}}$ 张成的空间中的体积可以设置为 $\dfrac{1}{|Q_{\hat{a}\hat{a}}|}$。如果积分区域是超球,则可以用 $r = \left(\dfrac{1}{\alpha_n |Q_{\hat{a}\hat{a}}|}\right)^{\frac{1}{n}}$ 来计算超球体的半径。$\|\hat{a}-a\|_{Q_{\hat{a}\hat{a}}}^2$ 服从 $\chi^2(n,0)$ 分布,其中 n 和 0 分别是自由度和非中心参数。ILS 成功率的上限可以表示为(Hassibi and Boyd,1998)

$$\overline{P_{s,\text{ILS}}} = P\left[\chi^2(n,0) < \left(\frac{1}{\alpha_n |Q_{\hat{a}\hat{a}}|}\right)^{\frac{2}{n}}\right] \tag{3.69}$$

将 ADOP 代入式(3.58),可得(Teunissen,2000a)

$$\overline{P_{s,\text{ILS}}} = P\left[\chi^2(n,0) < \frac{\Gamma\left(\frac{n}{2}+1\right)^{\frac{2}{n}}}{\pi\text{ADOP}^2}\right] \tag{3.70}$$

多名学者对利用椭球近似 ILS 拉入区的成功率上限进行了检验和评估,并取得了良好的效果(Feng and Wang,2011;Verhagen,2003;Thomsen,2000)。

ILS 成功率的下限是在 ILS 拉入区内找到正切椭圆,如图 3-9 所示。如前所述,ILS 拉入区的边界由垂直于整数向量 $c = z_1 - z_2, z_1, z_2 \in \mathbf{Z}^n$ 的半空间,并且通过点 $\dfrac{1}{2}C$。那么可以找到 $Q_{\hat{a}\hat{a}}$ 张成的空间两个相邻整数向量之间的最小距离 $d_{\min} = \min\|c\|_{Q_{\hat{a}\hat{a}}}$。如果内切椭圆的半径为 $\dfrac{1}{2}d_{\min}$,则 ILS 成功率的下限为(Xu,2006;

Hassibi and Boyd，1998；Teunissen，1998c）

$$P_{s,\text{ILS}} = P\left[\chi^2(n,0) < \frac{1}{4}d^2_{\min}\right] \tag{3.71}$$

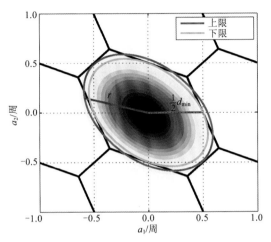

图 3-9　成功率上限和下限椭圆积分区域的二维示例

3. 基于特征值的成功率上、下限

Teunissen（2000b、1998b）提出了一对基于特征值的 ILS 成功率的上限和下限。这些 ILS 成功率边界不是通过限定积分区域来计算 ILS 近似成功率，而是基于概率分布的近似。两个正定矩阵可以通过它们的二次型比较大小，如果 $f^{\mathrm{T}}Q_1 f \geqslant f^{\mathrm{T}}Q_2 f$ $\forall f \in \mathbf{R}^n$，那么 $Q_1 \geqslant Q_2$。如果模糊度浮点解 $\hat{a}$ 对应的方差–协方差矩阵比较小，则其 ILS 成功率比较高（Teunissen，2000b）。

基于特征值的 ILS 成功率上下界的想法与 ADOP 非常相似。由于方差–协方差矩阵的体积可以通过其特征值来定义：

$$|Q_{\hat{a}\hat{a}}| = \prod_{i=1}^{n}\lambda_i \tag{3.72}$$

其中：$\lambda = [\lambda_1, \lambda_2, \cdots, \lambda_n]^{\mathrm{T}}$ 是 $Q_{\hat{a}\hat{a}}$ 的特征值向量。ADOP 是模糊度标准差的几何平均值（Odijk and Teunissen，2008；Teunissen and Odijk，1997），可以根据其特征值来确定 $Q_{\hat{a}\hat{a}}$ 的上限和下限。令 $\lambda_{\max} = \max\{\lambda_i\}$ 和 $\lambda_{\min} = \min\{\lambda_i\}$，那么 $Q_{\hat{a}\hat{a}}$ 的上限和下限可以构造为 $Q_1 = \lambda_{\max}I_n$ 和 $Q_2 = \lambda_{\min}I_n$。在本小节中，还构造了辅助矩阵 $Q_3 = \text{ADOP}^2 I_n$ 用作参考。根据前面的分析，$|Q_3| = |Q_{\hat{a}\hat{a}}|$。

图 3-10 中展示了方差–协方差矩阵 $Q_{\hat{a}\hat{a}}$、Q_1、Q_2 和 Q_3 的置信椭圆之间的关系。根据矩阵 $Q_{\hat{a}\hat{a}}$ 构造的矩阵 Q_1、Q_2 和 Q_3 都是单位阵，这三个矩阵的置信区在二维情

况下都是圆形。Q_3 和 $Q_{\hat{a}\hat{a}}$ 具有相同的体积。Q_1 和 Q_2 的置信椭圆分别是 $Q_{\hat{a}\hat{a}}$ 的置信椭圆的外切椭圆和内切椭圆。该图显示 Q_1 的精度较差而 Q_2 的精度优于 $Q_{\hat{a}\hat{a}}$。Q_1 和 Q_2 的 ILS 成功率的计算公式如下：

$$
\begin{cases}
P(\breve{a}_{ILS}^{Q_1}=a)=\left[2\varPhi\left(\dfrac{1}{2\sqrt{\lambda_{max}}}\right)-1\right]^n \\[4mm]
P(\breve{a}_{ILS}^{Q_2}=a)=\left[2\varPhi\left(\dfrac{1}{2\sqrt{\lambda_{min}}}\right)-1\right]^n
\end{cases}
\tag{3.73}
$$

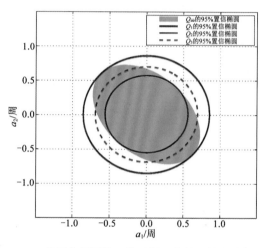

图 3-10 $Q_{\hat{a}\hat{a}}$ 的置信椭圆的二维示例及其基于特征值的上下限

综上所述，$Q_{\hat{a}\hat{a}}$ 的 ILS 成功率如下：

$$
\left[2\varPhi\left(\frac{1}{2\sqrt{\lambda_{max}}}\right)-1\right]^n \leqslant P(\breve{a}_{ILS}=a)\leqslant\left[2\varPhi\left(\frac{1}{2\sqrt{\lambda_{min}}}\right)-1\right]^n
\tag{3.74}
$$

Q_3 的 ILS 成功率可以使用式（3.66）计算。Q_3 的 ILS 成功率是整数 bootstrapping 成功率的上限，也是 ILS 成功率的近似值（Verhagen and Teunissen，2013；Verhagen，2005b）。

4. 基于积分区域的成功率上限

除了椭球积分区域边界，还有通过积分区域近似表达 ILS 成功率边界方法，下面将对此进行讨论。

Teunissen（1998b）提出了简化 ILS 拉入区的 ILS 成功率的上限。根据 ILS 拉入区的定义，它以正交于整数向量 c 的无穷多个半空间为界。实际上，最多有

2^n-1 对有效的半空间作为其边界，因为一个整数向量最多只有 2^n-1 对相邻的整数向量。ILS 拉入区的定义［式（3.33）］说明 ILS 拉入区也可以理解为以整数 a 为中心，由 2^n-1 个宽度为 $\|c\|_{Q_{\hat{a}\hat{a}}}$ 的带状区域构成的重叠区。如果使用较少的带状区域来交会拉入区，则可以获得 ILS 拉入区的一个上限 $U_a \supset S_a$。

ILS 拉入区可以写为

$$S_{\mathrm{ILS},0}=\left\{x\in\mathbf{R}^n\left|\left|\frac{c^{\mathrm{T}}Q_{\hat{a}\hat{a}}^{-1}x}{\|c\|_{Q_{\hat{a}\hat{a}}}^2}\right|\leqslant\frac{1}{2},\forall c\in\mathbf{Z}^n\right.\right\} \tag{3.75}$$

不等式的左侧可以定义为

$$v_i=\frac{c_i^{\mathrm{T}}Q_{\hat{a}\hat{a}}^{-1}}{\|c_i\|_{Q_{\hat{a}\hat{a}}}^2}\hat{a} \tag{3.76}$$

其中：$c_i\in C_z$。如果选择 q 个独立整数向量，则向量 v 可以定义为 $v=[v_1,v_2,\cdots,v_q]^{\mathrm{T}}$。

应用方差传播定律，v 的方差–协方差矩阵可写为

$$\sigma_{v_iv_j}=\frac{c_i^{\mathrm{T}}Q_{\hat{a}\hat{a}}^{-1}c_j}{\|c_i\|_{Q_{\hat{a}\hat{a}}}^2\|c_j\|_{Q_{\hat{a}\hat{a}}}^2} \tag{3.77}$$

方差–协方差矩阵 Q_{vv} 是 $q\times q$ 对称矩阵，因此可以应用 LDL^{T} 分解，并且相应的成功率可以由下式计算（Wang et al.，2016b）：

$$\overline{P_{s,\mathrm{ILS}}}=\prod_{i=1}^{q}\left[2\varPhi\left(\frac{1}{2\sigma_{v_{i|I}v_{i|I}}}\right)-1\right] \tag{3.78}$$

式中的条件方差可以通过 $L^{\mathrm{T}}DL$ 分解获得，这类似于整数 bootstrapping 过程。方程（3.78）有其他表达形式，比如式中的条件方差由边际方差（Kondo，2005）取代，具体公式为（Wang et al.，2016b）

$$\overline{P_{s,\mathrm{ILS}}}=\prod_{i=1}^{q}\left[2\varPhi\left(\frac{1}{2\sigma_{v_iv_i}}\right)-1\right] \tag{3.79}$$

Xu（2006）也研究了带交叉法进行 ILS 拉入区逼近，与上述不同的是，他使用一组预定义的独立整数向量 $v=[c_1,c_2,\cdots,c_n]^{\mathrm{T}}$。实际中整数向量 q 的个数取 $n\leqslant q\leqslant 2^n-1$（Verhagen，2003）。当 $q=2^n-1$ 时，式（3.78）可以精确计算 ILS 成功率。但随着模糊度增加，带状区域的个数 2^n-1 会急剧增加。因此，在高维情况下，ILS 成功率计算仍然很困难。q 选得越大，求得的上限将更接近 ILS 成功率的真值。使用带状区域交集法计算 ILS 成功率上限的二维示例如图 3-11 所示。对于二维情况，ILS 拉入区是三个带状区域的交集。如果 $q=2$，那么 ILS 拉入区可以通过两个带状（蓝色区域）的交集来近似。

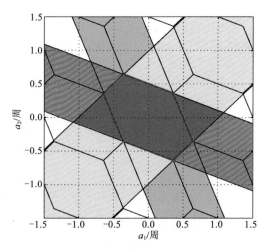

图 3-11　使用带状区域交集法逼近 ILS 拉入区的二维示例

交叉带法的一个关键问题是整数向量集 v 的选取。$\forall v_i, v_j \in v$，它们应该满足约束：如果 $i \neq j$，则 $v_i \neq \lambda v_j$，λ 是一个任意非零实数。它表明向量集中的任何两个向量 v 不能共线。对于二维情况，每个整数最多有 3 对相邻的整数并且每对整数都共线（例如 $[1,0]^T$ 和 $[-1,0]^T$）。在这种情况下，每对整数中只能有一个整数进入整数集 v 中。因此，ILS 拉入区是三个带状区的交集，而不是 6 个带状区的交集。涉及共线整数向量将导致交叉带法在计算时对相同的区域重复的积分。

3.4.4　浮点解有偏条件下的成功率

在前面部分讨论的成功率都是在模糊度浮点解无偏情况下的上下限，这被称为理论成功率。在实践中，由于大气延迟或其他未建模的误差源，模糊度解 $\hat{a}$ 可能存在偏差。在本小节中，研究模糊度浮点解中存在偏差对整数估计成功率的影响。

如果浮点解包含偏差 $E(\hat{a}) = a + \nabla a$，则模糊度浮点解 $\hat{a}$ 的 PDF 变为

$$f'_{\hat{a}}(x) = f_{\hat{a}}(x + \nabla a) \frac{1}{\sqrt{|Q_{\hat{a}\hat{a}}|(2\pi)^n}} \exp\left\{-\frac{1}{2}\|x + \nabla a\|^2_{Q_{\hat{a}\hat{a}}}\right\} \tag{3.80}$$

根据 Anderson（1995）的定理，对于任何凸集 E，如果 $f(x) = f(-x)$ 并且 $\int_E f(x)\mathrm{d}x < \infty$，则 $\int_E f(x+ky)\mathrm{d}x \geqslant \int_E f(x+y)\mathrm{d}x$，$0 \leqslant k \leqslant 1$。应用该定理，则有

$$\int_{S_0} f_{\hat{a}}(x-a)\mathrm{d}x \geqslant \int_{S_0} f'_{\hat{a}}(x-a)\mathrm{d}x, \quad \forall \nabla a \neq 0 \tag{3.81}$$

此不等式说明无偏情况的成功率总是大于或等于有偏情况。因此，无论选择哪种整数估计器，浮点模糊度向量中的任何未建模偏差都会导致模糊度估计的实际

成功率低于其理论成功率。二维示例如图 3-12 所示，模糊度浮点解中的偏差向量导致其 PDF 发生了平移，即浮点解 $\hat{a}$ 落入整数估计器拉入区内的概率将会降低。

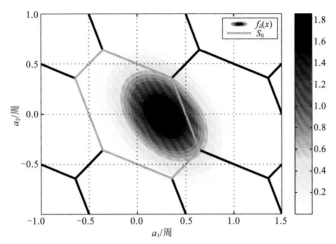

图 3-12　二维模糊度浮点解有偏的概率密度分布示例（$E(\hat{a})=[0,0.3]^{\mathrm{T}}$）

浮点解有偏情况下的整数估计成功率计算方法与无偏情况下成功率的计算方法类似。在浮点解有偏的情况下，IR 成功率的下限可以表示为

$$P(\breve{a}_R=a)=\prod_{i=1}^{n}\left[\int_{-\frac{1}{2}-\nabla a_i}^{\frac{1}{2}-\nabla a_i}f_{\hat{a}_i}(x-a)\mathrm{d}x\right]=\prod_{i=1}^{n}\left[\Phi\left(\frac{1-2\nabla a_i}{2\sigma_{\hat{a}_i}}\right)+\Phi\left(\frac{1+2\nabla a_i}{2\sigma_{\hat{a}_i}}\right)-1\right]\quad(3.82)$$

其中：∇a_i 是 ∇a 的第 i 个元素；$f_{\hat{a}_i}(x)$ 是 $f_{\hat{a}}(x)$ 的第 i 维边际概率密度分布。

受偏差影响的整数 bootstrapping 成功率为（Teunissen，2001）

$$P(\breve{a}_B=a)=\prod_{i=1}^{n}\left[\int_{-\frac{1}{2}-\nabla a_i'}^{\frac{1}{2}-\nabla a_i'}f_{\hat{a}_i'}(x-a)\mathrm{d}x\right]=\prod_{i=1}^{n}\left[\Phi\left(\frac{1-2\nabla a_i'}{2\sigma_{\hat{a}_{i|I}}}\right)+\Phi\left(\frac{1+2\nabla a_i'}{2\sigma_{\hat{a}_{i|I}}}\right)-1\right]\quad(3.83)$$

其中：$\nabla a_i'=c_i^{\mathrm{T}}L^{-1}\nabla a$ 是条件偏差向量 $\nabla a'$ 的第 i 个元素；$f_{\hat{a}_i'}(x)$ 是 $f_{\hat{a}'}(x)$ 的第 i 维边际概率密度分布。

受偏差影响的整数最小二乘成功率计算比较复杂，因为一些 ILS 成功率的上下限不适用于有偏的情况。例如，IB 成功率是 ILS 的紧下限，但在有偏的情况下这个结论可能并不成立。类似地，很难证明基于 ADOP 的椭球上限和基于特征值的界限在有偏情况下是否仍然有效。尽管如此，仍然有一些 ILS 成功率的上下限同样适用于有偏的情况。例如，存在偏差时的基于椭球的 ILS 成功率下限可以表示为

$$P_{s,\mathrm{ILS}}=P\left[\chi^2(n,\|\nabla a\|_{Q_{\hat{a}\hat{a}}}^2)<\frac{1}{4}d_{\min}^2\right]\quad(3.84)$$

基于边界积分区域的 ILS 成功率上限也适用于浮点解有偏的情况。在无偏的情况下，2^n-1 个宽度为 $\|c\|_{Q_{\hat{a}\hat{a}}}$ 的带状区域以整数 a 为中心。在有偏的情况下，这些条带区域的宽度不变，但是中心变为 $a+\nabla a$。∇a 在整数向量 z 上的投影为

$$\nabla a_\perp = \frac{z^T Q_{\hat{a}\hat{a}}^{-1} \nabla a}{\|z\|_{Q_{\hat{a}\hat{a}}}} \tag{3.85}$$

因此，模糊度浮点解有偏情况下的带交叉法计算得到的 ILS 成功率上限可以表示为（Teunissen，2001）

$$\overline{P_{s,\text{ILS}}} = \prod_{i=1}^{p}\left[\Phi\left(\frac{1-2\nabla a_\perp}{\sigma_{v_{i|I}v_{i|I}}}\right) - \Phi\left(\frac{1+2\nabla a_\perp}{\sigma_{v_{i|I}v_{i|I}}}\right) - 1\right] \tag{3.86}$$

3.5 整数估计成功率评估

在讨论了整数估计成功率计算方法的基础上，进一步通过数值计算评估这些整数估计成功率及成功率上下限的性能。成功率边界的性能已经得到了一定的研究，例如 Verhagen（2003）、Feng 和 Wang（2011）、Verhagen 等（2013），但仍有一些成功率边界的性质尚未得到很好的认识。例如，降相关过程已被广泛用于模糊度估计，但其降相关过程是否影响成功率的上、下界计算仍未被系统地研究。众所周知，ILS 成功率与降相关过程无关，但并不意味着它的边界也不受降相关的影响。在本节中，将讨论降相关过程对整数估计成功率界限的影响。

3.5.1 仿真策略

为了检验整数估计成功率界限的性能，基于仿真的 GNSS 观测数据对这些整数估计器的成功率进行了比较。本小节将简要介绍仿真方案。仿真方案中采用了方程式（2.10）中描述的中长基线模型，基于单历元 GPS 观测且采用最小二乘法估计浮点解。采用高度相关的加权策略来考虑高度相关的观测噪声和电离层噪声，权函数可表示为（Verhagen et al.，2012a）

$$w = \left(1 + 10\text{e}^{-\frac{E}{10}}\right)^{-\frac{1}{2}} \tag{3.87}$$

其中：w 是权因子；E 是卫星高度角（以°为单位）。

为了顾及卫星几何构型对模糊度解算的影响，本小节仿真了全球覆盖的均匀分布的 15°×15° 地面监测站网，并且以 1 800 s 的采样间隔生成来自所有监测站的 24 h 观测数据。采用这种仿真方式，最大程度上削弱卫星几何构型对模糊度成功

率计算的影响。按照上述方案，每个数据集包含 12 600 个历元的观测数据。本节使用蒙特卡洛方法计算的成功率作为参考，对不同方案进行比较，在蒙特卡洛计算中 $N_{\text{total}}=100\ 000$。

本小节所述的仿真配置同样用于后续章节。在本小节所述的实验中，仿真了单频单历元 RTK 定位的情况，其中 $\sigma_{P,z}=10\ \text{cm}$ 和 $\sigma_{\phi,z}=1\ \text{mm}$，$\sigma_{I,z}=1\ \text{cm}$，$\sigma_{P,z}$，$\sigma_{\phi,z}$ 和 $\sigma_{I,z}$ 分别是天顶方向上的测距码、相位和伪电离层观测值的标准差。

3.5.2　IR 和 IB 成功率评估

在本小节中，比较了整数舍入和整数 bootstrapping 成功率上、下限的性能，并用蒙特卡洛仿真计算的成功率作为参考，每次试验包括 100 000 个仿真样本。在这种情况下，仿真误差对成功率的影响通常小于 0.001（Verhagen et al.，2013）。着重比较了执行去相关之前和之后的 IB 及 IR 的成功率及成功率的上下限。

降相关前后 IR 成功率及其上下限如图 3-13 所示。图 3-13 表示了在降相关之前和之后用相同样本计算的 IR 成功率。该图显示降相关过程显著提高了 IR 成功率和 IR 成功率的上下限。降相关后，IR 成功率的最大值从约 40%提高到 98%左右。本次仿真使用 IB 成功率作为 IR 成功率的上限，式（3.60）作为 IR 成功率的下限。该图显示在降相关后，IR 成功率的上限和下限都变得更加接近真值。在降相关之后，IR 成功率与其上限之间的最大差异从 70%降低到 15%左右。IR 成功率与其下限之间的最大差异从 20%减小到小于 5%。由此可见，降相关过程提高了 IR 成功率并使其上下限更紧密。降相关后，IR 成功率的下限变成了 IR 成功率的紧密

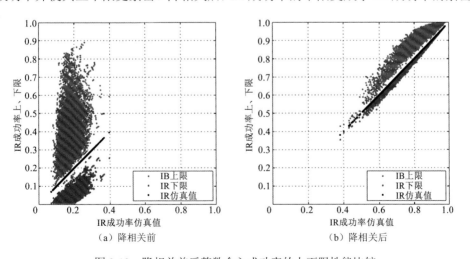

（a）降相关前　　　　　　　　　　（b）降相关后

图 3-13　降相关前后整数舍入成功率的上下限性能比较

下限。由此可见，对于快速定位模型，降相关过程对于提升 IR 成功率是非常有帮助的。

降相关前后整数 bootstrapping 成功率的上限如图 3-14 所示。该图显示 IB 成功率的最小值从约 10%增加到 40%，IB 成功率与基于 ADOP 的上限之间的差异也减小。最大差异从 80%降低到约 20%。在大多数情况下，降相关后差异小于 10%。由于基于 ADOP 的 IB 成功率上限事实上不受降相关过程的影响（Teunissen，2003d），降相关过程中成功率的提高全部是因为 IB 成功率在降相关后提高了。总之，降相关过程可以显著提高 IB 成功率，并且基于 ADOP 的上限在执行降相关过程之后更加贴近 IB 成功率的真值。这也意味着 IB 的重排序策略对 IB 成功率的提升是有限的，因为无论采用哪种排序策略，IB 成功率都不会高于基于 ADOP 的上限。

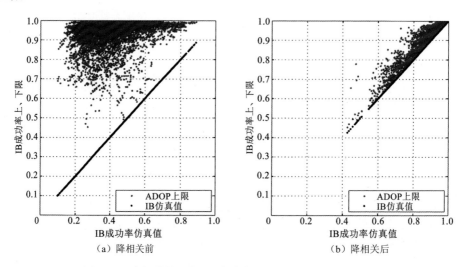

（a）降相关前　　　　　　　　　　　　（b）降相关后

图 3-14　降相关前后的 IB 成功率与 ADOP 上限之间的关系

3.5.3　ILS 成功率评估

降相关过程不会影响 ILS 成功率，因此可用来加速 ILS 搜索过程。然而，在降相关过程中，ILS 成功率的上限和下限不一定是不变的。在本小节中，考虑了 ILS 成功率的三组上、下限和一种近似方法，包括基于椭球的 ILS 成功率上、下限。

基于椭球的 ILS 成功率上限和下限的评估结果如图 3.15 所示。该图表明在大多数情况下，ILS 成功率与基于椭球的上限之间的差异小于 20%。但是它不能称为 ILS 成功率的紧密上限，因为在某些情况下基于椭球的成功率上限与成功率真值的差异可达 40%。基于椭球的 ILS 成功率下限的性能甚至不如基于椭球的 ILS 成功

率的上限。即使在最好的情况下,ILS 成功率与基于椭球的成功率下限之间的差异也大于 10%。该图还表明基于椭球的成功率上限和下限在降相关过程中是不变的,这个结果是合理的。因为 $Q_{\hat{a}\hat{a}}$ 的体积在降相关过程中不会改变,所以基于椭球的成功率上限降相关前后不发生改变。另外,由于 $\|\hat{a}-\check{a}\|_{Q_{\hat{a}\hat{a}}}^2 = \|\hat{z}-\check{z}\|_{Q_{\hat{z}\hat{z}}}^2$,$d_{min}$ 在降相关期间也不会改变,基于椭球的成功率下限也不会改变。总之,椭圆形上限和下限不是 ILS 成功率的紧密界限,但椭球上限和下限在降相关过程中是不变的。

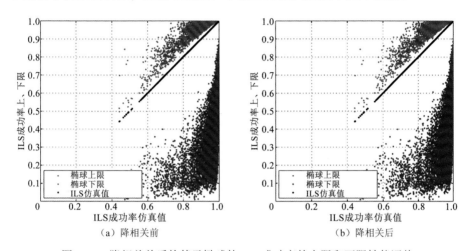

图 3-15　降相关前后的基于椭球的 ILS 成功率的上限和下限性能评估

基于特征值的成功率上限和下限评估结果如图 3-16 所示。首先,基于特征值的 ILS 成功率界限不是其紧密的界限。在降相关之前,很多时候基于特征值的

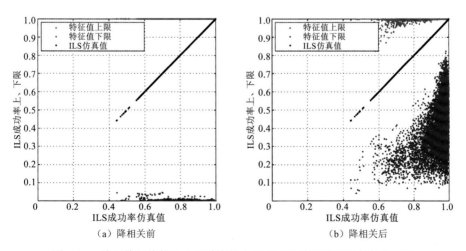

图 3-16　基于特征值的 ILS 成功率的上限和下限降相关前后的性能评估

ILS 成功率上限为 1，下限为 0。$Q_{\hat{a}\hat{a}}$ 的特征值决定了置信椭圆的长短轴大小和指向。如图 3-5 所示，在降相关过程中，置信椭圆的形状发生了变化。在降相关之前，置信椭圆非常细长，因此基于特征值的上限和下限太粗略而不够接近真实的 ILS 成功率。降相关可以改善基于特征值的上限和下限的性能，特别是成功率的下限。降相关之后，基于特征值的成功率下限和真实 ILS 成功率之间差异的最小值减小到 20%左右，然而，大部分情况下基于特征值的 ILS 成功率的下界仍然不够预 ILS 真值存在显著的差异。由于基于特征值的上限和下限不是 ILS 成功率的紧密界限，在实际应用中不推荐使用。

交叉带法的 ILS 成功率上限和基于 IB 成功率的 ILS 成功率下限的性能评估结果如图 3-17 所示。在本书中，交叉带的数量 q 等于模糊度维度。该图显示了交叉带上限在降相关之前是 ILS 成功率的紧上限，与成功率真值之间最大差异约为 20%。然而与大多数成功率边界表现不同的是，交叉带法计算的成功率上限与成功率真值之间的差异在降相关后变大。在降相关之后，基于交叉带法的成功率上限的性能显著降低，其原因可以用图 3-18 来解释。该图显示了在模糊度浮点解高相关和低相关情况下的边界区域与 ILS 拉入区的关系。在高相关性情况下，ILS 拉入区被拉长。在选择合适的频带情况下，边界区域和 ILS 拉入区之间的差异很小。相反，相关性较低的条件下交叉带法的积分区域与 ILS 拉入区的差异更大。因此，在降相关之后，带交叉上限的性能甚至有可能降低。如前所述，降相关过程显著提升了 IB 成功率下限的性能，使得 IB 成功率与 ILS 成功率的最大差异由 85%降低到 5%以下。降相关后，IB 成功率是 ILS 成功率的最紧密下限。由于 IB 成功率计算简便，它也是实际计算中应用最广泛的 ILS 成功率下限。

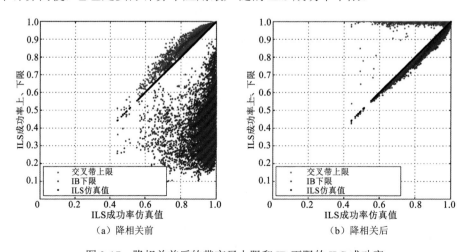

（a）降相关前　　　　　　　　　　（b）降相关后

图 3-17　降相关前后的带交叉上限和 IB 下限的 ILS 成功率

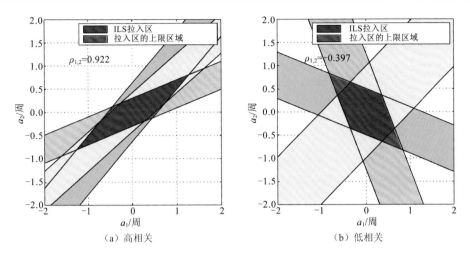

图 3-18　在高和低相关情况下整合边界区域与 ILS 拉入区

基于 ADOP 的 IB 成功率上限，同时是一种 ILS 成功率的近似。基于 ADOP 的 ILS 成功率近似效果如图 3-19 所示。如前所述，基于 ADOP 的 ILS 成功率近似值不受降相关过程的影响，这也是基于 ADOP 的 ILS 成功率近似值的重要特征。对于大多数情况，ADOP 近似值与 ILS 成功率之间的差异绝大多数情况下在-10%～20%变化。个别情况下，ADOP 近似值和 ILS 成功率的差异达到30%左右。

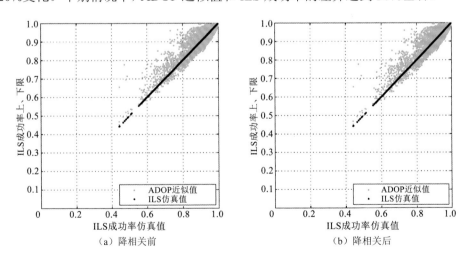

图 3-19　基于 ADOP 的 ILS 成功率近似值在降相关前后的性能比较

在本书中，上述结果都是基于整数高斯变换的方法进行降相关得到的。需要注意的是，成功率界限的性能也依赖于降相关算法，使用不同的降相关的算法可能造成成功率界限的性能会存在一定的差异。本书使用降相关算法，但整数高斯变换并不是唯一的降相关方法。如果采用其他的降相关算法得到的成功率界限可能会与本节的结果略有不同。

第4章　GNSS 整周模糊度接受性检验

如果能正确地利用 GNSS 载波相位模糊度的整数特性，则可以实现 GNSS 快速高精度定位。然而第 3 章介绍了模糊度固定总有一定的失败概率。如果将载波相位模糊度参数固定为错误的整数，则会对混合整数线性系统中的实数参数产生负面影响，其影响在数学上表达为

$$\begin{cases} \breve{b}=\hat{b}-Q_{\hat{b}\hat{a}}Q_{\hat{a}\hat{a}}^{-1}(\hat{a}-\breve{a}') \\ \breve{b}=\hat{b}-Q_{\hat{b}\hat{a}}Q_{\hat{a}\hat{a}}^{-1}(\hat{a}-a-\Delta a) \\ \breve{b}=\hat{b}-Q_{\hat{b}\hat{a}}Q_{\hat{a}\hat{a}}^{-1}(\hat{a}-a)+Q_{\hat{b}\hat{a}}Q_{\hat{a}\hat{a}}^{-1}\Delta a \end{cases} \qquad (4.1)$$

其中：$\breve{a}'=a+\Delta a$ 和 Δa 是整数估计器固定的整数向量和整数向量真值之间的差异。该等式表明，由错误固定的模糊度引入的偏差将被实数参数 $\breve{b}$ 吸收并导致 $\breve{b}$ 产生偏差。图 4-1 中表示了利用单频单历元 RTK 方法计算连续一周的定位结果的误差分布，该图所示的结果在进行 RTK 双差模糊度固定时没有采用模糊度接受性检验控制其可靠性。该图表明错误固定的模糊度导致定位结果中出现大的偏差，并且导致定位结果不连续。在模糊度固定错误的情况下，其定位误差甚至有可能比浮点解的定位误差还大。同时，错误的模糊度固定也导致了模糊固定解的定位结果不可靠，用户无法信任 GNSS 精密定位的结果。

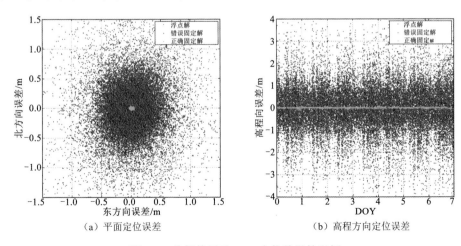

（a）平面定位误差　　　　　　　　　（b）高程方向定位误差

图 4-1　单频单历元 RTK 定位结果的示例

正确固定解（绿点），错误固定解（红点）和浮点解（灰点）

　　为了提高定位结果的可靠性,在模糊度解算过程中增加了一个额外的检验流程,称为模糊度接受性检验或模糊度检验。模糊度接受性检验可以将可靠和不可靠的固定解通过某些标准区分开来。如果模糊度接受性检验拒绝模糊度估计器输出的模糊度整数解,那么浮点解 $\hat{b}$ 将作为最终定位结果,以防止定位结果出现由整周模糊度固定错误引入的不可预测的位置偏差。

　　模糊度接受性检验可以通过构造服从某个已知的概率分布的假设检验统计量,并将这些假设检验统计量与用户确定的阈值进行比较来做出最终的决策。该过程涉及三个关键点:检验统计量的构造、检验统计量的概率分布和阈值确定方法。在本章中,主要研究假设检验统计量的构造和检验统计量的概率分布问题。

　　假设检验是数理统计理论的重要分支,目前已经得到广泛的应用。针对模糊度检验问题,早期主要采用几种区分性检验来实现。这些区分性检验利用最优和次优整数候选向量构造假设检验的统计量,例如 Ratio 检验(Euler and Goad,1991),F-Ratio 检验(Landau and Euler,1992),difference-检验(Tiberius and De Jonge,1995)和投影算子检验(Wang et al., 1998)。Teunissen(2003c)在整数估计器的基础上提出了整数孔估计的概念,整数孔估计是一种广义的整数估计形式,而整数估计可以看作整数孔估计的一个特例。利用整数孔估计理论可以将所有的模糊度接受性检验的方法统一到一个相同的框架下,并且基于整数孔估计理论又衍生出了许多新的整数孔估计器。Verhagen(2005a)系统地研究了一部分 IA 估计器的性能。

　　在介绍整数孔估计理论之前,有必要先讨论模糊度接受性检验中的概率分布模型,因为它们是模糊度接受性检验的基础。本书根据现有的整数孔估计器的假设检验统计量构造特征对他们进行分类,并且对这些 IA 估计器的性能进行系统地评估。

4.1　模糊度接受性检验的假设检验模型

　　在讨论的模糊度的孔估计理论之前,需要先讨论模糊度接受性检验的概率基础。目前几乎所有模糊度接受性检验统计量都是基于模糊度残差构造的,因此模糊度残差的概率分布成为模糊度接受性检验的概率基础。

4.1.1　模糊度残差的概率分布

　　根据前面章节的论述,浮点解 $\hat{a}$ 服从多维正态分布。模糊度残差向量定义为(Teunissen,2002)

$$\breve{\epsilon}=\hat{a}-\breve{a} \tag{4.2}$$

模糊度残差 $\breve{\epsilon}$ 的概率分布在模糊度检验问题中非常重要,因为 $\breve{\epsilon}$ 被用于构造检验统计量。$\breve{\epsilon}$ 的概率分布来自 $\hat{a}$ 和 $\breve{a}$ 的概率分布。$\hat{a}$ 和 $\breve{a}$ 的联合分布概率密度函数为(Teunissen,2002)

$$f_{\hat{a},\breve{a}}(x,z)=f_{\hat{a}}(x)s_z(x), s_z(x)=\begin{cases}1, & x\in S_z \\ 0, & \text{其他}\end{cases} \tag{4.3}$$

其中:$f_{\hat{a}}(x)$ 是 $f_{\hat{a},\breve{a}}(x,z)$ 的边际概率密度分布(Teunissen,2002):

$$f_{\hat{a}}(x)=\sum_{z\in\mathbf{Z}^n}f_{\hat{a},\breve{a}}(x,z) \tag{4.4}$$

根据模糊度估计器的推入区理论,模糊度估计器的推入区是由估计器唯一确定的,由于模糊度估计器的输入值 $\hat{a}$ 具有随机性,模糊度估计器的输出值 $\breve{a}$ 也具有相应的随机特性。因此模糊度固定值并不是一个确定的数,而是一个离散的随机量。从这个观点来看,$f_{\hat{a},\breve{a}}(x,z)$ 的另一个边际概率密度分布可以用概率质量函数来描述,因为 z 是离散值。PMF 可以表示为(Teunissen,2002)

$$P[\breve{a}=z]=\int_{\mathbf{R}^n}f_{\hat{a},\breve{a}}(x,z)=\int_{S_z}f_{\hat{a}}(x)\mathrm{d}x \tag{4.5}$$

PMF 显示固定整数模糊度 $\breve{a}$ 是离散值,而且是一个随机量。它的随机特性由 $\hat{a}$ 的随机特性决定。

根据式(4.3)和式(4.2),$\breve{\epsilon}$ 和 $\breve{a}$ 的联合概率密度分布可以表示为(Teunissen,2002)

$$f_{\breve{\epsilon},\breve{a}}(x,z)=f_{\hat{a},\breve{a}}(x+z,z) \tag{4.6}$$

$\breve{\epsilon}$ 的 PDF 可以由 $f_{\breve{\epsilon},\breve{a}}(x,z)$ 的边际概率密度分布求得(Verhagen and Teunissen,2006b;Teunissen,2002)

$$f_{\breve{\epsilon}}(x)=\sum_{z\in\mathbf{Z}^n}f_{\hat{a}}(x+z)s_0(x) \tag{4.7}$$

模糊度残差的概率密度函数 $f_{\breve{\epsilon}}(x)$ 的一维示例如图 4-2.所示。图 4-2(a)显示了 $f_{\hat{a}}(x-a)$,这是一个正态分布 PDF。由于模糊度浮点解的精度不同,该 PDF 可能跨越多个拉入区。因此,$\breve{a}$ 可能不总是等于 $E(\hat{a})$。图 4-2(b)显示 $\hat{a}$ 和 $\breve{a}$ 的联合概率密度分布,表示为 $f_{\hat{a},\breve{a}}(x,z)$。图 4-2(c)显示 $\breve{\epsilon}$ 和 $\breve{a}$ 的联合概率密度分布,表示为 $f_{\breve{\epsilon},\breve{a}}(x,z)$。图 4-2(d)显示了模糊度残差 $\breve{\epsilon}$ 的 PDF,表示为 $f_{\breve{\epsilon}}(x)$。$f_{\breve{\epsilon}}(x)$ 是 $f_{\breve{\epsilon},\breve{a}}(x,z)$ 的边际分布。

由于整数估计器的拉入区 S_z 具有整数平移不变性,模糊度残差的概率密度函数 $f_{\breve{\epsilon}}(x)$ 有以下性质:

$$\int_{S_0}f_{\breve{\epsilon}}(x)\mathrm{d}x=1 \tag{4.8}$$

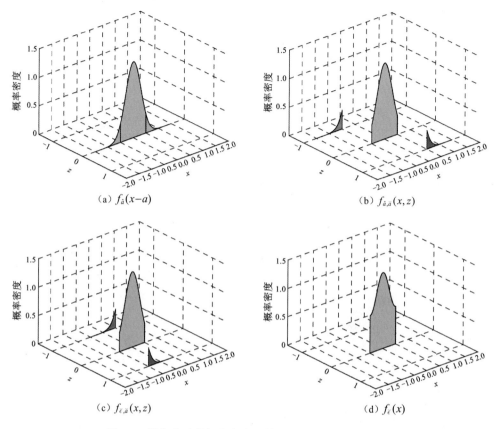

图 4-2　模糊度残差概率密度函数 $f_{\check{\epsilon}}(x)$ 构造的一维示例

此属性适用于任何可容许的整数估计器。根据等式（4.7），$f_{\check{\epsilon}}(x)$ 可以分解为两部分，表示为

$$f_{\check{\epsilon}}(x)=f_{\hat{a}}(x-a)s_0(x)+\sum\nolimits_{z\in\mathbf{Z}^n\backslash\{a\}}f_{\hat{a}}(x-z)s_0(x),\quad x\in\mathbf{R}^n \qquad（4.9）$$

式（4.9）中右侧第一项是 $\check{a}=a$ 的情况对应的概率密度函数，其余的项表示 $\check{a}\neq a$ 的情况对应的概率密度函数。由于 PDF $f_{\hat{a}}(x-z)$ 是一个非负函数，$f_{\check{\epsilon}}(x)\geqslant f_{\hat{a}}(x)$ 总是成立。根据式（4.8）和（4.9），整数估计器的失败率也可以用以下公式计算：

$$P_f=\int_{S_0}f_{\check{\epsilon}}(x)\mathrm{d}x-\int_{S_0}f_{\hat{a}}(x-a)\mathrm{d}x=\sum\nolimits_{z\in\mathbf{Z}^n\backslash\{a\}}\int_{S_0}f_{\hat{a}}(x-z)s_0(x)\mathrm{d}x \qquad（4.10）$$

模糊度残差的概率分布不仅取决于浮点解 $\hat{a}$ 的概率分布，还取决于固定解 $\check{a}$ 的概率分布。因此，模糊度残差的概率密度函数 $f_{\check{\epsilon}}(x)$ 也依赖于整数估计器的选择。图 4-3 展示了不同整数估计器对应的 $f_{\check{\epsilon}}(x)$ 和 $f_{\hat{a}}(x-a)$ 的二维示例。

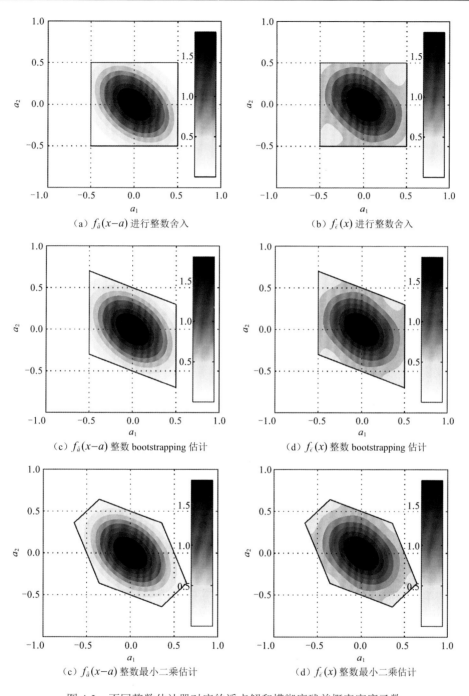

（a）$f_{\hat{a}}(x-a)$ 进行整数舍入　　　　　　　（b）$f_{\hat{\varepsilon}}(x)$ 进行整数舍入

（c）$f_{\hat{a}}(x-a)$ 整数 bootstrapping 估计　　　　（d）$f_{\hat{\varepsilon}}(x)$ 整数 bootstrapping 估计

（c）$f_{\hat{a}}(x-a)$ 整数最小二乘估计　　　　　　（d）$f_{\hat{\varepsilon}}(x)$ 整数最小二乘估计

图 4-3　不同整数估计器对应的浮点解和模糊度残差概率密度函数

4.1.2 假设检验模型

经典假设检验问题由零假设和备选假设组成,分别表示为 H_0 和 H_a。通常情况下,进行假设检验的第一步是利用观测数据构造出一个符合某个已知的概率分布的检验统计量 x, x 可能属于 H_0 或 H_a。然后,假设检验可以借助于先验的假设检验统计量的概率分布的知识来推断 x 是否属于 H_0。如果 n 维变量 x 的 PDF 是连续的;$\mathbf{R}^n$ 中始终存在一个连续区域,满足特定假设 H_0(Neyman and Pearson,1933);该区域被称为接受区 Ω。

图 4-4 是一个简单假设检验的一维例子。如图所示,x 服从一维正态分布,其方差 σ^2 是已知的。假设是 $H_0: E(x)=0$ 或 $H_a: E(x)=1$。使用给定的置信区间(例如95%),接受区可以定义为:$\Omega = \{x \in \mathbf{R} \mid \arg\{\underset{x}{\Phi}(x) \leqslant 0.95\}\}$,其中 $\Phi(x)$ 是单变量正态分布累积分布函数(CDF),且 $x \sim N(0,1)$ 分布。如果 $x \in \Omega$,则接受 H_0,否则接受 H_a。如果 $x \notin \Omega$,拒绝 H_0,并且相应的区域被称为拒绝区域。接受区域和拒绝区域之间的边界定义为阈值 μ。

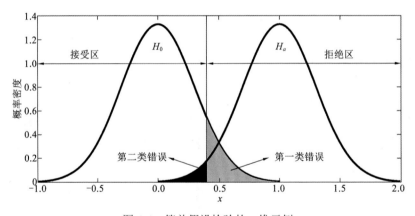

图 4-4 简单假设检验的一维示例

但是,事实上任何假设检验的结果都存在一定失败的概率,即假设检验给出了错误的决策,因为现实中零假设 H_0 和备选假设 H_a 之间往往没有明确的界限。因此,在假设检验中不可避免地会做出错误的决策。假设检验中有 4 种可能的结果,其结果形成一个决策矩阵,如表 4-1 所示。错误地拒绝零假设 H_0 被称为假设检验的第一类错误,并且产生第一类错误的概率被表示为 α。错误地接受备选 H_a 被称为假设检验的第二类错误,相应的概率表示为 β。正确拒绝的 H_a(称为检验功效)表示为 $1-\beta$。

表 4-1　经典假设检验决策矩阵

决策		现实	
		H_0	H_a
统计决策	H_0	正确接受（$1-\alpha$）	第二类错误（β）
	H_a	第一类错误（α）	正确拒绝（$1-\beta$）

在模糊度接受性检验中，零假设和备选假设可表示为（Verhagen，2004）

$$\begin{cases} H_0:y=A\breve{a}+B\breve{b}+e, & \breve{a}\in\mathbf{Z}^n, \breve{b}\in\mathbf{R}^p, e\in\mathbf{R}^m \\ H_a:y=A\hat{a}+B\hat{b}+e, & \hat{a}\in\mathbf{R}^n, \hat{b}\in\mathbf{R}^p, e\in\mathbf{R}^m \end{cases} \quad (4.11)$$

在上述假设模型中，零假设的模糊度参数是整数向量，而备选假设的模糊度参数是实数向量。这意味着只有当模糊度接受性检验接受 H_0 时，模糊度参数才可以被认定具有整数性质。

通用的假设检验理论适用于模糊度接受性检验，但模糊度接受性检验有其自身的特点。早期的研究人员尝试利用模糊度浮点解 $\hat{a}$ 的概率分布来解决模糊度接受性检验问题，因为他们认为模糊的固定解 $\breve{a}$ 确定性的。如果这个假设成立，那么 $f_{\breve{e}}(x)=f_{\hat{a}}(x)$。但是，由于模糊度固定解 $\breve{a}$ 的随机特性（Teunissen，1997a），模糊度固定是确定性的假设事实上并不成立。根据前述的分析，模糊度接受性检验的概率基础是模糊度残差分布 $f_{\breve{e}}(x)$。根据模糊度残差分布确定的模糊度接受性检验的一维假设检验模型如图 4-5 所示。在模糊度接受性检验中，接受区和拒绝区都是整数估计器推入区 S_0 的子集。根据式（4.10），模糊度估计失败情况的概率分布可以表示为 $f_{\breve{e}}(x)-f_{\hat{a}}(x-a)$。该图表明想找到一个合适的接受区使之完全

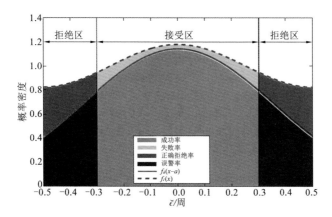

图 4-5　一维情况下模糊度检验问题的假设检验模型

区分开 $f_{\check{\epsilon}}(x) - f_{\check{a}}(x-a)$ 和 $f_{\check{a}}(x-a)$ 是不可能的。另外，模糊度残差分布 $f_{\check{\epsilon}}(x)$ 是无数多个概率密度函数 $f_{\check{a}}(x-z)$ 的总和，因此 $f_{\check{\epsilon}}(x)$ 服从非标准的概率分布模型。

类似于表 4-1 中的假设检验决策矩阵，模糊度接受性检验的决策矩阵可以在表 4-2 中给出。虽然模糊度接受性检验的决策矩阵在形式上与经典假设检验的决策矩阵相似，但是模糊度接受性检验具有其特点。在经典假设检验模型中，以下关系成立：

$$\begin{cases} P(\text{correctly accept}) + P(\text{type I error}) = 1 \\ P(\text{type II error}) + P(\text{correctly rejected}) = 1 \end{cases} \tag{4.12}$$

而在模糊度接受性检验中，上述关系变为

$$\begin{cases} P(\text{success}) + P(\text{false alarm}) = P_{s,\text{IE}} \\ P(\text{failure}) + P(\text{correctly rejected}) = P_{f,\text{IE}} = 1 - P_{s,\text{IE}} \end{cases} \tag{4.13}$$

其中：$P_{s,\text{IE}}$ 是指整数估计的成功率。

表 4-2　模糊度接受性检验的假设检验决策矩阵

决策		现实	
		H_0	H_a
统计决策	H_0	成功	失败
	H_a	虚警	正确拒绝

模糊度检验接受区 Ω 始终是整数估计器拉入区 S 的子集。模糊度接受性检验也可以推广为整数孔估计。整数孔估计是一个统一的模糊度接受性检验框架，因此它独立于特定的模糊度接受性检验形式（Teunissen，2003b，2003c）。

类似于可容许整数估计器的定义，整数孔估计器可以定义为（Teunissen，2003b，2003c）

$$\begin{cases} \bigcup_{z \in \mathbf{Z}^n} \Omega_z = \bigcup_{z \in \mathbf{Z}^n} (\Omega \cap S_z) = \Omega \cap \left(\bigcup_{z \in \mathbf{Z}^n} \Omega_z \right) = \Omega \cap \mathbf{R}^n = \Omega \\ \Omega_{z_1} \cap \Omega_{z_2} = (\Omega \cap \Omega_{z_1}) \cap (\Omega \cap \Omega_{z_2}) = \Omega \cap (S_{z_1} \cap S_{z_2}) = \varnothing, \quad z_1 \neq z_2 \\ \Omega_0 + z = (\Omega \cap S_0) + z = (\Omega + z) \cap (S_0 + z) = \Omega \cap S_z = \Omega_z \end{cases} \tag{4.14}$$

其中：$\Omega \subset \mathbf{R}^n$ 是孔估计接受区空间，由无数个 IA 接受区 Ω_z 组成；S_z 是整数估计器拉入区域；IA 的接受区 Ω_z 不能重叠，Ω_z 也具有整数平移不变性；Ω_z 和 S_z 的不同之处在于，IA 允许其接受区 Ω_z 之间存在缝隙。由式（4.14）的（3）式可知，$\Omega_z \subset S_z$，并且已知 S_z 的体积等于 1 [式（3.18）]，那么

$$\int_{\Omega_z} \mathrm{d}x \leqslant 1 \tag{4.15}$$

整数孔估计器是具有多类型输出的混合估计器。输出可以是实数或整数向量，

可以表示为（Teunissen，2003c）

$$\bar{a} = \sum_{z \in \mathbf{Z}^n} z s_z(\hat{a}) + \hat{a}\left[1 - \sum_{z \in \mathbf{Z}^n} s_z(\hat{a})\right] \tag{4.16}$$

其中：$\bar{a}$ 是 IA 估计器的输出。仅当 $\hat{a} \in \Omega$ 时，浮点模糊度可以固定为整数，否则，IA 估计器的输出仍然是浮点数。整数孔估计有三类可能的输出：

（1）$\hat{a} \in \Omega$，然后 $\bar{a} = a$。它对应于决策矩阵中正确接受的情况，称为"成功"的情况；

（2）$\hat{a} \in \Omega \backslash \Omega_a$，然后 $\bar{a} = z, z \in \mathbf{Z}^n \backslash \{a\}$。它对应于决策矩阵中的第二类错误，并表示为"失败"的情况。

（3）$\hat{a} \notin \Omega$，$\bar{a} = \hat{a}, \hat{a} \in \mathbf{R}^n$，它表示决策矩阵中做出拒绝决策的情况（无论是正确还是错误地拒绝），通常被称为为"未定"的情况。

IA 概念的二维示例如图 4-6 所示。与整数估计器相比，IA 估计器允许接受区之间存在缝隙。IA 估计量的接受区也具有整数平移不变特性。如果模糊度浮点解 $\hat{a}$ 落入 IA 的接受区，则 IA 估计器将浮点解 $\hat{a}$ 固定为整数向量 $\bar{a}$。与通用的假设检验类似，IA 估计器也有决策错误的时候。在图中，绿点和红点分别是 IA 估计器正确和错误接收整数固定解的情况，而灰点则表示 IA 估计器拒绝将浮点解 $\hat{a}$ 固定为整数。

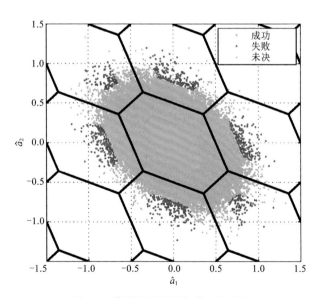

图 4-6　整数孔估计概念的二维示例

IA 估计器成功，失败和未定的概率可表示为（Teunissen，2003c）

$$
\begin{cases}
P_s = P(\overline{a}=a) = \int_{\Omega_a} f_{\hat{a}}(x)\mathrm{d}x \\
P_f = \int_{\Omega/\Omega_a} f_{\hat{a}}(x)\mathrm{d}x = \sum_{z\neq a} \int_{\Omega_z} f_{\hat{a}}(x)\mathrm{d}x = \int_{\Omega_0} \left[f_{\check{\epsilon}}(x) - f_{\hat{a}}(x-a) \right]\mathrm{d}x \\
P_u = P(\overline{a}=\hat{a}) = 1 - P_s - P_f
\end{cases}
\tag{4.17}
$$

与整数估计器一样，IA 估计器的成功率和失败率都可以作为衡量 IA 估计器性能的指标。

在整数孔估计中 $P_s + P_f \neq 1$，因此对于整数孔估计，成功率和失败率之间不再存在等价的联系。整数孔估计的性能还可以使用另外一个可靠性指标，即成功固定率来衡量。整数孔估计的成功固定率定义为

$$
P_{sf} = \frac{P_s}{P_s + P_f} = \frac{\int_{\Omega_0} f_{\hat{a}}(x-a)\mathrm{d}x}{\int_{\Omega_0} f_{\check{\epsilon}}(x)\mathrm{d}x}
\tag{4.18}
$$

整数孔估计为模糊度接受性检验提供了统一的框架。在该框架下，提出并分析了许多不同的整数孔估计器。这些整数孔估计器中，一部分是将传统的区分性检验推广为整数孔估计器，另外一部分是在整数估计器的基础上进行的衍生和扩展，还有一部分整数孔估计器是根据孔估计理论提出的全新的孔估计器。所有这些整数孔估计器都是基于模糊度的残差或基于模糊度残差的概率密度函数 $f_{\check{\epsilon}}(x)$ 构造的。根据整数孔估计器的构造方法，整数孔估计器可以分为 4 类：基于距离的整数孔估计器、基于投影算子的整数孔估计器、基于 Ratio 的整数孔估计器和基于概率的整数孔估计器。本章将对这些整数估计器进行讨论。

4.2　基于距离的整数孔估计

基于距离的整数孔估计器包括椭球整数孔估计，整数 bootstrapping 孔估计和加权整数 bootstrapping 孔估计。这些 IA 估计器使用距离或者 Mohalanobis 距离来定义它们的接受区。

4.2.1　椭球整数孔估计

最简单的整数孔估计器是椭球整数孔估计（Teunissen，2003b），EIA 使用模糊度残差 $\check{\epsilon}$ 的 Mohalanobis 距离构造其接受区，椭球整数孔估计的定义为

$$
\Omega_{\mathrm{EIA},a} = \Omega_{\mathrm{EIA},0} + a = \left\{ x \in S_a \,\middle|\, \|x-a\|^2_{Q_{\hat{a}\hat{a}}} \leqslant \mu^2 \right\}
\tag{4.19}
$$

其中：$\Omega_{\mathrm{EIA},a}$ 是以 a 为中心的 EIA 接受区。EIA 接受区边界是 $f_{\hat{a}}(x)$ 的等值线。EIA

接受区的二维示例如图 4-7 所示。EIA 接受区的大小由其阈值 μ 控制。由于 $\hat{a}$ 服从正态分布 $N(a, Q_{\hat{a}\hat{a}})$，二次形式 $\|x-a\|_{Q_{\hat{a}\hat{a}}}^2$ 服从非中心 χ^2 分布。$\hat{a}$ 落入 $\Omega_{\text{EIA},z}$ 的概率可以表示为非中心 χ^2 分布累积分布函数（CDF）的总和，如下：

$$P(\hat{a} \in \Omega_{\text{EIA},a}) = P(\check{\epsilon} \leqslant \mu^2) = \sum_{z \in \mathbf{Z}^n} P\left[\chi^2(n, \lambda_z) \leqslant \mu^2\right] \quad (4.20)$$

其中：非中心性参数 $\lambda_a = z^{\mathrm{T}} Q_{\hat{a}\hat{a}}^{-1} z$。可以按如下方式计算 EIA 的成功率、失败率和未决率：

$$\begin{cases} P_s = P\left[\chi^2(n, 0) \leqslant \mu^2\right] \\ P_f = \sum_{z \in \mathbf{Z}^n \setminus \{0\}} P\left[\chi^2(n, \lambda_z) \leqslant \mu^2\right] \\ P_u = 1 - \sum_{z \in \mathbf{Z}^n} P\left[\chi^2(n, \lambda_z) \leqslant \mu^2\right] = 1 - P_f - P_s \end{cases} \quad (4.21)$$

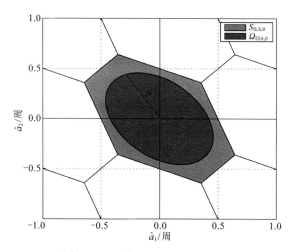

图 4-7　EIA 接受区域的二维示例

EIA 的优势在于其成功率和失败率可以显式计算，而其缺点是当 μ 太大时，EIR 的接受区可能会发生重叠。整数估计器和整数孔估计器都不允许接受区发生重叠。为了避免接受区发生重叠的现象，必须给 EIA 的阈值 μ 设一个上限。μ 的上限应使 Ω_{EIA,z_1} 与相邻的接受区 Ω_{EIA,z_1} 相切。在 $Q_{\hat{a}\hat{a}}$ 张成空间中，两个相邻整数之间的 Mohalanobis 距离在各个方向是不同的，两个整数之间的最近距离可以表示为

$$d_{\min} = \min \|z_1 - z_2\|_{Q_{\hat{a}\hat{a}}}, \quad z_1, z_2 \in \mathbf{Z}^n \quad (4.22)$$

因此，EIA 阈值的上限设置为 $\mu \leqslant \dfrac{1}{2} d_{\min}$ 就可以保证 EIA 的接受区不发生重叠。

根据式（4.20），当 χ^2 分布的非中心参数 λ_z 为零时，对应的是模糊度正确固定

的概率,不同的整数备选值对应的非中心参数 λ_z 对 EIA 概率的影响与非中心参数 λ_z 的大小有关。当非中心参数 λ_z 比较小时,错误固定的模糊度的概率密度函数对 $P(\hat{a} \in \Omega_{\text{EIA},a})$ 的贡献较大,相应地也对模糊度固定失败率的贡献较大(Verhagen,2005a)。

4.2.2　整数 bootstrapping 孔估计

另一种基于距离的整数孔估计器是整数 bootstrapping 孔估计。IAB 来自整数 bootstrapping 估计器,但 IAB 的接受区是 IB 估计器的缩小版。因此,IAB 的成功率和失败率也很容易评估。IAB 通过缩小整数 bootstrapping 的拉入区来拒绝不可靠的固定解。IAB 的接受区定义为(Teunissen,2005b)

$$\Omega_{\text{IAB},z} = \mu S_{\text{IB},z} \tag{4.23}$$

式中

$$\begin{cases} \mu S_{\text{IB},z} = \left\{ x \in \mathbf{R}^n \,\middle|\, \dfrac{1}{\mu}(x-z) \in S_{\text{IB},0} \right\} \\ S_{\text{IB},0} = \bigcap_{i=1}^{n} \left\{ x \in \mathbf{R}^n \,\middle|\, \|c_i^{\text{T}} L^{-1} x\| \leqslant \dfrac{1}{2} \right\} \end{cases} \tag{4.24}$$

其中:μ 是孔参数,$0 \leqslant \mu \leqslant 1$;$S_{\text{IB},0}$ 是以原点为中心的整数 bootstrapping 的拉入区。IAB 接受区的形状 $\Omega_{\text{IAB},z}$ 与 IB 拉入区 $S_{\text{IB},0}$ 相同,但 IAB 的接受区面积较小。IAB 接受区域的二维示例如图 4-8 所示。整数 bootstrapping 孔估计器的成功率与失败率的计算与整数 bootstrapping 估计器一样,可以直接计算。

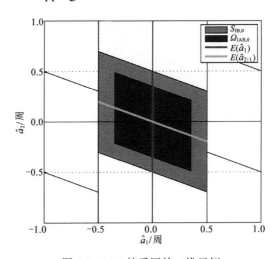

图 4-8　IAB 接受区的二维示例

整数 bootstrapping 孔估计的成功率可以用以下公式计算：

$$P_s = \prod_{i=1}^{n}\left[\int_{-\frac{\mu}{2}}^{\frac{\mu}{2}} f_{\hat{a}_{i'}}(x-a)\mathrm{d}x\right] = \prod_{i=1}^{n}\left[2\varPhi\left(\frac{\mu}{2\sigma_{i|I}}\right)-1\right] \tag{4.25}$$

其中：$f_{\hat{a}'}(x)$ 在式（3.61）中定义；$f_{\hat{a}_{i'}}(x)$ 是第 i 维的条件概率密度函数。

IAB 失败率可以通过受偏差影响的整数 bootstrapping 成功率来计算，其给出如下：

$$P_f = \sum_{z\in \mathbf{Z}^n\backslash\{0\}}\left\{\prod_{i=1}^{n}\left[\varPhi\left(\frac{\mu-2c_i^{\mathrm{T}}L^{-1}z}{2\sigma_{i|I}}\right)+\varPhi\left(\frac{\mu+2c_i^{\mathrm{T}}L^{-1}z}{2\sigma_{i|I}}\right)-1\right]\right\} \tag{4.26}$$

计算 P_s 和 P_f 后，可以使用 $P_u = 1-P_s-P_f$ 计算 IAB 估计器的未决率。

与 EIA 相比，只要 IAB 的孔参数不大于 1 就不存在接受区重叠问题，但是 IAB 也继承了整数 bootstrapping 估计器的缺点：成功率和失败率不是唯一的。IAB 的成功率和失败率取决于 bootstrapping 变换的顺序。由于整数 bootstrapping 不是最优估计器，IAB 也不是最优的 IA 估计器，但是如果使用 IB 作为整数估计器时，IAB 将是一个很好的模糊度接受性检验的方法。

4.2.3　加权整数 bootstrapping 孔估计

IAB 通过引入一个缩放因子 β 对 IB 拉入区的缩放来构造整数 bootstrapping 孔估计。虽然 IAB 的接受区构造很简单，但它的性能不一定是同类 IA 估计器中的最优选择，因为 IAB 的成功率明显低于其他 IA 估计器。在本小节中，提出了加权整数 bootstrapping 孔估计器以改善 IAB 的性能。

如上所述，IAB 的限制是其单比例因子 μ。为了简化讨论，定义条件模糊度向量 $\hat{a}'$ 来表达 IAB 的定义，给出如下：

$$\varOmega_{\mathrm{IAB},z} = \bigcap_{i=1}^{n}\left\{\hat{a}\in \mathbf{R}^n\left\|\hat{a}_{i'}-z_i\right\|\leqslant\frac{\mu}{2}\right\} \tag{4.27}$$

需要注意的是，这里的条件模糊度向量 $\hat{a}'$ 只是形式上的定义，实际计算过程中需要逐级计算。值得注意的是，$\hat{a}'$ 的方差–协方差矩阵是对角矩阵而不是单位矩阵，这意味着 $\hat{a}'$ 的每个分量都有不同的方差。在 IAB 中，每个维度都具有相同的边界 $\frac{\mu}{2}$，并且 $\hat{a}'$ 的方差信息不能影响 IAB 的决策。这就是为什么当 $\hat{a}'$ 的置信椭圆被拉长时，IAB 成功率明显低于其他 IA 估计值的原因。

为了克服这个问题，提出了一个加权整数 bootstrapping 孔估计来估计 $\hat{a}'$ 方差的影响。WIAB 定义为

$$\Omega_{\text{WIAB},z} = \bigcap_{i=1}^{n} \left\{ \hat{a} \in \mathbf{R}^n \mid \|\hat{a}_i' - z_i\| \leqslant \frac{\mu}{2\sigma_{i|I}} \right\}$$

$$= \bigcap_{i=1}^{n} \left\{ \hat{a} \in \mathbf{R}^n \mid \sigma_{i|I} \|\hat{a}_i' - z_i\| \leqslant \frac{\mu}{2} \right\} \qquad (4.28)$$

$$= \bigcap_{i=1}^{n} \left\{ \hat{a} \in \mathbf{R}^n \mid \sqrt{(\hat{a}_i' - z_i) Q_{\hat{a}_i' \hat{a}_i'} (\hat{a}_i' - z_i)} \leqslant \frac{\mu}{2} \right\}$$

由第一个等式可知，WIAB 的原理是对模糊度浮点解的每个分量的阈值添加一个比例因子 $1/\sigma_{i|I}$。在 IAB 估计器中，无论模糊度浮点解各个分量的条件方差 $\sigma_{i|I}$ 的大小，对应分量的阈值都是相同的。之前的讨论已经指出，较小的 $\sigma_{i|I}$ 使得模糊度估计更可靠。在这种情况下，更大的接受区可以提高模糊度接受性检验的成功率而不会显著提高模糊度固定失败的风险。同样地，在条件方差 $\sigma_{i|I}$ 较大时，可以适当地缩小该维度对应的接受区的大小情况来控制其失败率。适当地对 IAB 接受区各个维度进行缩放可以提高其成功率，这是 WIAB 的基本原理。第二个等式表示了 WIAB 的另一种形式，即通过 $\sigma_{i|I}$ 缩放 IB 模糊度残差。WIAB 的其余步骤与 IAB 完全相同。该等式还揭示了 WIAB 的计算复杂度与 IAB 相同。还值得注意的是，第二个等式中的 μ 的取值区间变成了 $[0, \sigma_{i|I}]$ 而不再是 $[0, 1]$，因为不等式的左边已乘以了一个比例因子 $\sigma_{i|I}$。

IAB 和 WIAB 在二维情况下的比较如图 4-9 所示。此示例中使用的 $Q_{\hat{a}\hat{a}}$ 的具体数值可以在附录 A 中的式（A.2）中找到。在此示例中，IAB 和 WIAB 的失败率限值完全相同。区别在于 $\Omega_{\text{IAB},0}$ 是一个正方形而 $\Omega_{\text{WIAB},0}$ 是一个矩形。在图 4-9（a）中，

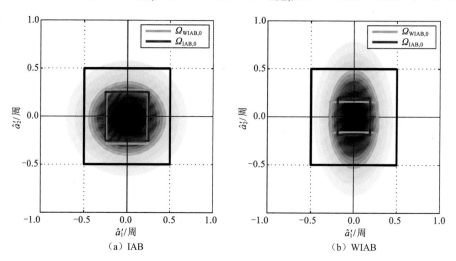

图 4-9　IAB 和 WIAB 接受区的二维示例

失败率限值为 $\bar{P}_f = 1\%$

$Q_{\hat{a}'\hat{a}'}$ 几乎是一个单位矩阵,因此 IAB 和 WIAB 的接受区形状相似。在图 4-9 (b) 中, $\Omega_{\mathrm{WIAB},0}$ 明显大于 $\Omega_{\mathrm{IAB},0}$,尤其是在 $\hat{a}'_2$ 维度中。在相同的失败率限值下,接受区更大意味着成功率更高。因此,在图 4-9 (b) 情况中,WIAB 的性能优于 IAB。当条件方差–协方差矩阵 $Q_{\hat{a}'\hat{a}'}$ 各个维度的条件方差差异比较明显时,WIAB 能够根据模糊度浮点解各分量的条件方差的大小调整其接受区的大小,而 IAB 的接受区对各个模糊度分量都相同,对模糊度浮点解的条件方差大小不敏感。

WIAB 中对 IAB 的改进不会增加成功率、失败率和未定率的计算量,三者可以通过以下公式计算:

$$\begin{cases} P_s = \prod_{i=1}^{n}\left[\int_{-\frac{\mu_{i'}}{2}}^{\frac{\mu_{i'}}{2}} f_{\hat{a}_{i'}}(x-a)\mathrm{d}x \right] = \prod_{i=1}^{n}\left[2\varPhi\left(\frac{\mu_{i'}}{2\sigma_{i|I}}\right)-1 \right] \\ P_f = \sum_{z\in\mathbf{Z}^n\backslash\{0\}}\left\{ \prod_{i=1}^{n}\left[\varPhi\left(\frac{\mu_{i'}-2c_i^{\mathrm{T}}L^{-1}z}{2\sigma_{i|I}}\right)+\varPhi\left(\frac{\mu_{i'}+2c_i^{\mathrm{T}}L^{-1}z}{2\sigma_{i|I}}\right)-1 \right] \right\} \\ P_u = 1-P_f-P_s \end{cases} \quad (4.29)$$

式中

$$\mu_{i'} = \begin{cases} \dfrac{\mu}{\sigma_{i|I}}, & \dfrac{\mu}{\sigma_{i|I}}\leqslant 1 \\ 1, & \dfrac{\mu}{\sigma_{i|I}}>1 \end{cases} \quad (4.30)$$

在 WIAB 的成功率和失败率计算中,需要确保每个维度的阈值 $\mu_{i'}$ 在其有效区间内,否则可能导致接受区重叠。

4.2.4　基于距离的 IA 估计器的比较

尽管基于距离的 IA 估计器具有不同的统计检验量,但它们仍然具有共同的特征。例如,所有基于距离的 IA 估计器都利用 $\hat{a}$ 和 $\breve{a}$ 之间的距离构造他们的检验统计量。EIA 使用 $\|x-a\|_{Q_{\hat{a}\hat{a}}}^2$ 作为其统计检验量,而 IAB 和 WIAB 则使用 $\|\hat{a}_{i'}-z_i\|$。所有基于距离的 IA 估计器在检验统计构造中仅需要一个整数候选值。检验统计量构造简单的好处是可以方便地计算成功率和失败率。

尽管三个 IA 估计器都是基于距离的,但它们的可靠性存在差异。为了研究这些 IA 估计器的性能,通过对 GNSS 数据仿真进行性能比较。仿真策略与 3.5.1 小节中描述的相同。在比较中使用固定失败率方法,这意味着在比较的时候,这三种 IA 估计器对应的失败率是相同的。在这种情况下,成功率高的 IA 估计器具有更好的性能,比较结果如图 4-10 所示。在此示例中,失败率阈值设置为 $\bar{P}_f=0.1\%$。

结果显示，随着 $P_{s,\text{ILS}}$ 的降低，所有 IA 估计量的成功率都发生了急剧下降。IAB 和 WIAB 在成功率方面显著优于 EIA。在最佳的情况下，IAB 和 WIAB 的成功率分别比 $P_{s,\text{EIA}}$ 高出大约 40% 和 60%。$P_{s,\text{WIAB}}$ 最佳情况下比 $P_{s,\text{IAB}}$ 提高约 20%。因此，WIAB 在所有基于距离的 IA 估计器中表现最优。当定位模型强度变弱时，IA 估计量之间的成功率差异会减小。例如，当 $P_{s,\text{ILS}} \leqslant 80\%$ 时，不同的 IA 估计值之间没有显著的成功率差异。因为在这种情况下，三个 IA 估计器的成功率均低于 10%。如果 $P_{s,\text{ILS}} \leqslant 90\%$，则三个 IA 估计量的成功率均低于 20%。

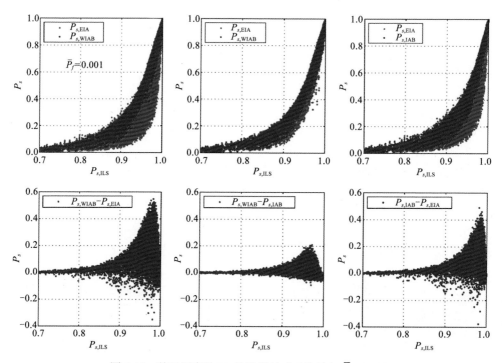

图 4-10　基于距离的 IA 估计器的成功比较与 $\bar{P}_f = 0.1\%$

上排显示 IA 成功率与 ILS 成功率之间的关系，下排显示不同 IA 估计器之间的成功率差异

　　IAB 和 WIAB 之间的关系也通过数值比较来检验，比较结果如图 4-11 所示。该结果比较了 IAB 和 WIAB 在不同失败率限值情况下的成功率的差异。图 4-11 显示在不同失败率条件下，WIAB 比 IAB 的成功率最大提升 10%～20%，平均提升 0.2%～2.5%。这表明 WIAB 总是取得比 IAB 更高的成功率，因此 WIAB 优于 IAB 并非偶然现象。当失败率限值变小时，WIAB 的优越性更加显著。

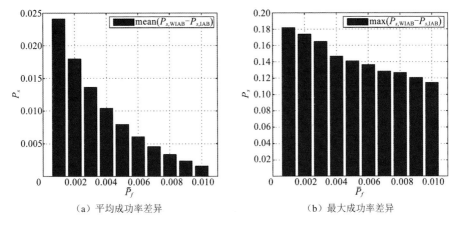

（a）平均成功率差异　　　　　　　　　（b）最大成功率差异

图 4-11　WIAB 和 IAB 在不同失败率限值情况下的成功率比较

4.3　基于投影算子的整数孔估计

基于投影算子的整数孔估计器包括 Difference 检验整数孔估计，投影算子检验整数孔估计和整数最小二乘孔估计。这些整数孔估计器的接受区都来自投影算子检验。在本节将研究这三个 IA 估计器的检验统计量和它们的性能差异。

4.3.1　Difference 检验整数孔估计

Difference 检验整数孔估计是差分检验的一种形式。Difference 检验是一种区分性检验，定义为（Tiberius and De Jonge，1995）

$$\|\hat{a}-\check{a}'\|_{Q_{\hat{a}\hat{a}}}^2 -\|\hat{a}-\check{a}\|_{Q_{\hat{a}\hat{a}}}^2 \geqslant \mu \tag{4.31}$$

其中：$\check{a}'$ 是次优整数候选向量。与这些基于距离的整数孔估计器相比，Difference 检验由两个整数候选向量构成。实际上，所有区分性检验都涉及两个整数候选向量，因为它们实际上是通过检验 $\check{a}'$ 和 $\check{a}$ 的可区分程度来做出决策的。

Difference 检验也可以解释为 $\check{a}$ 和 $\check{a}'$ 之间的可能性检验。给定假设 $H_0: E(\hat{a})=\check{a}$ 和 $H_a: E(\hat{a})=\check{a}'$，相应的似然函数如下（Wang et al.，1998）：

$$\psi(x)=\frac{f_{\hat{a}|H_0}(x)}{f_{\hat{a}|H_a}(x)}=\frac{\dfrac{1}{\sqrt{|Q_{\hat{a}\hat{a}}|(2\pi)^n}}\exp\left\{-\dfrac{1}{2}\|x-\check{a}\|_{Q_{\hat{a}\hat{a}}}^2\right\}}{\dfrac{1}{\sqrt{|Q_{\hat{a}\hat{a}}|(2\pi)^n}}\exp\left\{-\dfrac{1}{2}\|x-\check{a}'\|_{Q_{\hat{a}\hat{a}}}^2\right\}}=\frac{\exp\left\{-\dfrac{1}{2}\|x-\check{a}\|_{Q_{\hat{a}\hat{a}}}^2\right\}}{\exp\left\{-\dfrac{1}{2}\|x-\check{a}'\|_{Q_{\hat{a}\hat{a}}}^2\right\}}$$

$$= \exp\left\{\frac{1}{2}\left(\|x-\breve{a}'\|^2_{Q_{\hat{a}\hat{a}}} - \|x-\breve{a}\|^2_{Q_{\hat{a}\hat{a}}}\right)\right\} = \sqrt{\exp\left\{\left(\|x-\breve{a}'\|^2_{Q_{\hat{a}\hat{a}}} - \|x-\breve{a}\|^2_{Q_{\hat{a}\hat{a}}}\right)\right\}} \quad (4.32)$$

其中：$\psi(x)$ 是似然函数。$f_{\hat{a}|H_0}(x)$ 和 $f_{\hat{a}|H_a}(x)$ 分别是浮点解 $\hat{a}$ 相对于的 H_0 和 H_a 的条件概率密度函数。因此，Difference 检验也可以写成

$$\psi(x) \geqslant \sqrt{\exp\{\mu\}} \quad (4.33)$$

然而，真实的情况下，模糊度接受性检验问题并不能通过这种似然函数 $\psi(x)$ 来解决，因为错误固定的模糊度不一定是次优整数候选向量 $\breve{a}'$，也可能是第三优、第四优或其他的整数候选向量。对于定位模型足够强的情况，DTIA 的似然函数 $\psi(x)$ 也可以视为是 $f_{\hat{a}}(x)/f_{\hat{\epsilon}}(x)$ 的一种近似值（Wang et al.，2014a）。

最优整数候选向量 $\breve{a}$ 最多有 2^n-1 对的相邻整数，这些都可以是次优整数候选向量。考虑这种情况，Difference 检验可以推广为 Difference 检验整数孔估计，其接受区可以定义为（Verhagen，2005a）

$$\Omega_{\text{DTIA},0} = \left\{x \in S_0 \mid \|x\|^2_{Q_{\hat{a}\hat{a}}} \leqslant \|x-z\|^2_{Q_{\hat{a}\hat{a}}} - \mu, \forall z \in \mathbf{Z}^n \backslash \{0\}\right\} \quad (4.34)$$

式（4.34）可以改写为

$$\Omega_{\text{DTIA},0} = \left\{x \in S_0 \mid \frac{z^T Q_{\hat{a}\hat{a}}^{-1} x}{\|z\|_{Q_{\hat{a}\hat{a}}}} \leqslant \frac{\|z\|^2_{Q_{\hat{a}\hat{a}}} - \mu}{2\|z\|_{Q_{\hat{a}\hat{a}}}}, \quad \forall z \in \mathbf{Z}^n \backslash \{0\}\right\}$$

$$\Omega_{\text{DTIA},0} = \left\{x \in S_0 \mid \frac{z^T Q_{\hat{a}\hat{a}}^{-1} x}{\|z\|_{Q_{\hat{a}\hat{a}}}} \leqslant \frac{\|z\|_{Q_{\hat{a}\hat{a}}}}{2} - \frac{\mu}{2\|z\|_{Q_{\hat{a}\hat{a}}}}, \quad \forall z \in \mathbf{Z}^n \backslash \{0\}\right\} \quad (4.35)$$

如果 $z \in \mathbf{Z}^n \backslash \{0\}$ 替换为 $c = \arg \min\limits_{z \in \mathbf{Z}^n \backslash \{0\}} \|z\|^2_{Q_{\hat{a}\hat{a}}}$，则有

$$\Omega_{\text{DTIA},0} = \left\{x \in S_0 \mid \frac{c^T Q_{\hat{a}\hat{a}}^{-1} x}{\|c\|_{Q_{\hat{a}\hat{a}}}} \leqslant \frac{\|c\|_{Q_{\hat{a}\hat{a}}}}{2} - \frac{\mu}{2\|c\|_{Q_{\hat{a}\hat{a}}}}\right\} \quad (4.36)$$

只有当 c 成立时，式（4.35）才适用于所有 $z \in \mathbf{Z}^n \backslash \{0\}$。另一方面，式（4.36）右侧的项对于任意 c 始终为正，因此在式（4.36）中不需要绝对值运算符。DTIA 的接受区域如图 4-12 所示。在图中，w 是 $\hat{a}$ 在 c 方向上的投影，因此在 $Q_{\hat{a}\hat{a}}$ 张成的空间中，有 $(\hat{a}-w) \perp c$。w_1 和 w_2 分别是 c 与 DTIA 接受区边界和 ILS 拉入区边界的交叉点。这些向量的 Mahalanobis 距离可以由下式计算：

$$\|w\|_{Q_{\hat{a}\hat{a}}} = \frac{c^T Q_{\hat{a}\hat{a}}^{-1} x}{\|c\|_{Q_{\hat{a}\hat{a}}}} \|w_2\|_{Q_{\hat{a}\hat{a}}}$$
$$= \frac{\|c\|_{Q_{\hat{a}\hat{a}}}}{2} \|w_1\|_{Q_{\hat{a}\hat{a}}} \quad (4.37)$$
$$= \frac{\|c\|_{Q_{\hat{a}\hat{a}}}}{2} - \frac{\mu}{2\|c\|_{Q_{\hat{a}\hat{a}}}}$$

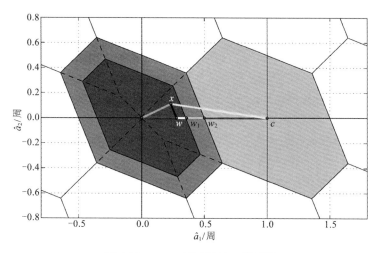

图 4-12　DTIA 接受区的二维示例

向量 $w_2 - w_1$ 的长度可以表示为

$$\left\| w_2 - w_1 \right\|_{Q_{\hat{a}\hat{a}}} = \frac{\mu}{2 \left\| c \right\|_{Q_{\hat{a}\hat{a}}}} \tag{4.38}$$

Difference 检验的本质是两个 Mohalanobis 距离 $\left\| w \right\|_{Q_{\hat{a}\hat{a}}}$ 和 $\left\| w_1 \right\|_{Q_{\hat{a}\hat{a}}}$ 的长短。如果 $\left\| w \right\|_{Q_{\hat{a}\hat{a}}} < \left\| w_1 \right\|_{Q_{\hat{a}\hat{a}}}$，则 $\breve{a}$ 通过 Difference 检验。

ILS 拉入区也由投影算子构造［式（3.35）和图 3-4］，它也可以被视为 DTIA 的特殊情况，即当 $\mu = 0$ 时 DTIA 的接受区与 ILS 的拉入区重合。DTIA 接受区域的边界垂直于 c，它与 ILS 拉入区边界的距离为 $\dfrac{\mu}{2 \left\| c \right\|_{Q_{\hat{a}\hat{a}}}}$。

4.3.2　投影算子检验整数孔估计

投影算子检验整数孔估计是投影算子检验的一种通用形式。投影算子检验也是一种区分性检验。它被定义为（Han, 1997）

$$\frac{(\hat{a}' - \breve{a}) Q_{\hat{a}\hat{a}}^{-1} (\hat{a} - \breve{a})}{\left\| \breve{a}' - \breve{a} \right\|_{Q_{\hat{a}\hat{a}}}} \leqslant \mu \tag{4.39}$$

如果 $\breve{a}$ 和 $\breve{a}'$ 满足不等式，那么 $\breve{a}$ 将被投影算子检验接受。

投影算子检验是从异常检测的角度构造的。在混合整数模型中，适用于周跳检测的假设检验模型如下：

$$\begin{cases} H_0 : E(y - Bb) = A\breve{a} \\ H_a : E(y - Bb) = A\breve{a} + A\triangledown \end{cases} \tag{4.40}$$

其中：∇ 是异常值向量。假设 $\nabla = \lambda(\breve{a}' - \breve{a})$，$\lambda \in [0,1]$。如果 H_a 成立，则 λ 的估值如下：

$$\begin{cases} A\hat{a} = A[\breve{a} + \lambda(\breve{a}' - \breve{a})] \\ A(\breve{a}' - \breve{a})\lambda = A(\hat{a} - \breve{a}) \\ \hat{\lambda} = \dfrac{(\breve{a}' - \breve{a})^{\mathrm{T}} Q_{\hat{a}\hat{a}}^{-1}(\hat{a} - \breve{a})}{(\breve{a}' - \breve{a})^{\mathrm{T}} Q_{\hat{a}\hat{a}}^{-1}(\breve{a}' - \breve{a})} \end{cases} \tag{4.41}$$

如果 $\hat{\lambda}$ 的方差是 $Q_{\hat{\lambda}\hat{\lambda}} = 1/(\breve{a}' - \breve{a})^{\mathrm{T}} Q_{\hat{a}\hat{a}}^{-1}(\breve{a}' - \breve{a})$，可以构造一个服从 t 分布的假设检验统计量，表示为（Han，1997）

$$\tau = \frac{\hat{\lambda}}{\sqrt{Q_{\hat{\lambda}\hat{\lambda}}}} = \frac{(\hat{a} - \breve{a})Q_{\hat{a}\hat{a}}^{-1}(\hat{a} - \breve{a})}{\|\breve{a}' - \breve{a}\|_{Q_{\hat{a}\hat{a}}}} \leqslant \mu \tag{4.42}$$

另一种形式的投影算子检验是由 Difference 检验构造的。如果 Difference 检验及其方差表示为

$$\begin{aligned} d &= \left\|\hat{a} - \breve{a}'\right\|_{Q_{\hat{a}\hat{a}}}^2 - \left\|\hat{a} - \breve{a}\right\|_{Q_{\hat{a}\hat{a}}}^2 \\ &= (1 - \hat{\lambda})^2 \left\|\breve{a}' - \breve{a}\right\|_{Q_{\hat{a}\hat{a}}}^2 - \hat{\lambda}^2 \left\|\breve{a}' - \breve{a}\right\|_{Q_{\hat{a}\hat{a}}}^2 \\ &= (1 - 2\lambda)\left\|\breve{a}' - \breve{a}\right\|_{Q_{\hat{a}\hat{a}}}^2 \end{aligned} \tag{4.43}$$

$$Q_{dd} = 4(\breve{a}' - \breve{a})^{\mathrm{T}} Q_{\hat{a}\hat{a}}^{-1}(\breve{a}' - \breve{a}) = 4\left\|\breve{a}' - \breve{a}\right\|_{Q_{\hat{a}\hat{a}}}^2 \tag{4.44}$$

类似的 t 检验统计检验量可以表示为（Li and Wang，2014；Wang et al.，2000；Wang et al.，1998）

$$\begin{aligned} w' &= \frac{d}{\sigma\sqrt{Q_{dd}}} \\ &= \frac{\left\|\hat{a} - \breve{a}'\right\|_{Q_{\hat{a}}}^2 - \left\|\hat{a} - \breve{a}\right\|_{Q_{\hat{a}}}^2}{2\sigma\left\|\hat{a} - \breve{a}'\right\|_{Q_{\hat{a}}}} \\ &= -\frac{(\breve{a}' - \breve{a})Q_{\hat{a}}^{-1}(2\hat{a} - \breve{a} - \breve{a}')}{2\sigma\left\|\breve{a}' - \breve{a}\right\|_{Q_{\hat{a}}}} \\ &= \frac{2(\breve{a} - \breve{a}')Q_{\hat{a}}^{-1}(\hat{a} - \breve{a})}{2\sigma\left\|\breve{a}' - \breve{a}\right\|_{Q_{\hat{a}}}} - \frac{(\breve{a} - \breve{a}')Q_{\hat{a}}^{-1}(\breve{a} - \breve{a}')}{2\sigma\left\|\breve{a}' - \breve{a}\right\|_{Q_{\hat{a}}}} \\ &= \frac{1}{\sigma}\left(\frac{\left\|\breve{a}' - \breve{a}\right\|_{Q_{\hat{a}}}}{2} - \tau\right) \end{aligned} \tag{4.45}$$

其中：σ 可以是先验或后验方差因子，相应的统计检验量 w' 被称为 w_aRatio 检验和 w_sRatio 检验（Wang and Li，2012；Wang et al.，1998）。虽然 w 检验有不同的形式，但它完全等同于投影算子检验 τ，因为当 $\sigma = 1$ 时，$w' + \tau = \dfrac{\left\|\breve{a}' - \breve{a}\right\|_{Q_{\hat{a}}}}{2}$。

投影算子检验已被证明满足 IA 估计器的条件,是一种整数孔估计器,被称为投影算子检验整数孔估计。它的接受区可以表示为(Verhagen and Teunissen,2006a；Verhagen,2005a)

$$\Omega_{\mathrm{PTIA}} = \left\{ \hat{a} \in \mathbf{R}^n \left| \frac{(\breve{a}' - \breve{a})^T Q_{\hat{a}\hat{a}}^{-1} (\hat{a} - \breve{a})}{\|\breve{a} - \breve{a}'\|_{Q_{\hat{a}\hat{a}}}} \leqslant \mu \right. \right\} \tag{4.46}$$

PTIA 接受区 $\Omega_{\mathrm{PTIA},0}$ 可表示为

$$\Omega_{\mathrm{PTIA},0} = \left\{ x \in S_0 \left| \frac{z^{\mathrm{T}} Q_{\hat{a}\hat{a}}^{-1} x}{\|z\|_{Q_{\hat{a}\hat{a}}}} \leqslant \mu, \quad \forall z \in \mathbf{Z}^n \setminus \{0\} \right. \right\} \tag{4.47}$$

或等效表示为

$$\Omega_{\mathrm{PTIA},0} = \left\{ x \in S_0 \left| \frac{c^{\mathrm{T}} Q_{\hat{a}\hat{a}}^{-1} x}{\|c\|_{Q_{\hat{a}\hat{a}}}} \leqslant \mu \right. \right\} \tag{4.48}$$

其中: $c = \arg \min\limits_{z \in \mathbf{Z}^n \setminus \{0\}} \|x - z\|_{Q_{\hat{a}}}^2$；$x \in S_0$。

PTIA 的接受区在几何上可以解释为向量 $\hat{a}$ 在 c 方向上的投影不大于 μ。PTIA 接受区的二维示例如图 4-13 所示。图中向量的含义与图 4-12 中的含义相同,但 PTIA 接受区的边界与 DTIA 不同,表示为

$$\begin{cases} \|w_1\|_{Q_{\hat{a}\hat{a}}} = \mu \\ \|w_2 - w_1\|_{Q_{\hat{a}\hat{a}}} = \dfrac{\|c\|_{Q_{\hat{a}\hat{a}}}}{2} - \mu \end{cases} \tag{4.49}$$

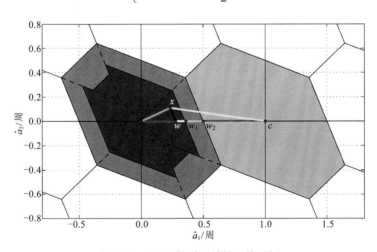

图 4-13　PTIA 接受区域的二维示例

该等式表明 $\breve{a}$ 与每个接受区边界之间的距离在 PTIA 中是相同的。但是,在 $Q_{\hat{a}\hat{a}}$ 的列向量张成的非正交空间内,两个相邻整数之间的 Mohalanobis 距离 $\|c\|_{Q_{\hat{a}\hat{a}}}$ 是不

同的，因此 PTIA 接受区的形状是不规则的。不规则的接受区引出了另一个问题：μ 的上限问题。Li 和 Wang（2014）建议将 μ 的上限设为 $\dfrac{1}{2}\max\{\|c\|_{Q_{\hat{a}\hat{a}}}\}$，然而，在这种情况下，PTIA 接受区会有可能发生重叠。根据属性 $\Omega_z \subset S_z$，可以通过将 PTIA 接受区重新定义为 $\Omega_{\mathrm{PTIA},0} = \Omega_{\mathrm{PTIA},0} \bigcap S_0$ 来解决重叠问题。

4.3.3　整数最小二乘孔估计

　　类似于整数 bootstrapping 孔估计器的构造，也可以基于 ILS 拉入区来构造整数最小二乘孔估计（Teunissen，2005c）。通过缩小 ILS 拉入区可以获得整数最小二乘孔估计的接受区，其定义为

$$\Omega_{\mathrm{ILS},z} = \mu S_{\mathrm{ILS},z} \tag{4.50}$$

其中：μ 是孔参数，$0 \leqslant \mu \leqslant 1$。

　　根据式（3.35）中对 ILS 拉入区的定义，IALS 的接受区可以定义为

$$\Omega_{\mathrm{PTIA},0} = \left\{ x \in S_z \left\| \frac{1}{\mu}\breve{\epsilon}_{\mathrm{ILS}} \right\|_{Q_{\hat{a}\hat{a}}}^2 \leqslant \left\| \frac{1}{\mu}\breve{\epsilon}_{\mathrm{ILS}} - z \right\|_{Q_{\hat{a}\hat{a}}}^2 , \quad z \in \mathbf{Z}^n \backslash \{0\} \right\} \tag{4.51}$$

其中：$\breve{\epsilon}_{\mathrm{ILS}} = \hat{a} - \breve{a}_{\mathrm{ILS}}$。IALS 接受区及其推导的二维示例如图 4-14 所示，显示了 $\mu = 0.5$ 的情况。该图展示了 ILS 拉入区 S_0 及其放大和缩小版本的拉入区，其中 IALS 的接受区只能是缩小版的 ILS 拉入区。S_0 是通过一系列投影算子检验构造的[式（3.35）]，但其放大和缩小的版本都无法再由投影算子检验表达，因此 IALS 不算是严格意义

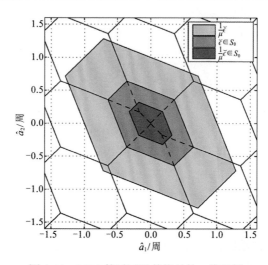

图 4-14　IALS 接受区及其推导的二维示例

上的投影算子检验。应注意，只有将 S_0 缩小才能构造合法的 IA 估计器，因为将 S_0 放大会导致接受区重叠，这是不符合 IA 估计器的定义的。

与 ILS 类似，IALS 的成功率和失败率也难以精确计算。ILS 的成功率计算方法也可用于 IALS，但必须考虑缩放系数 μ。IALS 成功率的计算是将 ILS 残差放大 $1/\mu$，从而转化为 ILS 成功率计算问题。IALS 的目标函数可以写成

$$u = \arg\min_{z \in \mathbf{Z}^n} \left\| \frac{1}{\mu} \breve{\check{e}}_{\mathrm{ILS}} - z \right\|_{Q_{\hat{a}\hat{a}}}^2 \tag{4.52}$$

在 IALS 中，如果向量 z 等于零，则 $\overline{a}_{\mathrm{IALS}} = \breve{a}_{\mathrm{ILS}}$，否则 $\overline{a}_{\mathrm{IALS}} = \hat{a}$。

与 ILS 类似，IALS 的一部分成功率和失败率的上下限确定方法同样适用于近似 IALS 成功率和失败率（Verhagen，2003）。例如基于 IB 的成功率下限和基于 ADOP 的成功率上限可同样应用于 IALS。基于 IB 的成功率的 IALS 成功率下限和基于椭球的 IALS 成功率上限可表示为

$$P_s \geqslant \prod_{i=1}^n \left[2\Phi\left(\frac{\mu}{2\sigma_{iI}} \right) - 1 \right]$$
$$P_s \leqslant P \left[\chi^2(n,0) \leqslant \frac{\mu^2 c_n}{\mathrm{ADOP}^2} \right] \tag{4.53}$$

基于椭球的 IALS 失败率的上下限可表示为（Teunissen，2005c；Verhagen，2005a）

$$P_f \geqslant \sum_{z \in \mathbf{Z}^n \backslash \{0\}} P \left[\chi^2(n,\lambda_z) \leqslant \frac{1}{4}\mu^2 d_{\min}^2 \right]$$
$$P_f \leqslant \sum_{z \in \mathbf{Z}^n \backslash \{0\}} P \left[\chi^2(n,\lambda_z) \leqslant \mu^2 \max_{x \in S_0} \|x\|_{Q_{\hat{a}\hat{a}}}^2 \right] \tag{4.54}$$

其中：$d_{\min} = \min \|z_1 - z_2\|_{Q_{\hat{a}\hat{a}}}$，$z_1, z_2 \in \mathbf{Z}^n$。

4.3.4　基于投影算子的 IA 估计器的比较

在本小节中，将评估三个基于投影算子的 IA 估计器的性能，其中 DTIA 和 PTIA 是基于投影算子整数孔估计器，而 IALS 是投影算子检验的衍生形式。DTIA 和 PTIA 可以用统一的形式表示，如下：

$$\Omega_0 = \left\{ \hat{a} \in S_0 \mid \frac{z^\top Q_{\hat{a}\hat{a}}^{-1} \hat{a}}{\|z\|_{Q_{\hat{a}\hat{a}}}} \leqslant \begin{cases} \dfrac{\|z\|_{Q_{\hat{a}\hat{a}}}}{2} - \dfrac{\mu}{2\|z\|_{Q_{\hat{a}\hat{a}}}}, & \mathrm{DTIA} \\ \mu, & \mathrm{PTIA} \end{cases}, \quad \forall z \in \mathbf{Z}^n \backslash \{0\} \right\} \tag{4.55}$$

该等式表明两种检验具有相同的理念，但检验阈值的特性不同。IALS 不是投影算子检验，但 ILS 是 $\mu=0$ 情况下 DTIA 的特殊形式。因此，IALS 仍被视为基于

投影算子的 IA 估计器。

虽然 IALS 接受区是一个缩小的 ILS 拉入区，但 ILS 和 IALS 之间存在一些本质上的差别。例如，ILS 是最优整数估计器，但 IALS 不一定是最优的 IA 估计器。ILS 是投影算子检验，但 IALS 不是。为了强调 IALS 与其他投影算子检验之间的区别，将 IALS 的接受区与 DTIA 和 PTIA 接受区进行比较，结果如图 4-15 所示（失败率阈值为 $\bar{P}_f = 0.01$）。该图显示 IALS 接受区的形状与 DTIA 和 PTIA 不同，图中可以看出 IALS 接受区的顶点不在 $S'_{0,c}$ 的边界上，因此 IALS 不是投影算子检验。

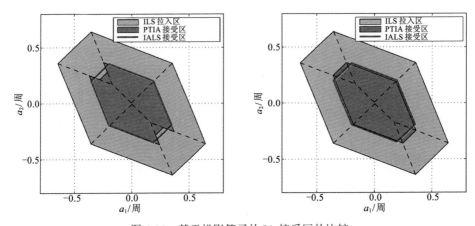

图 4-15　基于投影算子的 IA 接受区的比较

表 4-3 中总结了基于投影算子的 IA 估计器阈值的上限和下限。当 DTIA 和 IALS 的阈值分别等于 0 和 1 时，它们的接受区变为 ILS 拉入区。然而，由于不规则的接收区形状，PTIA 接受区可能与 ILS 拉入区重合的可能性不大，只有少数满足特殊条件的 $Q_{\hat{a}\hat{a}}$ 才会发生 PTIA 接受区与 ILS 拉入区重合的现象。PTIA 面临的一个严重的问题是当 $\mu \geqslant \frac{1}{2}\min\{\|c\|_{Q_{\hat{a}\hat{a}}}\}$ 时，PTIA 的拉入区可能会出现重叠区域，此时 PTIA 就不再满足 IA 估计器的定义了。为了解决这个问题，当 $\mu \geqslant \frac{1}{2}\min\{\|c\|_{Q_{\hat{a}\hat{a}}}\}$ 时，定义 PTIA 接受区为 $\Omega_{\text{PTIA},0} = S_{\text{ILS},0} \cap \Omega_{\text{PTIA},0}$。当 $\mu = \frac{1}{2}\max\{\|c\|_{Q_{\hat{a}\hat{a}}}\}$ 时，$\Omega_{\text{PTIA},0} = S_{\text{ILS},0} \cap \Omega_{\text{PTIA},0} = S_{\text{ILS},0}$。

基于投影算子的 IA 估计器的另一个共同特征是它们在检验统计量构造中需要至少两个整数候选向量，并且它们的成功率和失败率都难以直接计算，要获得准确的基于投影算子的 IA 估计器的成功率和失败率通常需要使用蒙特卡洛方法来获得数值解，例如 Koch（2007）。

表 4-3　基于 IA 估计器阈值的投影机的上下限

IA 估计器	$P_f = 0$	$P_f = P_{f,\text{ILS}}$
DTIA	$d_{\min}^2$	0
PTIA	0	$\dfrac{1}{2}\max\{\|c\|_{Q_{\hat{a}\hat{a}}}\}$
IALS	0	1

另一种评估基于投影算子的 IA 估计器的成功率和失败率的实用方法是计算它们的上下限。IALS 成功率的上下限可以用类似于 ILS 成功率上下限的方法计算。交叉带上限也适用于 IALS 和 DTIA。对于 IALS，交叉带的带宽变为 μ 而不是 1，相应的 IALS 成功率的上限如下：

$$\overline{P}_{s,\text{IALS}} = \prod_{i=1}^{p} \int_{-\frac{\mu}{2}}^{\frac{\mu}{2}} f_{v_{i|I}}(x)\mathrm{d}x = \prod_{i=1}^{p}\left[2\Phi\left(\frac{\mu}{2\sigma_{v_{i|I}v_{i|I}}}\right)-1\right] \tag{4.56}$$

同样，对于 DTIA，其交叉带的带宽变为 $1-\dfrac{\mu}{\|z\|_{Q_{\hat{a}\hat{a}}}}$，因此 DTIA 的成功率上限可以用下式计算：

$$\overline{P}_{s,\text{DTIA}} = \prod_{i=1}^{p} \int_{-\frac{1}{2}+\frac{\mu}{2\|z\|_{Q_{\hat{a}\hat{a}}}}}^{\frac{1}{2}-\frac{\mu}{2\|z\|_{Q_{\hat{a}\hat{a}}}}} f_{v_{i|I}}(x)\mathrm{d}x = \prod_{i=1}^{p}\left\{2\Phi\left[\left(\frac{1}{2}-\frac{\mu}{2\|z\|_{Q_{\hat{a}\hat{a}}}}\right)\frac{1}{\sigma_{v_{i|I}v_{i|I}}}\right]-1\right\} \tag{4.57}$$

PTIA 的接受区过于复杂，无法通过频带交叉法进行近似，因此必须采用蒙特卡洛方法来计算其成功率和失败率。

为了研究基于投影算子的 IA 估计器的性能，基于仿真数据进行了性能比较，结果如图 4-16 所示。该算例研究了三个基于投影算子的 IA 估计器的成功率，其失败率限值为 $\overline{P}_f = 0.1\%$。该图显示 IA 成功率与 $P_{s,\text{ILS}}$ 之间的关系类似于基于距离的 IA 估计量。DTIA 的成功率优于 PTIA 和 IALS。DTIA 的成功率比 PTIA 和 IALS 的成功率最大可高 20%，而 PTIA 和 IALS 计算得到的成功率则相差不大。由此可见，IALS 并不是性能最优的 IA 估计器。

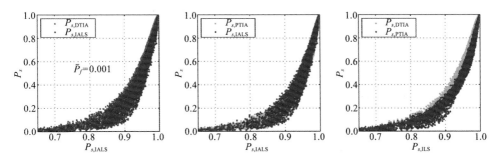

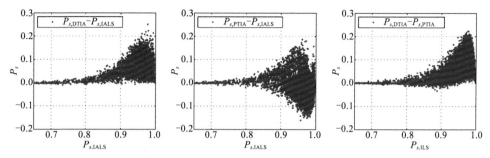

图 4-16　在 $\overline{P}_f$ =0.1% 情况中基于投影算子的 IA 估计器的数值比较

上排显示每个 IA 估计器的成功率，下排显示每个 IA 估计器的成功率差异

4.4　基于 Ratio 的整数孔估计

基于 Ratio 的 IA 估计器包括 Ratio 检验整数孔估计器和 F-Ratio 检验整数孔估计器，它们都来自区分性检验。Ratio 检验是实践中最流行的模糊度接受性检验方法之一。

4.4.1　Ratio 检验整数孔估计

Ratio 检验定义为（Abidin，1993；Euler and Schaffrin，1991）

$$\frac{\|\hat{a}-\breve{a}\|_{Q_{\hat{a}\hat{a}}}^2}{\|\hat{a}-\breve{a}'\|_{Q_{\hat{a}\hat{a}}}^2}\leqslant\mu \qquad (4.58)$$

在这个等式中 $\mu\in[0,1]$。有时，Ratio 检验也可以被写为式（4.58）的倒数形式。与前面讨论的这些区分性检验类似，Ratio 检验也使用两个整数候选向量。假设检验在 Ratio 检验中构造为 $H_0:E(\hat{a})=\breve{a}$ 和 $H_a:E(\hat{a})=\breve{a}'$。相应地，假设模糊度残差的二次型服从 χ^2 分布，表示为

$$\begin{cases} H_0:\|\hat{a}-\breve{a}\|_{Q_{\hat{a}\hat{a}}}^2\sim\chi^2(n,0) \\ H_a:\|\hat{a}-\breve{a}'\|_{Q_{\hat{a}\hat{a}}}^2\sim\chi^2(n,\lambda_a) \end{cases} \qquad (4.59)$$

其中：$\lambda_a=(\breve{a}'-\breve{a})^{\mathrm{T}}Q_{\hat{a}\hat{a}}^{-1}(\breve{a}'-\breve{a})$ 是非中心参数。

两个二次型的比值通常情况下服从 $F(\alpha,\beta_1,\beta_2)$ 分布，那么模糊度接受性检验可以转换为标准 F-检验（Feng and Wang，2011；Euler and Goad，1991）。然而，与 DTIA 的假设类似，这个假设是不成立的。①只有当 $\hat{a}$ 和 $\breve{a}'$ 是确定性时，二次形式才会遵循 χ^2 分布。而如 4.1.1 小节的分析，$\hat{a}$ 具有随机特性，其概率分布可以用概率质量函数来描述。因此，二次形式不遵循 χ^2 分布。②只有当分子和分母独

立时，两个 χ^2 分布式变量的比值遵循 F 分布。但是对于 Ratio 检验而言，其分子和分母具有相同的方差–协方差矩阵 $Q_{\hat{a}\hat{a}}$，因此它们在数学上不独立（Teunissen，1997b）。③Ratio 检验的假设也不合理，因为次优整数并不是唯一可能的模糊度固定错误的候选整数向量。根据模糊度残差分布分析，错误固定的整数也可以是第三优，第四优或其他候选整数向量。基于上述三个原因，Ratio 检验的 F 分布假设是不成立的。

Ratio 检验是 IA 估计器类的一种，称为 Ratio 检验整数孔估计。RTIA 的接受区可表示为

$$\Omega_{\mathrm{RTIA}} = \left\{ \hat{a} \in \mathbf{R}^n \,\middle|\, \|\hat{a} - \breve{a}\|^2_{Q_{\hat{a}\hat{a}}} \leqslant \mu(\|\hat{a} - \breve{a}'\|^2_{Q_{\hat{a}\hat{a}}}), \quad 0 \leqslant \mu \leqslant 1 \right\} \tag{4.60}$$

以原点为中心的拉入区可表示为

$$\Omega_{\mathrm{RTIA},0} = \left\{ x \in S_0 \,\middle|\, \|x\|^2_{Q_{\hat{a}\hat{a}}} \leqslant \mu(\|x - z\|^2_{Q_{\hat{a}\hat{a}}}), \quad \forall z \in \mathbf{Z}^n \setminus \{0\} \right\} \tag{4.61}$$

式（4.61）可以改写为

$$\Omega_{\mathrm{RTIA},0} = \left\{ x \in S_0 \,\middle|\, \frac{1}{1-\mu}\|x\|^2_{Q_{\hat{a}\hat{a}}} \leqslant \frac{\mu}{1-\mu}(\|x - z\|^2_{Q_{\hat{a}\hat{a}}}), \quad \forall z \in \mathbf{Z}^n \setminus \{0\} \right\}$$

$$\Leftrightarrow \Omega_{\mathrm{RTIA},0} = \left\{ x \in S_0 \,\middle|\, \left\|x - \frac{\mu}{1-\mu}z\right\|^2_{Q_{\hat{a}\hat{a}}} \leqslant \frac{\mu}{(1-\mu)^2}\|z\|^2_{Q_{\hat{a}\hat{a}}}, \quad \forall z \in \mathbf{Z}^n \setminus \{0\} \right\} \tag{4.62}$$

式（4.62）揭示了 RTIA 接受区的构造。RTIA 接受区实际上是许多超椭球体的重叠区域。RTIA 接受区的二维示例在图 4-17 中给出，该图表示 RTIA 接受区是六个椭圆的交集，这些椭圆可由 $\|x\|^2_{Q_{\hat{a}\hat{a}}} / \|x - c\|^2_{Q_{\hat{a}\hat{a}}} = \mu$ 确定。

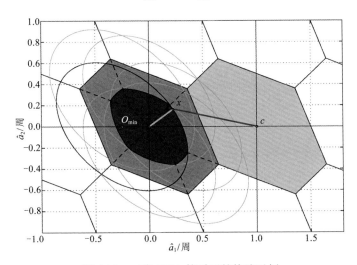

图 4-17　二维 RTIA 接受区的构造示例

这 6 个椭圆对应于整周模糊度真值相邻的 6 个整数向量，由式（4.62）可知这些椭圆的中心为 $-\dfrac{\mu}{1-\mu}z$。椭圆的方向和轴长分别由 $Q_{\hat{a}\hat{a}}$ 的特征向量和特征值决定，椭圆按 $\dfrac{\mu}{(1-\mu)^2}\|z\|^2_{Q_{\hat{a}\hat{a}}}$ 的比例进行缩放（Wang et al.，2014a；Verhagen，2005a）。

4.4.2　F-Ratio 检验整数孔估计

F-Ratio 检验定义为（Euler and Schaffrin，1991）

$$\frac{\|\hat{e}\|^2_{Q_{yy}}+\|\hat{a}-\breve{a}\|^2_{Q_{\hat{a}\hat{a}}}}{\|\hat{e}\|^2_{Q_{yy}}+\|\hat{a}-\breve{a}'\|^2_{Q_{\hat{a}\hat{a}}}}\leq\mu \tag{4.63}$$

其中：$\hat{e}$ 是标准最小二乘的残差向量。如果固定解 $\breve{a}$ 通过检验，则将浮点解 $\hat{a}$ 固定为整数向量 $\breve{a}$。F-Ratio 检验在 20 世纪 90 年代也很常见（Han，1997；Landau and Euler，1992；Frei and Beutler，1990）。

F-Ratio 检验使用与 Ratio 检验相同的假设，但它将标准最小二乘残差 $\hat{e}$ 添加到检验统计中。假设分子 $\|\hat{e}\|^2_{Q_{yy}}+\|\hat{a}-\breve{a}\|^2_{Q_{\hat{a}\hat{a}}}$ 和分母 $\|\hat{e}\|^2_{Q_{yy}}+\|\hat{a}-\breve{a}'\|^2_{Q_{\hat{a}\hat{a}}}$ 服从 χ^2 分布，那么检验统计量遵循 F 分布。可以通过在给定置信水平下查找 F 分布表来获得标准 μ。然而，F-Ratio 检验的假设也是不符合实际的，原因同样是忽略了模糊度整数解的随机特性（Teunissen，1997b）。虽然最小二乘残差的二次型 $\|\hat{e}\|^2_{Q_{yy}}$ 服从 χ^2 分布，但 $\|\hat{a}-\breve{a}\|^2_{Q_{\hat{a}\hat{a}}}$ 由于 $\breve{a}$ 的随机特性而不服从 χ^2 分布。因此，两项的和也不服从 χ^2 分布。根据图 3-1 可知，最小二乘残差 $\hat{e}$ 是垂直于子空间 $R(A)\cup R(B)$，所以最小二乘残差 $\hat{e}$ 的大小实际上对整数模糊度估计没有影响，即 $\|\hat{e}\|^2_{Q_{yy}}$ 在检验统计中的作用等同于一个常数。由于 $\|\hat{a}-\breve{a}\|^2_{Q_{\hat{a}\hat{a}}}\leq\|\hat{a}-\breve{a}'\|^2_{Q_{\hat{a}\hat{a}}}$ 和 $\|\hat{e}\|^2_{Q_{yy}}\geq0$，Ratio 检验统计和 F-Ratio 检验统计有如下关系：

$$\frac{\|\hat{e}\|^2_{Q_{yy}}+\|\hat{a}-\breve{a}\|^2_{Q_{\hat{a}\hat{a}}}}{\|\hat{e}\|^2_{Q_{yy}}+\|\hat{a}-\breve{a}'\|^2_{Q_{\hat{a}\hat{a}}}}\leq\frac{\|\hat{a}-\breve{a}\|^2_{Q_{\hat{a}\hat{a}}}}{\|\hat{a}-\breve{a}'\|^2_{Q_{\hat{a}\hat{a}}}} \tag{4.64}$$

F-Ratio 检验可以表示为整数孔估计器的一种，称为 F-Ratio 检验整数孔估计。以原点为中心的 F-RTIA 接受区可以写成（Verhagen，2005a）：

$$\Omega_{\text{F-RTIA},0}=\left\{x\in S_0\big|\|x\|^2_{Q_{\hat{a}\hat{a}}}+\|\hat{e}\|^2_{Q_{yy}}\leq\mu(\|x-z\|^2_{Q_{\hat{a}\hat{a}}}+\|\hat{e}\|^2_{Q_{yy}}),\forall z\in\mathbf{Z}^n\setminus\{0\},\ 0\leq\mu\leq1\right\} \tag{4.65}$$

式（4.65）可以改写为

$$\Omega_{\text{F-RTIA},0}=\left\{x\in S_0\big|\frac{1}{1-\mu}\|x\|^2_{Q_{\hat{a}\hat{a}}}+\|\hat{e}\|^2_{Q_{yy}}\leq\frac{\mu}{1-\mu}(\|x-z\|^2_{Q_{\hat{a}\hat{a}}}+\|\hat{e}\|^2_{Q_{yy}}),\ \forall z\in\mathbf{Z}^n\setminus\{0\}\right\} \tag{4.66}$$

$$\Leftrightarrow \Omega_{\text{F-RTIA},0}=\left\{x\in S_0 \left\|x-\frac{\mu}{1-\mu}z\right\|_{Q_{\hat{a}\hat{a}}}^2 \leqslant \frac{\mu}{(1-\mu)^2}\|z\|_{Q_{\hat{a}\hat{a}}}^2-\|\hat{e}\|_{Q_{yy}}^2,\ \forall z\in \mathbf{Z}^n\setminus\{0\}\right\} \quad (4.66)$$

类似地，F-RTIA 的接收区可以解释为几个超椭球区域的交集，这些区域以点 $-\dfrac{\mu}{1-\mu}z$ 为中心。F-RTIA 的椭球尺度因子变为 $\dfrac{\mu}{(1-\mu)^2}\|z\|_{Q_{\hat{a}\hat{a}}}^2-\|\hat{e}\|_{Q_{yy}}^2$。分析表明，对于相同的检验阈值 μ，F-RTIA 的接受区总是比 RTIA 的小。

4.4.3　基于 Ratio 检验的 IA 估计器的比较

Ratio 检验和 F-Ratio 检验具有相似的形式，因此它们的检验性能也相似。它们的接受区都是一系列超椭球体的交集，且接受区的形状也都是不规则的，因此很难直接计算基于 Ratio 的 IA 估计器的成功率和失败率。通常情况下，基于 Ratio 的 IA 估计器的成功率和失败率只能通过蒙特卡洛方法计算数值解。截止目前还没有发现有关确定 RTIA 成功率上下界的研究。

Ratio 检验和 F-Ratio 检验之间的差异取决于是否统计检验量中是否包含 $\|\hat{e}\|_{Q_{yy}}^2$。根据图 3-1 所示，最小二乘残差 $\hat{e}$ 与模糊度残差向量 $\hat{a}-a$ 正交，因此对模糊度残差向量 $\hat{a}-a$ 的计算没有影响。对于相同的 $\hat{a}$、F-Ratio 检验统计量始终小于 Ratio 检验统计量。对于相同的 μ，F-RTIA 接受区域构造中使用的超椭球体总是小于 RTIA 中的超椭球体 [式（4.66）]。因为 F-RTIA 具有与 RTIA 相似的性能，在后续章节中，不再单独讨论 F-RTIA。

4.5　基于概率的整数孔估计

4.2 节～4.4 节讨论的三种类型的 IA 估计器大多都基于简单假设检验的模型构造的。在这些假设检验构造中往往没有考虑 $\breve{a}$ 的随机特性。本节将讨论基于复合假设检验构造的整数孔估计器，这些整数孔估计器都考虑了模糊度固定解 $\breve{a}$ 的随机性。基于复合假设检验模型的模糊度假设检验模型可以表示为

$$H_0:a=\breve{a},\quad H_a:a\neq\breve{a} \quad (4.67)$$

根据此假设检验模型，接受零假设的条件概率密度函数可以记作 $f_{\hat{a}|H_0}(x)=f_{\hat{a}}(x-a)$，接受备选假设的概率密度函数可以表示为 $f_{\hat{a}|H_a}(x)=f_{\epsilon}(x)-f_{\hat{a}}(x-a)$。基于该复合假设检验模型的所有 IA 估计器被称为基于概率的整数孔估计器。这些 IA 估计器包括惩罚整数孔估计，最优整数孔估计和似然比整数孔估计。

4.5.1　罚函数整数孔估计

成本函数方法已被广泛应用于优化理论和决策理论中，例如 Rao（1973）。成本函数的概念也可以应用于模糊度接受性检验。相应的 IA 估计器被称为罚函数整数孔估计（Teunissen，2004）。根据 IA 理论，所有整数孔估计器都有三种可能的结果：成功、失败和未定。那么，可以通过对这三种可能输出结果分配惩罚因子来构造惩罚函数。对于成功、失败和未定的情况，惩罚因子分别表示为 p_s，p_f 和 p_u，则总惩罚的期望可表示为（Teunissen，2004）

$$E(p) = p_s P_s + p_f P_f + p_u P_u \tag{4.68}$$

PIA 可以在用户定义的罚函数下找到最优的解决方案。最优解是指在给定惩罚因子的条件下，求解得到最小的惩罚期望，表示为

$$\min_{\Omega} E(p) \tag{4.69}$$

PIA 的一维示例如图 4-18 所示。该图表示了以成功率、失败率和未决率作为阈值的函数。该图表明，随着接受区尺寸的增加，失败率和成功率都会增加。用户可以通过在不同情况下分配不同的惩罚来控制失败率。图中展示了三种惩罚因子分配方案。这些方案中对成功和未决情况分配的惩罚因子相同，但对失败的情况分配了不同的惩罚因子。这三种惩罚方案的相应接受区域也在图中标出。该图显示，当 p_f 增加时，接受区规模缩小。

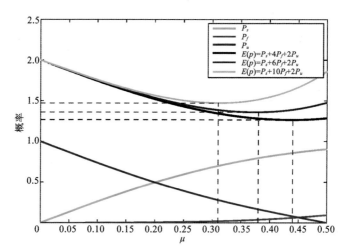

图 4-18　惩罚整数孔估计器的一维示例

图中 $\hat{a} \sim N(0, 0.3^2)$，该图还说明了如何通过分配惩罚因子来控制接受区大小

将式（4.17）代入等式（4.68），则有

$$E(p)=p_s\int_{\Omega_a}f_{\hat{a}}(x)\mathrm{d}x+p_f\sum_{z\in\mathbf{Z}^n\setminus\{0\}}\int_{\Omega_a}f_{\hat{a}}(x+z)\mathrm{d}x+p_u\left[1-\sum_{z\in\mathbf{Z}^n}\int_{\Omega_a}f_{\hat{a}}(x+z)\mathrm{d}x\right]\quad(4.70)$$

$$E(p)=p_s\int_{\Omega_0}f_{\hat{a}}(x-a)\mathrm{d}x+p_f\int_{\Omega_0}\left[f_{\check{\epsilon}}(x)-f_{\hat{a}}(x-a)\right]\mathrm{d}x+p_u\left[1-\int_{\Omega_0}f_{\check{\epsilon}}(x)\mathrm{d}x\right]$$

显然，$E(p)$ 的三项并不是独立的。因此，方程（4.70）可以简写为

$$E(p)=(p_s-p_f)\int_{\Omega_0}f_{\hat{a}}(x-a)\mathrm{d}x+(p_f-p_u)\int_{\Omega_0}f_{\check{\epsilon}}(x)\mathrm{d}x+p_u\quad(4.71)$$

式（4.71）中的第三项 p_u 是常量，因此它不会影响最小期望的求解。在求解最小化惩罚期望的过程中忽略第三项，直接求解前两项的和的最小值。将等式（4.71）代入等式（4.69）意味着 PIA 的成本函数可以表示如下：

$$\min_{\Omega}\int_{\Omega_0}\underbrace{\left[(p_s-p_f)f_{\hat{a}}(x-a)+(p_f-p_u)f_{\check{\epsilon}}(x)\right]}_{F(x)}\mathrm{d}x\quad(4.72)$$

图 4-19 中证明了最小化的解决方案。该图表明当 $F(x)$ 改变其符号时，$\int_{\Omega}F(x)\mathrm{d}x$ 被最小化。

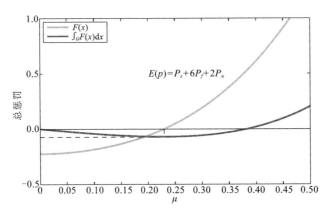

图 4-19　最小化问题（4.72）的说明性示例

因此，罚函数整数孔估计器的接受区可以构造为

$$\Omega_{\mathrm{PIA},0}=\left\{x\in S_0\,\Big|\,f_{\check{\epsilon}}(x)\leqslant\frac{p_f-p_s}{p_f-p_u}f_{\hat{a}}(x-a)\right\}\quad(4.73)$$

在本次讨论中，$f_{\hat{a}}(x-a)$ 和 $f_{\check{\epsilon}}(x)$ 的 Ratio 可以表示为 $\eta(x)$，给定为

$$\eta(x)=\frac{f_{\hat{a}}(x-a)}{f_{\check{\epsilon}}(x)}\quad(4.74)$$

考虑 $f_{\hat{a}}(x-a)\geqslant0$ 和 $f_{\check{\epsilon}}(x)\geqslant0$，可以定义 $\Omega_{\mathrm{PIA},0}$ 如下：

$$\Omega_{\mathrm{PIA},0}=\left\{x\in S_0\,|\,\eta(x)\geqslant\mu,\ \mu=\frac{p_f-p_u}{p_f-p_s}\right\} \tag{4.75}$$

PIA 接受区的形状是 $\eta(x)$ 的等值线。图 4-20 表示了一个二维的 PIA 接受区的示例,该图显示 PIA 的接受区形状随模型强度而变化。在较强的模型中,PIA 的接受区形状更接近六边形,在较弱的模型中,PIA 的接受区形状更接近椭球体。

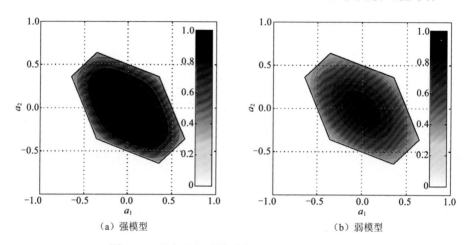

（a）强模型　　　　　　　　　　（b）弱模型

图 4-20　具有强和弱模型的 $\eta(x)$ 分布的二维示例

根据 $f_{\hat\epsilon}(x)$ 的定义,不等式 $f_{\hat\epsilon}(x)>f_{\hat a}(x-a)$ 成立,因此 $0\leqslant\eta(x)\leqslant1$ 始终成立。如果 $\mu\geqslant1$,则 $\Omega_{\mathrm{PIA},0}=\varnothing$,如果 $\mu\leqslant0$,则 $\Omega_{\mathrm{PIA},0}=S_0$。因此,惩罚因子分配存在约束,可表示为

$$0\leqslant\frac{p_f-p_u}{p_f-p_s}\leqslant1 \tag{4.76}$$

如果惩罚因子分配不当,最小化惩罚期望的目标函数可能无解,因此在惩罚因子分配时,必须顾及其约束条件。

4.5.2　最优整数孔估计

另一种基于概率的整数孔估计器是附有失败率约束的最大成功率整数孔估计器,称为最优整数孔估计器。图 4-5 中的模糊度接受性检验模型揭示了成功率和失败率与接受区大小呈正相关。因此,不可能同时实现最高的成功率和最低的失败率,但可以在一定的失败率约束条件下寻求最高的成功率的解。此问题称为附有约束的优化问题。在模糊度接受性检验中,附有约束的优化问题的目标函数可表示为

$$\max\nolimits_{\Omega_0 \subset S_0} P_s, \qquad \text{subject to:} P_f \leqslant c \qquad (4.77)$$

Neyman-Pearson 引理给出了这种约束最大化问题的解决方案。Neyman-Pearson 引理表明约束最大化问题：

$$\max\nolimits_{\Omega \subset \mathbf{R}^n} \int_\Omega f(x)\mathrm{d}x, \qquad \text{subject to} \int_{\Omega \subset \mathbf{R}^n} g(x)\mathrm{d}x = c \qquad (4.78)$$

可以转换为下式解决：

$$\Omega = \left\{ x \in \mathbf{R}^n \middle| \sum_{z \in \mathbf{Z}^n} f(x+z) \geqslant \lambda \sum_{z \in \mathbf{Z}^n} g(x+z), \ \lambda \in \mathbf{R} \right\} \qquad (4.79)$$

其中：$f(x)$ 和 $g(x)$ 是 $\mathbf{R}^n$ 的可积函数。

然而，Neyman-Pearson 引理解决的问题是在 $\mathbf{R}^n$ 空间上定义的。Teunissen（2005a）将这个引理扩展到"整数平移不变"的情况，并应用这个扩展的 Neyman-Pearson 引理来解决模糊度接受性检验问题。在 GNSS 模糊度检验的问题中，函数 $f(x+z)$ 和 $g(x+z)$ 分别是正确和错误固定的概率密度函数。因此，约束最大化问题（4.77）的最优解如下：

$$\Omega_{\mathrm{OIA},0} = \left\{ x \in S_0 \middle| \sum_{z \in \mathbf{Z}^n} f_{\hat{a}}(x+z) \geqslant \lambda \left[\sum_{z \in \mathbf{Z}^n} f_{\hat{a}}(x+z) - f_{\hat{a}}(x-a) \right], \quad z \in \mathbf{Z}^n \right\} \qquad (4.80)$$

式（4.80）可以改写为

$$\Omega_{\mathrm{OIA},0} = \left\{ x \in S_0 \middle| \eta(x) \geqslant \mu, \ \mu = \frac{\lambda-1}{\lambda} \right\} \qquad (4.81)$$

利用给定的方差–协方差矩阵，OIA 可以根据用户指定的失败率阈值自适应地确定孔参数 μ。式（4.81）表示 OIA 和 PIA 的检验统计量非常相似。但是，在实际应用中，OIA 比 PIA 更复杂。一旦用户分配了罚函数，就可以根据罚函数计算 PIA 的接受区大小，但是 OIA 必须首先将用户指定的失败率阈值与接受区大小建立函数关系才能根据失败率阈值确定接受区的大小。然而通常情况下失败率阈值与接受区大小关系与模型有关且不能直接计算，因此只能通过蒙特卡洛仿真求解。从用户角度，OIA 易于使用，因为 OIA 中的失败率限值具有明确的物理意义，但 PIA 用户必须根据自己的需求计算三个惩罚因子。

OIA 接受区的形状与图 4-20 中所示的 PIA 接受区相同。OIA 的接受区也取决于模糊度残差的分布和模糊度浮点解 $\hat{a}$ 的概率分布，对于二维的情况，OIA 的接受区在弱模型情况下更像椭圆形，在强模型情况下更像六边形。

4.5.3　似然比整数孔估计

PIA 和 OIA 是不同的优化问题，但它们都可以转换为 $f_{\hat{a}}(x)$ 和 $f_{\check{\epsilon}}(x)$ 的比值。本小节构造了一种利用似然函数构造的 IA 估计器，被称为似然比整数孔估计。根

据假设模型（4.67），似然函数可以构造为（Wang et al., 2019a）

$$\psi(x)=\frac{f_{\hat{a}|H_0}(x)}{f_{\hat{a}|H_a}(x)}=\frac{f_{\hat{a}}(x-a)}{f_{\hat{\epsilon}}(x)-f_{\hat{a}}(x-a)} \tag{4.82}$$

相应的似然比检验可写作

$$\psi(x)=\frac{f_{\hat{a}}(x-a)}{f_{\hat{\epsilon}}(x)-f_{\hat{a}}(x-a)}\geqslant\lambda \tag{4.83}$$

基于似然比检验的整数孔估计表示为 LRIA。相应的接受区为

$$\Omega_{\mathrm{LRIA},0}=\left\{x\in S_0\,|\,f_{\hat{a}}(x-a)\geqslant\lambda\left[f_{\hat{\epsilon}}(x)-f_{\hat{a}}(x-a)\right]\right\}$$

$$\Leftrightarrow\Omega_{\mathrm{LRIA},0}=\left\{x\in S_0\,|\,\eta(x)\geqslant\mu,\ \mu=\frac{\lambda}{1+\lambda}\right\} \tag{4.84}$$

图 4-21 为 LRIA 接受区域的二维示例。该图给出了两个具有不同整数 bootstrapping 成功率的定位模型下的 LRIA 的接受区示例。整数 bootstrapping 成功率是 ILS 成功率的紧下限，并且 IB 成功率可以精确计算。$P_{s,\mathrm{IB}}$ 通常用作衡量定位模型强度的指标，具有较高 IB 成功率的定位模型被认为模型强度更高。该图表明 LRIA 接受区域的形状取决于定位模型和似然比阈值。对于较强的模型，LRIA 的接受区将类似于六边形，对于较弱的模型，接受区域将更接近椭圆形。由于 LRIA 和 OIA 从假设检验统计量的角度理解是相同的，LRIA 的接受区域形状也与 OIA 相同，LRIA 从 OIA 的区别在于其阈值确定方法。关于 LRIA 的阈值确定方法将在后续章节详细讨论。

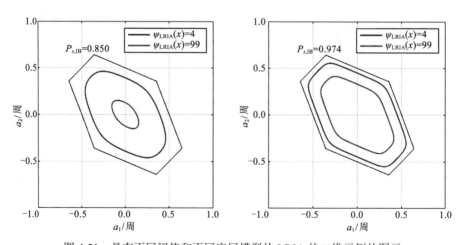

图 4-21　具有不同阈值和不同底层模型的 LRIA 的二维示例的图示

LRIA 和 OIA 的检验统计量非常相似，但实际上它们是两种不同的 IA 估计量。主要区别在于它们的阈值确定理念。为了比较两个 IA 估计量之间的差异。表 4-4

比较了这两个 IA 估计量的模型灵敏度。模型敏感度表示该值是否随着 $Q_{\hat{a}\hat{a}}$ 变化而变化。该表显示 OIA 和 LRIA 的阈值会根据定位模型的强度自动调整，以适应不同的 $Q_{\hat{a}\hat{a}}$ 场景。区别在于 OIA 在不同的 $Q_{\hat{a}\hat{a}}$ 场景中保持失败率阈值不变，但 LRIA 控制接受区内的似然比不低于用户指定的阈值。失败率和似然比并不等价，因此控制失败率并不意味着同样可以保证似然比。

表 4-4　OIA 和 LRIA 的各项指标是否根据模型强度自动调整的比较

IA 估计器	失败率阈值	似然阈值	阈值
OIA	否	是	是
LRIA	是	否	是

指标失败率不等同于似然比，因此控制失败率并不意味着可以保证似然比。通过贝叶斯推断理论也可以获得与似然比法类似的结论。Wu 和 Bian（2015）从贝叶斯推论出发，推导出了 $f_{\hat{a}}(x)$ 和 $f_{\hat{\varepsilon}}(x)$ 的后验概率，通过对验后概率进行检验达到了与似然比法类似的效果。

回顾式（4.17），失败率是概率密度函数 $f_{\hat{\varepsilon}}(x) - f_{\hat{a}}(x-a)$ 在孔估计器接受区上的积分。但是，概率密度函数 $f_{\hat{\varepsilon}}(x) - f_{\hat{a}}(x-a)$ 在整个推入区内分布并不均匀，这意味着在接受区内，固定失败的风险也有相对的高低之分。固定失败率的方法只能控制接受区总体失败的概率，而无法顾及接受区内概率密度分布不均匀的问题。考虑概率密度函数分布不均匀，总可以找到某一个接受区的子集 $\Omega_s \subset \Omega_{FF}$ 使得 $\int_{\Omega_s} f_{\hat{\varepsilon}}(x) - f_{\hat{a}}(x-a) < \bar{P}_f$，其中 Ω_{FF} 为固定失败率方法的接受区。为方便起见，将局部失败率定义为

$$\dot{P}_f = \int_{\Omega_s} f_{\hat{\varepsilon}}(x) - f_{\hat{a}}(x-a), \quad \Omega_s \subset \Omega_{FF} \tag{4.85}$$

式中：$\dot{P}_f$ 是子集 Ω_s 中的局部失败率。局部失败率是指样本落在子集 Ω_s 区域中失败的概率。相反，固定失败率的方法控制整个接受区域 Ω_{FF} 的失败概率，可以表示为 $\int_{\Omega_{FF}} f_{\hat{\varepsilon}}(x) - f_{\hat{a}}(x-a)$。

由图 4-22 可以看出 OIA 和 LRIA 之间的区别，其中，$\bar{\eta}$ 和 $\bar{P}_f$ 分别是 $\eta(x)$ 阈值和失败率阈值。该图选择了不同强度的两个定位模型来说明这两种整数孔估计器之间的差异。图 4-22（a）先显示在强模型情况下，ILS 失败率小于失败率限值 0.5%，因此 OIA 接受区域将与 ILS 拉入区相同。另一方面，由于 LRIA 使用 $\eta(x) \geqslant 0.9$ 作为阈值，LRIA 拒绝两端边界附近的区域，在 ILS 接受区的边界附近，似然比总是接近 50%。当模糊度浮点解 $\hat{a}$ 非常接近 ILS 拉入区边界时，无论模型是强还是弱，

它总是不可靠的。在定位模型比较弱的情况下,当浮点解 $\hat{a}$ 非常接近一个整数向量时,只要接受区内总的失败率小于失败率阈值,OIA 仍然会将这个模糊度浮点解固定为整数。在定位模型比较弱时,整个整数估计器的推入区内的似然比都会非常低。如果推入区内似然比的最大值低于阈值要求,LRIA 的接受区就变为空集,因为此时即使模糊度浮点解 $\hat{a}$ 非常接近一个整数 $\breve{a}$,但这个整数 $\breve{a}$ 是模糊度真值的可能性仍然不够大。

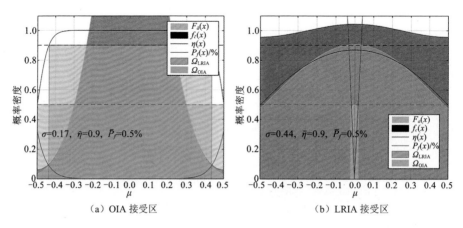

（a）OIA 接受区　　　　　　　（b）LRIA 接受区

图 4-22　在一维情况下 OIA 和 LRIA 接受区比较

LRIA 不使用失败率作为可靠性度量。相反,它采用成功固定率［式（4.18）］作为 IA 估计的可靠性指标。在两个不同指标的作用下,OIA 和 LRIA 不一定总是能做出相同的决策,例如图 4-22（b）显示的模型。OIA 的成功率和失败率分别为 0.0284% 和 0.0048%。相应地,成功固定率仅为 0.855%,这意味着尽管失败率阈值为 0.005%,每 100 个 OIA 接受的固定解中大约有 14 个固定解是错误的。因此,在这种情况下,失败率低并不一定保证固定解总是可靠的。在模型强度太弱的条件下,即使 OIA 接受的固定解也可能不可靠。相比之下,LRIA 直接拒绝所有固定解 $\breve{a}$ 以确保固定解有足够的正确概率。

在讨论 DTIA 时也提到了似然函数,但 LRIA 和 DTIA 的似然函数本质上是不同的［式（4.32）］。DTIA 中的似然函数基于一个简单的假设检验,该检验仅区分 $\breve{a}$ 和 $\breve{a}'$。LRIA 采用复合假设来检验 $\breve{a}=a$ 和 $\breve{a}\neq a$ 这两种备选假设的可能性。LRIA 中使用的似然函数是基于模糊度残差分布,而 DTIA 中使用的似然函数函数是基于正态分布的。只有当模型强度非常强时,才能将 DTIA 中的似然函数视为 LRIA 中似然函数的近似值。

LRIA 的思想已被用于检验整数 bootstrapping 估计器的固定解的可靠性

（Blewitt，1989）。如果定位模型太弱，则接受区变为空集。对于相同的模型，接受区大小可以通过似然比 λ 来控制。似然比值可以反映零假设的可能性，因此它可以用作模糊接受性检验的阈值。整数孔估计根据似然比标准确定阈值，其可等效地表示为

$$\eta(x) \geqslant \mu \qquad (4.86)$$

其中：μ 是用户指定的似然比阈值。似然比方法最早是用于检验整数 bootstrapping 估计的结果是否可靠，其阈值设为 0.99（Blewitt，1989）。似然比方法可以根据模型强度自动调整接受区域大小。LRIA 有两个良好的特性，第一个特性就是 LRIA 的固定成功率总是高于似然比阈值。根据 LRIA 的定义 $\forall x \in \Omega_{0,\text{LRIA}}, f_{\hat{a}}(x-a) \geqslant \mu f_{\bar{\varepsilon}}(x)$，积分形式可以表示为（Wang et al.，2019a）

$$P_{sf} = \frac{\int_{\Omega_{0,\text{LRIA}}} f_{\hat{a}}(x-a)\mathrm{d}x}{\int_{\Omega_{0,\text{LRIA}}} f_{\bar{\varepsilon}}(x)\mathrm{d}x} = \frac{P_s}{P_s + P_f} \geqslant \mu \qquad (4.87)$$

式（4.87）的详细证明在附录 E 中给出。方程式表明 μ 可以看作是固定成功率的下限，因此用似然比方法可以保证固定成功率。μ 和 P_{sf} 一维情况之间的关系如图 4-23 所示。该图表明 P_{sf} 总是高于 μ，P_{sf} 和 μ 之间的差异大小取决于定位模型强度和阈值本身。在定位模型比较强时，μ 是成功固定率的紧下限。当 LRIA 接受区很小时，μ 和 P_{sf} 之间的差异很小。但是，μ 在 ILS 拉入区的边界处迅速降低到 0.5 左右，而 P_{sf} 降低的速度则比较慢。

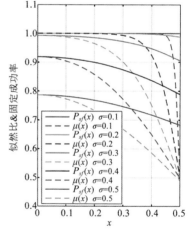

图 4-23　在一维情况下似然比阈值 μ 与固定成功率 P_{sf} 的关系

LRIA 的第二个特性是局部失败率属性。根据式（4.86），局部失败率可表示为

$$\dot{P}_f \leqslant \frac{1-\mu}{\mu}\dot{P}_s, \quad \dot{P}_s = \int_{\Omega_s} f_{\hat{a}}(x) \qquad (4.88)$$

其中：$\dot{P}_s$ 为局部的成功率 $\Omega_s \subset \Omega_{FF}$。式（4.88）的详细证明程序在附录 E 中给出。该公式表明对于 LRIA 而言，其局部失败率的阈值并不是常量，而是和局部成功率有关，局部成功率小的情况下局部失败率的阈值也变小。尽管 LRIA 的局部失败率阈值并不是常数，但是在局部成功率较小，即失败风险大的情况下给出了更严格的失败率阈值，仍然可以用于保证 GNSS 模糊度检验的可靠性。

4.5.4　基于概率的 IA 估计器的比较

所有基于概率的 IA 估计都可以表达为统一的形式，如下：

$$\Omega_0 = x \in S_0 \,|\, \eta(x) \geqslant \begin{cases} \dfrac{p_f - p_u}{p_f - p_s}, & \text{PIA} \\[2mm] \dfrac{\lambda - 1}{\lambda}, & \text{OIA} \\[2mm] \dfrac{\lambda}{\lambda + 1}, & \text{LRIA} \end{cases} \tag{4.89}$$

统一接受区形式表示如果阈值选择合适，这三种 IA 估计器的接受区有可能相同。这三种 IA 估计器之间的主要区别在于它们的阈值确定方法。如果罚函数是由用户指定的，那么它是一个基于罚函数的整数孔估计。如果指定了失败率阈值，则它将成为 OIA。如果用户指定了似然比阈值，则 IA 估计器对应于 LRIA。

PIA 的阈值确定方法与 LRIA 有一定的相似度，但 PIA 的阈值要通过控制三个变量来最优地确定阈值，通常情况下这是比较困难的。特别是这三个控制变量还存在一定的相关性的情况，因此非专业用户很难根据他们的需求分配适当的惩罚值。相比之下，LRIA 仅需要用户确定一个阈值指标，且该指标具有明确的含义，因此对于用户而言 LRIA 比 PIA 更容易使用。

LRIA 和 OIA 之间的区别在 4.5.3 小节已经讨论了。在本小节中，将进一步说明 LRIA 和 OIA 的阈值和模型强度之间的关系。一维情况下 LRIA 和 OIA 的阈值与模型强度的关系如图 4-24 所示，（a）图和（b）图分别显示 LRIA 的阈值，OIA

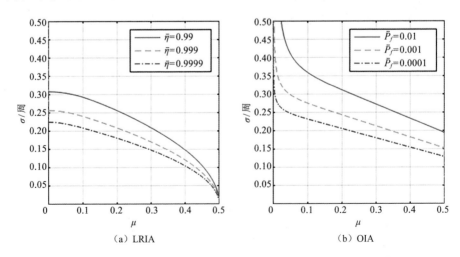

图 4-24　接受区域大小与 LRIA 和 OIA 的模型强度之间的关系

的阈值与模糊度浮点解方差的关系。二者在强定位模型情况（$\sigma \leqslant 0.15$）和弱模型情况（$\sigma \geqslant 0.25$）中的差异非常显著异。在定位模型较强时，如果 ILS 失败率低于失败率阈值，OIA 接受所有固定解 $\check{a}$。LRIA 则总是拒绝似然比较低部分，不管 ILS 失败率高低。在定位模型较弱时，如果最大似然比低于阈值，LRIA 拒绝所有固定解 $\check{a}$，但 OIA 会缩小其接受区直到其接受区内的总失败率等于失败率阈值，尽管此时接受的固定解 $\check{a}$ 对应的固定成功率并不高。OIA 的失败率阈值和 LRIA 的似然比阈值之间不存在显式的转换关系，但是如果阈值选择合理，二者都可以获得可靠的模糊度固定解。

4.6　IA 估计器的性能评估

上述章节已经讨论了很多种不同的 IA 估计器，本节将评估这些 IA 估计器的性能。首先，将所有 IA 估计器与 OIA 进行比较，以评估其性能。同时本节也比较两种最常见的区分性检验，分析区分性检验的次优性的原因。

4.6.1　IA 估计器与 OIA 的比较

首先，用仿真数据对 IA 估计器的性能与 OIA 进行比较，数据仿真策略见 3.5.1 小节。固定失败率方法用于评估 IA 估计量的性能。由于 OIA 总是在给定失败率阈值的条件下达到最大成功率，将 OIA 作为 IA 估计器性能评估参考值。OIA 估计器与其他 IA 估计器的成功率差异如图 4-25 所示。图中上下两列显示了不同失败率阈值条件下各个 IA 估计器与 OIA 成功率之间的差异。左中右三列分别显示基于距离的 IA 估计器，基于投影算子的 IA 估计器和基于 Ratio 的 IA 估计器与 OIA 之间成功率的差异。计算结果证明 OIA 确实优于其他 IA 估计器。对于基于距离的 IA 估计器而言，WIAB 比 IAB 的成功率更接近 OIA，因此其性能优于 IAB，EIA 的表现不如 IAB 和 WIAB。当 $P_f = 0.1\%$ 和 $P_f = 1\%$ 时，EIA 和 OIA 之间的最大差异分别约为 60% 和 40%。基于投影算子的 IA 估计器表现都比较好，DTIA 的结果与 OIA 的成功率非常接近，事实上 DTIA 的成功率在所有 IA 估计器中仅次于 OIA。DTIA 与 OIA 之间的成功率的差异随着失败率阈值的增加逐渐变小。IALS 的成功率总体上高于 PTIA，尤其是在失败率阈值较小时。此外，RTIA 也能获得比较高成功率，其性能与 IALS 相当，但总体上成功率不如 DTIA。

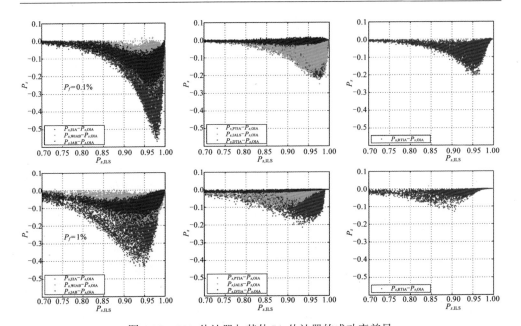

图 4-25　OIA 估计器与其他 IA 估计器的成功率差异

左列为 OIA 和基于距离的 IA 估计器比较，中间列为 OIA 和基于投影算子的 IA 估计器比较，右列为 OIA 和基于
Ratio 的 IA 估计器比较，带 $\overline{P}_f = 0.1\%$ （上排）和 $\overline{P}_f = 1\%$ （下排）

4.6.2　区分性检验的次优性

上述分析表明，常见的区分性检验的成功率不如 OIA，它们只是次优的 IA 估计器。本节将系统地分析这些区分性检验次优性的原因。

区分性检验的次优性的主要原因是区分性检验的概率基础。所有区分性检验都是基于简单的假设检验，它们的假设检验模型区分的是 $a = \breve{a}$ 或 $a = \breve{a}'$。区分性检验将模糊度固定解 $\breve{a}$ 视为确定性值，因此在检验中只考虑两个整数候选向量之间的选择。另一方面，OIA 是一个复合假设检验，它对应的假设检验模型是 $a = \breve{a}$ 或 $a \neq \breve{a}$。备选假设 $a \neq \breve{a}$ 包含许多可能的情况，既包括次优整数候选向量，也包括第三优、第四优等等，因此 OIA 的假设检验中将模糊度固定解 视作随机值。值得注意的是 DTIA 和 LRIA 都采用似然函数方法，二者具有相同的形式，但 DTIA 的性能不如 LRIA，原因在于 DTIA 对应的似然函数与 LRIA 的似然函数存在本质的差异。

DTIA 的似然函数表示为

$$\psi_{\mathrm{DTIA}}(x) = \frac{f_{\breve{a}|H_0}(x)}{f_{\breve{a}|H_a}(x)} = \frac{f_{\breve{a}}(x - \breve{a})}{f_{\breve{a}}(x - \breve{a}')} \tag{4.90}$$

而 LRIA 的似然函数表示为

$$\psi_{\text{LRIA}}(x)=\frac{f_{\hat{a}|H_0}(x)}{f_{\hat{a}|H_a}(x)}=\frac{f_{\hat{a}}(x-\breve{a})}{f_{\hat{a}}(x-\breve{a}')+f_{\hat{a}}(x-\breve{a}'')+\cdots} \tag{4.91}$$

其中：$\breve{a}''$ 是第三个最优整数候选值；$\psi_{\text{LRIA}}(x)$ 的分母涉及次优整数候选向量、第三优整数候选向量等多个整数候选向量的概率密度贡献。虽然第三优整数候选向量和其他候选向量的概率密度函数 $f_{\hat{a}}(x-\breve{a}'')$，$\cdots$ 在数值上没有次优整数候选向量的概率密度函数 $f_{\hat{a}}(x-\breve{a}')$ 大，但这些项的概率贡献的影响并不总是可以忽略。

为了深入研究第三优整数候选向量和其他候选向量的概率密度贡献，分析了二维情况下这些整数候选向量的概率分布贡献，第三优整数候选向量 $\breve{a}''$ 的概率密度贡献如图 4-26 所示。图中使用的 $Q_{\hat{a}\hat{a}}$ 在附录 A 中的式（A.3）中定义。该图显示了在不同模型强度下，$f_{\hat{a}}(x-\breve{a}'')$，$\cdots$ 的概率密度贡献，因为在 DTIA 的统计检验量构造没有考虑这些概率密度函数项。该图表明，当定位模型强度比较弱时，这些概率密度函数对接受区内的概率密度的影响更为显著。这些被忽略的概率密度函数在 ILS 拉入区顶点附近影响更强。这一点很容易理解，根据 3.2.3 小节的论述，在 ILS 拉入区的顶点位置处于两个相邻的子拉入区 $S'_{z,c}$ 的边界上，该边界上的点到两个子拉入区对应的整数的距离相等。同时该点又处在 ILS 拉入区的边界上，因此该点与其最近的三个整数备选向量的 Mohalanobis 距离是相等的，此时只考虑前两个整数备选向量，而忽略第三个整数备选向量是不合适的。对于模型强度弱的情况，该点到这三个备选整数的 Mohalanobis 距离都比较近，对应的概率影响也更大。该图还比较了两个似然函数的等值线，它们分别表示两种似然函数对应的 IA 估计器的接受区形状。使用相同的似然比阈值，LRIA 的接受区总是小于 DTIA 的接受区，因为 DTIA 低估了模糊度固定失败的风险。原因是其忽略了模糊

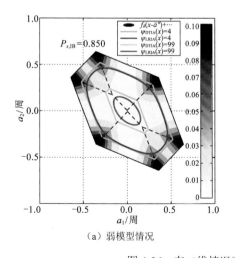
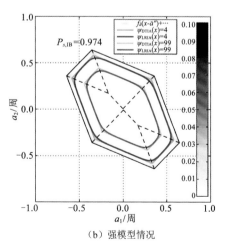

（a）弱模型情况　　　　　　　　　　　（b）强模型情况

图 4-26　在二维情况下比较 DTIA 和 LRIA

度错误地固定到次优解之外的其他整数备选向量的概率 $f_{\check{a}}(x-a'),\cdots$。该图还可以看出，接收区在 ILS 拉入区顶点附近具有较大的差异。另一方面，模糊度固定到次优解之外的整数的概率密度函数 $f_{\check{a}}(x-a''),\cdots$ 的影响也取决于定位模型的强度。图 4-26（b）显示在模型强度较强的条件下，概率密度函数 $f_{\check{a}}(x-a''),\cdots$ 的影响较小。在这种情况下，DTIA 和 OIA 的接受区之间的差异也较小，因此 DTIA 的成功率与 LRIA 也更接近。如果采用固定失败率（FF-）方法来确定阈值，则可以将 FF-DTIA 视为 OIA 的近似值（Wang et al.，2014a）。

综上所述，DTIA 在定位模型较强时，其忽略的概率密度项影响较小，此时 DTIA 可以看作 LRIA 的近似。对于模型较弱时，可以通过考虑更多的备选整数向量来扩展 DTIA，使之性能更接近 LRIA。Wang 等（2018c）提出了广义 Difference 检验的方法，其基本思路是构造一个新的 Difference 检验，其统计量允许考虑次优整数向量之外的其他整数向量的贡献。结果显示 GDT 在模型较弱时可提升 DTIA 的检验性能。

4.6.3　RTIA 和 DTIA 的比较

在本小节中，将对两个最常用的 IA 估计—Ratio 检验和 Difference 检验从概念，性能和阈值三个方面进行比较。

1. 接受区的比较

表 4-5 比较了 RTIA 和 DTIA 的接受区，结果表明这两个 IA 估计器的边界分别由椭球和半空间构成。这两个接受区域之间有许多相似之处：它们的接受区域

图 4.5　RTIA 和 DTIA 接受区特征的比较

项目	RTIA	DTIA
方向	$Q_{\check{a}\check{a}}$ 的特征向量决定	$Q_{\check{a}\check{a}}$ 的特征向量决定
尺寸	椭球体尺寸：$\dfrac{\mu_R}{(1-\mu_R)^2}\|z\|^2_{Q_{\check{a}\check{a}}}$	投影小于 $\dfrac{(\|z\|^2_{Q_{\check{a}\check{a}}}-\mu_D)}{2\|z\|_{Q_{\check{a}\check{a}}}}$
边界构造	椭球空间的重叠	半空间的重叠
边界特征	椭球体中心：$-\dfrac{\mu_R}{1-\mu_R}z$ 椭球轴比：$Q_{\check{a}\check{a}}$ 的特征值 椭球体尺寸：$\dfrac{\mu_R}{(1-\mu_R)^2}\|z\|^2_{Q_{\check{a}\check{a}}}$	边界总是经过点 $\dfrac{1}{2}\left(1-\dfrac{\mu}{\|z\|^2_{Q_{\check{a}\check{a}}}}\right)z$
阈值取值区间	$\mu_R\in[0,1]$	$\mu_D\in[0,d^2_{\min}]$

都是由若干个部分构成的,每个部分对应一个相邻的整数,接受区域的方向全部由 $Q_{\hat{a}\hat{a}}$ 的特征向量控制。但是,RTIA 接受区域比 DTIA 接受区域更复杂。

2. 性能比较

本小节中,将用大量的仿真 GNSS 数据研究这两种最常用的 IA 估计器的性能,并比较两者之间的性能差异。通过模拟 4 种不同的方案来进行研究,包括不同的频率数、不同的观测噪声水平和电离层方差情况。仿真方案如表 4-6 所示,其余的仿真配置详情在 3.5.1 小节中描述。两种 IA 估计器采用相同的失败率阈值,通过蒙特卡洛仿真的方式计算它们的成功率。

表 4-6　仿真方案

方案	频率数	$\sigma_{z,\phi}$ /mm	$\sigma_{z,P}$ /cm	$\sigma_{z,I}$ /mm
方案 I	单频	1	10	0
方案 II	双频	1	10	20
方案 III	三频	1	10	30
方案 IV	单频	2	20	0

注: $\sigma_{z,\phi}$, $\sigma_{z,P}$ 和 $\sigma_{z,I}$ 指的是天顶方向的非差载波相位,伪距和电离层标准差

仿真结果如图 4-27 所示。左图显示在 P_f =1% 情况下使用不同的仿真方案得到的 RTIA 和 DTIA 之间的成功率差异。结果表明,DTIA 在这些仿真模型中在成功率方面优于 RTIA,并且其优势与频率数,观测噪声和电离层方差等因素无关。右图显示了采用不同失败率阈值条件下,两个 IA 估计器之间的成功率差异。右图

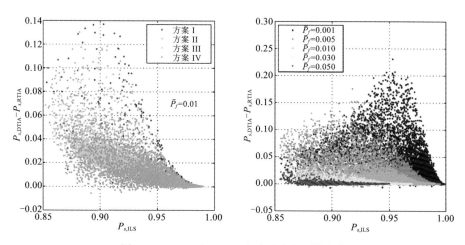

图 4-27　RTIA 和 DTIA 在成功率方面的比较

中使用的仿真策略是双频观测值，其中 $\sigma_{z,\phi}=1\,\text{mm}$ 和 $\sigma_{z,l}=2\,\text{cm}$。仿真结果表明，这两个 IA 估计器之间的成功差异取决于失败率阈值，失败率阈值越小，则二者的成功率差异越大。RTIA 和 DTIA 之间的成功率差异在 $\overline{P}_f=0.1\%$ 情况下达到 20%，而 $\overline{P}_f=1\%$ 时则低于 8%，比较结果与图 4-25 中的结果一致。

3. 阈值分布比较

最后，对它们的阈值分布进行比较。虽然阈值分布与其性能无关，但在阈值建模中却至关重要。

本小节中，将 ILS 成功率 $P_{s,\text{ILS}}$ 用作基础模型强度指标，采用固定失败率方法确定 DTIA 和 RTIA 的阈值，使得二者对应的可靠性指标相同，具有可比性。用仿真数据来研究 DTIA 和 RTIA 的阈值与 $P_{s,\text{ILS}}$ 之间的关系，仿真策略仍然沿用表 4-6 中给出了方案，仿真结果如图 4-28 所示，其中失败率阈值 $\overline{P}_f=1\%$。随着 $P_{s,\text{ILS}}$ 的增加，图 4-28（a）显示 DTIA 阈值降低。根据仿真结果，DTIA 阈值的分布不受仿真策略的影响。无论采用什么仿真策略，DTIA 的阈值总是分布在一个比较窄的弧形带状区域中，其带状区域的宽度可能由仿真误差和其他未建模误差引起。分散的重要性取决于失败率阈值 $\overline{P}_f$。

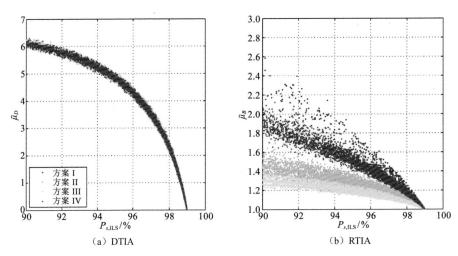

图 4-28　在 $\overline{P}_f=1\%$ 中使用 DTIA 和 RTIA 的阈值分布比较

图 4-28（b）表示了 RTIA 阈值的分布，该图表明 RTIA 阈值也随着 $P_{s,\text{ILS}}$ 的增加而减小，但 RTIA 的阈值分布对于不同的仿真方案是不同的。在单频情况下，RTIA 阈值更加分散。$\overline{\mu}_R$ 的分散可能是由定位模型或其他因素（例如模糊度维度）引起的。另外 RTIA 的阈值分布总体上比 DTIA 的阈值分布更加离散。

考虑 DTIA 阈值的良好分布特性,其阈值更加适合通过建模来描述,而 RTIA 阈值的建模就要相对复杂。考虑其阈值的离散程度,RTIA 的建模精度也会相对较差。

第 5 章　模糊度接受性检验的阈值确定方法

模糊度接受性检验问题包括三个方面:统计检验量的概率基础、检验统计量的构造方法和假设检验的阈值确定方法。如何合理地确定阈值是模糊度接受性检验中的一个重要问题。Neyman 和 Pearson（1933）、Baarda（1966）讨论了一般假设检验和大地控制网假设检验问题中的阈值确定方法。在本章中,将重点讨论模糊度接受性检验中的阈值确定方法。

5.1　阈值确定方法概述

模糊度接受性检验中有很多阈值确定方法,大体上可以分为 4 类:经验阈值法、显著性检验法、固定似然比法和固定失败率法。本节将讨论这些阈值确定方法的原理和性能。

5.1.1　经验阈值法

经验法是指根据个人经验确定的阈值。这种方法往往没有严格的理论基础,但它能够解决某一场景的模糊度检验阈值确定问题。这是一种简单直接的方法,已被广泛用于区分性检验,特别是在 Ratio 检验和 Difference 检验中。通常情况下,经验阈值是常数。例如,Landau 和 Euler（1992）、Wei 和 Schwarz（1995）建议将 2 作为 Ratio 检验阈值,而 Han（1997）在动态数据处理中使用了改进的随机模型,他建议使用 1.5 作为阈值。还有一些更保守的 Ratio 检验阈值在 GNSS 数据处理中也很常见,例如 3（Takasu and Yasuda, 2010; Leick, 2004）。Tiberius 和 De Jonge（1995）建议 Difference 检验阈值确定为 15。

GNSS 定位的模型多种多样,在某一特定的应用场景下行之有效的阈值在其他的定位模型中可能会有不同的效果。在缺乏系统性研究的条件下,界定模糊度检验阈值在什么场景下应用及哪种阈值最合理往往缺乏科学合理的评价标准。另外,合理的阈值往往与数学模型的强度有关,而经验法则试图使用常数作为所有

GNSS 定位模型的阈值。例如，Ratio 检验的检验统计量表明 Ratio 值取决于浮点解方差–协方差矩阵 $Q_{\hat{a}\hat{a}}$。因此，Ratio 值的分布与模型有关，使用固定阈值是不合理的。此外，由于在经验方法中没有明确的可靠性指标，难以评估经验阈值方法的性能。

用两个算例来说明模糊度检验阈值对定位模型强度的依赖性。第一个模型是单频短基线模型，假设电离层延迟通过站间差分的方式完全被消除，无需在模型中考虑。第二个模型是单频电离层加权模型，适用于中长基线数据处理（Odijk，2000）。示例使用的方差–协方差矩阵可以参见附录 A 中的式（A.4）和式（A.5）。这两个例子的 ILS 成功率 $P_{s,\text{ILS}}$ 分别为 99.9%和 61.3%，因此第一个模型强于第二个模型。在比较了不同的经验阈值情况下，Ratio 检验对应的成功率 $P_{s,\text{RTIA}}$ 和失败率 $P_{f,\text{RTIA}}$ 见表 5-1。例如，对于 Ratio 检验阈值设置为 2 的情况，对应的两个算例的失败率分别为 0.001%和 2.018%。第一个算例失败率很小，而第二个算例的失败率较大。为了达到与第一个算例相同的失败率，第二个模型必须将其 Ratio 检验的阈值设置为 10。显然，选择 10 作为阈值对于两个算例都是可靠的，它们的失败率都被控制在很低的水平。但是如果选择 10 为阈值对于第一个算例来说已经过于保守了。本来选择 2 作为阈值就可以满足失败率要求，现在设置成 10 使得算例 1 的成功率从 99.068%降至 11.220%。因此，很难找到某一个适当的经验阈值适合所有的定位模型。

表 5-1　RTIA 成功率和失败率与经验阈值的比较

模型	阈值	1	1.5	2	3	5	10
模型 1	$P_{s,\text{RTIA}}$/%	99.906	99.068	96.030	82.407	48.075	11.220
	$P_{f,\text{RTIA}}$/%	0.094	0.008	0.001	0.000	0.000	0.000
模型 2	$P_{s,\text{RTIA}}$/%	61.305	35.408	18.999	6.105	1.029	0.072
	$P_{f,\text{RTIA}}$/%	38.695	7.432	2.018	0.289	0.034	0.001

5.1.2　显著性检验法

显著性检验方法根据用户指定的显著性水平 α 确定其阈值，其对应于决策矩阵中的第一类错误概率（表 4-1 和图 4-4）。例如，5%显著性水平意味着有 5%的可能性错误地拒绝零假设 H_0。因此，显著性检验可以解释为"固定误报率方法"。

显著性检验的方法已经广泛地应用于在决策理论中，理论上也可以用来解决模糊度接受性检验问题，尤其是区分性检验。在早期阶段，Ratio 检验被认为是一种 F 检验，而投影算子检验被认为是一种 t 检验。它们的阈值可以通过经典的显著性检验方法确定,但这些检验用于模糊度接受性检验问题在理论上并不严谨。

显著性检验方法作为一种经典的假设检验方法,也可以应用于模糊度接受性检验问题。但是由于模糊度接受性检验问题的特殊性,其性质会发生一些变化。在模糊度接受性检验模型中,显著性检验与经典假设检验模型略有不同,因为模糊度接受性检验模型的接受区域是整数估计拉入区的子集。而经典假设检验模型通常是定义在 $\mathbf{R}^n$ 上的(图4-4),经典假设检验模型的显著性水平 α 可以计算为

$$\alpha_c = 1 - \int_{\Omega} f(x)\mathrm{d}x \tag{5.1}$$

其中:α_c 是经典假设检验模型的显著性水平;Ω 是显著性检验的接受区;$f(x)$ 是检验统计量的概率密度分布函数。

在模糊度接受性检验模型中,它的显著性水平与经典的显著性检验不同。在模糊度接受性检验中,显著性水平的定义可以表示为

$$\alpha_a = \int_{S_0} f(x)\mathrm{d}x - \int_{\Omega_0} f_{\hat{a}}(x)\mathrm{d}x \tag{5.2}$$

其中:α_a 是模糊度检验模型中的显著性水平;第一项 $\int_{S_0} f(x)\mathrm{d}x$ 是整数估计器的成功率。

模糊度检验和经典假设检验的显著性水平计算方法之间具有差异,这是由模糊度接受性检验中的接受区域 $\Omega_0 \subset S_0$ 引起的(图4-5),式(5.2)可以改写为

$$\int_{\Omega_0} f_{\hat{a}}(x)\mathrm{d}x = \int_{S_0} f(x)\mathrm{d}x - \alpha_a \tag{5.3}$$

该方程揭示了 IA 估计量的成功率可以根据整数估计成功率和显著性水平阈值来计算。因此,用显著性检验方法确定阈值等价于固定成功率限值的阈值确定方法。IA 成功率与阈值之间的关系在显著性检验方法中起着很重要的作用。但是大多数 IA 估计器的成功率很难直接计算,因此不得不使用蒙特卡洛法。在模糊度检验问题中,使用显著性检验法确定阈值的实现过程可以描述如下。

(1)使用浮点解 $\hat{a}$ 和固定解 $\breve{a}$ 计算检验统计值 μ。

(2)通过蒙特卡洛仿真计算确定阈值 $\bar{\mu}$ 和成功率 P_s 之间的关系。首先生成一个元素个数为 N 的浮点解数据集 $\hat{S} = [\hat{s}_1, \hat{s}_2, \cdots, \hat{s}_N]$,该集合中的元素服从多维正态分布 $\hat{s}_i \sim N(0, Q_{\hat{a}\hat{a}})$。$N$ 为仿真数据集大小,数据集越大数值结果越精确,但计算量也越大,通常情况下在精度和计算量之间取折中方案,例如 $N = 100\,000$。该集合中的每个元素都具有和浮点解相同的概率分布,但是其期望是一个 0 向量,对每个元素 $\hat{s}_i$,都使用整数估计器来计算对应的固定解 $\breve{s}_i$。再根据浮点解 $\hat{s}_i$ 和固定解 $\breve{s}_i$ 计算相应的假设检验统计量 t_i。所有的假设检验统计量 t_i 也形成一个数据集,记作 $T = [t_1, t_2, \cdots, t_n]$。通过比较固定解 $\breve{s}_i$ 和模糊度真值 0 将统计量几何 T 分为两个子集 T_r 和 T_w,分别定义为 $T_r = \{t_i \in T \mid \breve{s}_i = 0\}$ 和 $T_w = \{t_i \in T \mid \breve{s}_i \neq 0\}$。正确固定的样本 $f_{P_s}(x)$

的分布可以用 T_r 的直方图近似。那么成功率 P_s 和检验阈值 $\overline{\mu}$ 之间的关系可以表示为

$$P_s(\overline{\mu}) = \begin{cases} \int_{\overline{\mu}}^{\infty} f_{P_s}(x)\mathrm{d}x, & \mu \geqslant \overline{\mu} \\ \int_0^{\overline{\mu}} f_{P_s}(x)\mathrm{d}x, & \mu \leqslant \overline{\mu} \end{cases} \qquad (5.4)$$

其中：μ 是检验统计量；$\overline{\mu}$ 是阈值。如果模糊度接受性检验统计大于阈值的情况，那么积分间隔为 $[\overline{\mu}, \infty]$，否则积分间隔变为 $[-\infty, \overline{\mu}]$。

（3）确定阈值。根据确定 FF 阈值

$$\overline{\mu} = \begin{cases} \arg \min_{P_s(\mu) \leqslant \overline{P}_s} \{\mu\}, & \mu \geqslant \overline{\mu} \\ \arg \max_{P_s(\mu) \leqslant \overline{P}_s} \{\mu\}, & \mu \leqslant \overline{\mu} \end{cases} \qquad (5.5)$$

找到最大或最小 μ 也取决于具体的 IA 估计器的具体形式。

（4）将步骤（3）计算的阈值 $\overline{\mu}$ 与步骤（1）中的检验统计值 μ 进行比较，并做出最终决策。

为了更清晰地解释模糊度检验问题和经典假设检验问题中显著性检验方法的区别，图 5-1 中给出了将显著性检验阈值应用于模糊度接受性检验的一维示例。该图表示了在一维模糊度 $x \sim N(0, 0.3^2)$ 的情况下，模糊度检验问题和经典假设检验问题中的显著性水平 $\overline{\alpha}$ 和阈值 μ 之间的关系。该图显示了模糊度检验的阈值 $\alpha_a < 1$ 总是成立，因为整数估计器成功率小于 1。在一维的情况下，模糊度接受性检验的接受区 $\Omega_0 \subset S_0$，并且 $S_0 = [-0.5, 0.5]$。因此，模糊度接受性检验的接受区 $\Omega_0 \subset [-0.5, 0.5]$ 总是成立，但理论上经典假设检验的接受区可以是任意大的区间，其接收区间取决于统计检验量的概率分布。

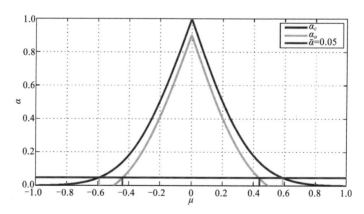

图 5-1　适用于经典假设检验问题的显著性检验阈值确定方法的比较和模糊度接受性检验
α_c 和 α_a 分别是经典假设检验问题和模糊度接受检验中的显著性水平，$\overline{\alpha}$ 是显著性阈值

显著性检验方法具有良好的概率理论基础，但在模糊度接受性检验中并不常用。显著性检验方法的原理是控制第一类错误的概率，而在 GNSS 模糊度解算中，犯第二类错误的代价远远高于犯第一类错误的代价。如果通过模糊度接受性检验拒绝正确的整数模糊度，仍然可以使用浮点解，并且定位结果仍然可靠，只是固定率下降了。如果接受了错误的整数模糊度，则定位解变得不可靠，甚至连定位误差是多大也无法估计。因此，控制第一类错误不是模糊度接受性检验的最优选择。

5.1.3 固定似然比法

似然比整数孔估计根据似然比准则确定阈值，其可表示为（Wang et al.，2019a；Wang，2015）：

$$\eta(x) \geqslant \mu \tag{5.6}$$

固定似然比的阈值方法首先应用于整数 bootstrapping 估计器（Blewitt，1989），似然比方法可以根据模型强度自动调整接受区域大小。固定似然比检验不能控制失败率，但可以控制固定成功率［式（4.18）］。另外，似然比阈值还可以控制局部失败率，这已在 4.5.3 小节中讨论过。固定似然比方法在确定阈值时不需要任何计算，因此它不存在计算负荷。它可以保证固定成功率始终高于 μ，但它仅适用于采用似然比检验形式的 IA 估计器，例如 LRIA 或 DTIA。

式（4.87）指出用户指定的似然比阈值是 FL 方法的固定成功率的下限，本小节将进一步利用数值计算结果来确认这一结论。采用具有不同模型强度的一组 GNSS 定位模型对其固定成功率进行仿真计算，结果如图 5-2 所示。该图显示了固定成功率对模型强度和似然比阈值的依赖性。随着基础模型变弱，固定成功率单调下降。虚线表示似然比阈值，具有相同颜色的点表示仿真计算得到的固定成功

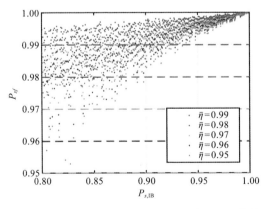

图 5-2 FL 方法的固定成功率与 IB 成功率之间的关系

率。该图证实了实际的固定成功率始终高于阈值，尽管有时似然比阈值并不是实际的固定成功率的紧下限。由于似然比与固定成功率之间没有确定的关系，无法根据固定成功率要求计算出确切的似然比阈值。但是可以根据固定成功率要求确定似然比的下限。

5.1.4　固定失败率法

固定失败率方法使用失败率作为可靠性度量（Teunissen and Verhagen，2009；Verhagen，2005a）。它根据失败率阈值确定阈值。固定失败率方法的目标函数可以表示为

$$\max\nolimits_{\Omega_0 \subset S_0} P_s, \quad \text{subject to}: P_f \leqslant \overline{P_f} \tag{5.7}$$

其中：$\overline{P_f}$ 是用户指定的失败率阈值。

固定失败率的阈值方法的目标函数与 OIA 非常相似，但固定失败率的阈值方法可以应用于所有 IA 估计。固定失败率方法的主要贡献在于它使不同的 IA 估计器具有可比性。Verhagen（2005a）系统地比较了相同的失败率阈值条件下不同 IA 估计器的成功率。FF 阈值的计算需要确定 IA 失败率 P_f 和阈值 μ 之间的显式关系。根据 IA 估计失败率的定义 [式（4.17）]，可以通过在不同的接受区域上对概率密度函数 $f_{\check{\varepsilon}}(x) - f_{\hat{a}}(x-a)$ 进行积分来计算失败率。概率密度函数 $f_{\check{\varepsilon}}(x) - f_{\hat{a}}(x-a)$ 主要由定位模型强度决定，而 IA 估计器的接受区则由定位模型、IA 估计器和阈值确定三个因素决定。对于特定模型和 IA 估计器，阈值 μ 和失败率阈值 P_f 之间的关系并不能唯一确定，只能通过积分的方式来计算失败率。而根据失败率计算阈值 μ 是逆向积分问题，即已知积分值，求解积分变量的过程。此外，对于大多数 IA 估计器而言，失败率都无法直接计算，因此在失败率计算中需要使用蒙特卡洛方法。蒙特卡洛仿真计算的巨大计算量和逆积分问题使得固定失败率方法比其他阈值确定方法相比，计算效率更低且更复杂。

固定失败率的阈值方法可以通过以下 4 个步骤来实现（Verhagen and Teunissen，2013；Wang and Feng，2013b；Teunissen and Verhagen，2009）。

（1）使用浮点解 $\hat{a}$ 和固定解 $\check{a}$ 计算检验统计量 μ。

（2）通过蒙特卡洛仿真计算确定阈值 $\overline{\mu}$ 和失败率 P_f 之间的关系。首先生成一个具有 N 个元素的浮点解数据集 $\hat{S} = [\hat{s}_1, \hat{s}_2, \cdots, \hat{s}_N]$，该集合中的元素服从多维正态分布 $\hat{s}_i \sim N(0, Q_{\hat{a}\hat{a}})$。$N$ 为仿真数据集大小，数据集越大数值结果越精确，但计算量也越大，通常情况下取折中方案，例如 $N = 100\,000$。该集合中的每个元素都具有和浮点解相同的概率分布，但是其期望是一个已知的整数 0 向量，对每个元素 $\hat{s}_i$，都

使用整数估计器来计算对应的固定解 $\tilde{s}_i$。再根据浮点解 $\hat{s}_i$ 和固定解 $\tilde{s}_i$ 计算相应的假设检验统计量 t_i。所有的假设检验统计量 t_i 也形成一个数据集，记做 $T=[t_1, t_2, \cdots, t_n]$。通过比较固定解 $\tilde{s}_i$ 和模糊度真值 0 将统计量集合 T 分为两个子集 T_r 和 T_w，分别定义为 $T_r = \{t_i \in T \,|\, \tilde{s}_i = 0\}$ 和 $T_w = \{t_i \in T \,|\, \tilde{s}_i \neq 0\}$。错误固定的样本 $f_{P_f}(x)$ 的分布可以用 T_r 的直方图近似。失败率 P_f 和检验阈值 $\bar{\mu}$ 之间的关系可以表示为

$$P_f(\mu) = \begin{cases} \displaystyle\int_{\mu}^{\infty} f_{P_f}(x)\mathrm{d}x, & \mu \geqslant \bar{\mu} \\ \displaystyle\int_{0}^{\mu} f_{P_f}(x)\mathrm{d}x, & \mu \leqslant \bar{\mu} \end{cases} \tag{5.8}$$

其中：μ 是检验统计量；$\bar{\mu}$ 是阈值。如果接受大于阈值的检验统计量，则积分间隔为 $[\bar{\mu}, \infty]$，否则积分间隔变为 $[-\infty, \bar{\mu}]$。

（3）确定阈值。根据式（5.8），可以确定 FF 阈值

$$\bar{\mu} = \begin{cases} \arg \min\limits_{P_f(\mu) \leqslant \bar{P}_f} \{\mu\}, & \mu \geqslant \bar{\mu} \\ \arg \max\limits_{P_f(\mu) \leqslant \bar{P}_f} \{\mu\}, & \mu \leqslant \bar{\mu} \end{cases} \tag{5.9}$$

对于不同 IA 估计器，到底是确定 μ 的最大值还是最小值也取决于 IA 检验统计量的具体形式。需要注意的是，从式（5.9）获得 $\bar{\mu}$ 是一个"逆向积分"问题，该问题可以通过求根法来解决（Verhagen，2005a）。

（4）比较从步骤（3）计算的阈值 $\bar{\mu}$ 与步骤（1）中的检验统计量 μ，然后做出最终决策。

固定失败率方法的关键是求解失败率 P_f 和阈值 μ 之间的函数关系。然而，该函数取决于浮点解的方差–协方差矩阵 $Q_{\hat{a}\hat{a}}$，因此对于不同的 $Q_{\hat{a}\hat{a}}$，始终需要通过仿真计算来求解该函数关系。而且，求解第三步中的"逆积分"问题也难以直接计算其解析解，只能利用数值算法进行迭代逼近计算。只能通过求根法计算得隐式函数（5.8）的数值解。

图 5-3 中展示了 IA 失败率 P_f 和阈值 μ 之间关系的一个例子。固定失败率阈值确定过程是一个逆向问题，即使用指定的失败率 P_f 来求解正确的阈值 μ。

上述流程适用于所有 IA 估计器，但在应用于 IALS 时应特别注意。将固定失败率方法应用于 IALS 比其他 IA 估计器更复杂，因为概率密度分布 $f_{P_f}(x)$ 和阈值 μ 相关，所以每次计算阈值都需要重新计算对应的概率密度函数。Wang（2015）提出了一种改进的 IALS 的实现算法，可以显著提升 IALS 的实现效率，该算法的细节在附录 B 中讨论。

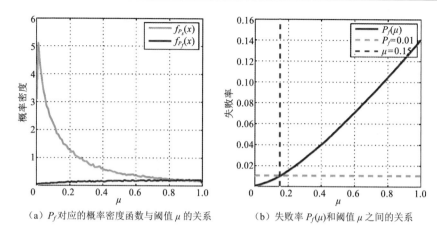

（a）P_f 对应的概率密度函数与阈值 μ 的关系　　（b）失败率 $P_f(\mu)$ 和阈值 μ 之间的关系

图 5-3　演示固定失败率阈值确定程序

5.1.5　固定似然比法和固定失败率法比较

　　为了比较固定似然比法和固定失败率法在模糊度检验中的性能，仿真了不同的定位模型和卫星几何分布的算例。这些算例具有不同的 IB 成功率，从中挑选了一组 IB 成功率分布较均匀的算例。所选的算例样本的 IB 成功率在区间 [99.95%，80%] 内均匀分布，便于研究定位模型对两种阈值确定方法的影响。在本小节中，IB 成功率低于 80% 的算例被认为强度太弱而不适合参与模糊度解算。

　　模糊度接受性检验的失败率反映了整数孔估计整个接收区的总失败概率。使用 LRIA 和 OIA 作为固定似然比和固定失败率法的示例，首先评估 LRIA 的失败率。根据 4.5.3 小节的论述，LRIA 不具有固定失败率的功能，使用 LRIA 得到的实际失败率如图 5-4 所示。图 5-4（a）表明 LRIA 的实际失败率受似然比阈值的控制。对于弱定位模型，FL 方法的失败率一般情况下低于 1.5%，对于强模型而言 LRIA 的失败率更低。该图说明了失败率和似然比之间的某种隐含的关系。尽管 LRIA 不能直接控制模糊度检验的失败率，但 LRIA 的统计失败率仍然处于比较低的水平。

　　图 5-4（b）说明，对于定位模型强度较弱的情况，固定失败率的方法似然比保持在 0.9 和 1.0 之间。然而，对于较强的定位模型，对应的似然比则显著地降低。对于强定位模型和更低的失败率阈值，最小似然还比要更低，这与图 4-22 中分析的结果一致。当定位模型足够强时，那么固定失败率方法在接受全部可靠的固定解后，仍然有多余的失败率指标，固定失败率的方法就会选择扩大接收区来进一步降低 IA 的失败率，直到 IA 的失败率降低到失败率阈值时停止。如果整数估计器的失败率低于失败率阈值，那么固定失败率法的接受区则会一直扩张到与整数估

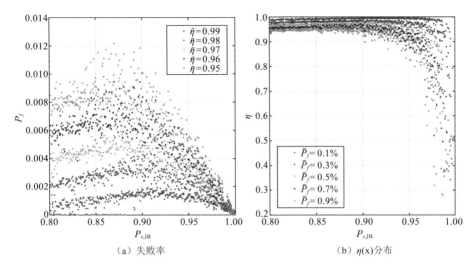

（a）失败率　　　　　　　　　（b）$\eta(x)$分布

图 5-4　FL 方法的失败率和 FF 方法的 $\eta(x)$分布

计器的拉入区完全重合。在接受区扩张的过程中,对应的似然比也随之逐渐降低。此时固定失败率的方法将接受具有低似然比的固定解。综上所述,FL 方法可以保证模糊度检验的实际失败率在一个比较低的水平,而 FF 的方法无法保证似然比维持在一个比较高的水平。

　　关于 FL 法的另一个性能评价指标是 FL 能否实现高成功率。在本小节中,将评估 FL 方法的成功率,结果如图 5-5 所示。图 5-5（a）表明 LRIA 的成功率依赖定位模型强度。当定位模型变弱时,LRIA 的成功率会大幅下降。对于 IB 成功率

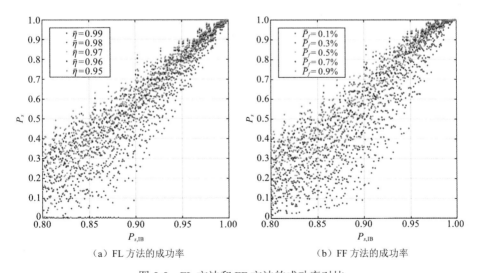

（a）FL 方法的成功率　　　　　　　　（b）FF 方法的成功率

图 5-5　FL 方法和 FF 方法的成功率对比

低于 0.8 的模型，LRIA 的成功率通常低于 40%。对于只有 40% 的固定成功率的情况通常不值得尝试模糊度固定，因为即使尝试了也很难保证固定解可靠，在研究孔估计性能时只考虑 IB 成功率高于 80% 的情况。图 5-5（b）显示 LRIA 与 IB 成功率的关系与 OIA 对应的关系变化规律非常相似，表明通过固定似然比方法获得的 IA 成功率与使用固定失败率方法获得的 IA 成功率之间没有实质性差异。由于图中给定的 LRIA 阈值和 OIA 的阈值之间不存在严格的一一对应的关系，不能够进行直接比较。但是结合图 5-4 和图 5-5 可以看出，利用 FL 法和 FF 法确定阈值对应的成功率和失败率差异都不大。不同之处在于固定似然比的方法在模型较强时，可以有效地拒绝具有低似然比的固定解，进一步提高模糊度解算的可靠性。

5.2　固定失败率的查表法

固定失败率方法是一种通用的阈值确定方法，它适用于所有 IA 估计器。然而，其计算的复杂性和繁重的计算量导致其难以大规模地应用于 GNSS 数据处理。复杂性和计算负荷是由第二步中的蒙特卡洛仿真和第三步中的逆积分问题引起的。本节阐述的查找表是一种固定失败率方法的改进，该方法可以简化固定失败率方法的计算过程并提高其计算效率（Verhagen and Teunissen，2013；Teunissen and Verhagen，2009）。

5.2.1　建立查找表的流程

查找表法起初是针对 Ratio 检验的固定失败率阈值建模的方法，从而可以通过查找表而不是求解逆积分问题来获得 FF-Ratio 检验阈值。事实上该方法也可以用于其他 IA 估计器的阈值确定。根据图 4-27 所示，FF-Ratio 检验的阈值分布与具体的观测值频率、定位使用的模型、观测值随机模型等都有一定的关系，因此需要结合用户自身使用的某一种模型建立用户自己的查找表。本小节结合 FF-Ratio 的实现流程，将查找表法的原理归纳如下。

（1）结合用户使用的定位模型生成一组算例的集合，这里用户定位模型应考虑定位模型、卫星几何构型分布、观测频率数和观测值的随机模型等因素。理想情况下，该集合应涵盖用户实际数据处理中的所有可能出现的情况。

（2）根据用户定义的失败率阈值计算固定失败率检验的阈值。可以使用 5.1.4 小节中描述的固定失败率方法计算集合中每个样本的 FF-Ratio 检验阈值。

（3）根据模糊度的维数将获得的 FF-Ratio 检验阈值分组。

（4）针对每一个模糊度维数，都绘制其 ILS 失败率和 FF-Ratio 检验阈值之间的关系，如图 5-6 所示，并找到失败率与 FF-Ratio 阈值的关系的上包络。

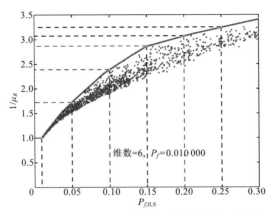

图 5-6　FF-Ratio 阈值与 ILS 失败率关系示意图

（5）将获得的连续上包络重新采样为固定间隔的阈值数组，并将数据数组作为一列存储在查找表中（表 5-2）。

表 5-2　$1/\bar{\mu}_R$ 的查找表示例，给定 $\bar{P}_f = 0.1\%$ 和 n 等于模糊度向量的维度（Verhagen and Teunissen，2013）

$P_{f,\mathrm{ILS}}$	$n=2$	$n=3$	$n=4$	$n=5$	$n=6$	$n=\cdots$
0.0010	1.00	1.00	1.00	1.00	1.00	⋯
0.0012	0.94	0.94	0.94	0.94	0.94	⋯
0.0015	0.87	0.87	0.88	0.88	0.89	⋯
0.0020	0.78	0.78	0.80	0.80	0.81	⋯
0.0050	0.54	0.54	0.57	0.57	0.59	⋯
⋮	⋮	⋮	⋮	⋮	⋮	⋯

步骤（4）中所述的 ILS 失败率和 FF-Ratio 检验阈值之间的关系示例如图 5-6 所示。该图显示了一个 6 维模糊度情况，其中失败率阈值为 0.01。图中的蓝点是蒙特卡洛方法计算得到的 FF-Ratio 的阈值。$P_{f,\mathrm{ILS}}$ 和 $1/\mu_R$ 之间的关系如图中所示，图中各个阈值的上包络可以使用 Andrew 的单调链式算法提取（Andrew，1979）。Andrew 的单调链式算法参见附录 C。图中的红线即通过上包络查找算法获得的 FF-Ratio 阈值的上包络，然后执行重采样过程以获得指定间隔下 ILS 失败率对应的 FF-Ratio 阈值的期望上限，如图中绿点所示。这些绿点对应的数值就成为了 FF-Ratio

查找表中模糊度维数等于 6 对应的那一列。表 5-2 给出了一个二维的 FF-Ratio 查找表的示例,该表对应的模糊度失败率阈值为 0.1%。对于其他的失败率阈值,也需建立一张对应的二维表。一旦建立起查找表,用户使用时则需要根据模糊度维数和实际的 ILS 失败率,以及用户指定的失败率阈值快速地查找表以获取对应的 FF-Ratio 检验阈值。对于实际 ILS 失败率不在查找表上的情况,可通过一些内插的方式求得对应的 FF-Ratio 检验阈值。

查找表法可用于替换固定失败率法计算流程中的第二步和第三步。虽然建立查找表的过程需要大量的数值计算,但是一旦查找表法建立好之后,用户确定阈值时无需再建立阈值失败率的关系和求解逆向积分问题,可以在一定程度上降低算法复杂度。而如果继续使用 ILS 失败率作为查表的依据,那么用户端的计算仍然依赖于蒙特卡洛方法,计算量仍然比较大。

5.2.2　建模误差分析

查找表法将 FF-Ratio 检验阈值建模为二维表,它避免了"逆积分"问题并简化了 FF 方法。但是,二维查找表的建模过程也不可避免地引入了建模误差。建模误差包括以下几个方面。

（1）仿真误差。二维表建模使用的输入数据是使用蒙特卡洛数值方法计算得到的 FF-Ratio 检验阈值。该数值解的精度取决于蒙特卡洛仿真计算中的样本数 N_{total}。通过使用更大的仿真样本数可以减小仿真误差,但是在有限的计算资源下,无法避免仿真误差。

（2）边界误差。查找表方法建模中使用了保守策略,即采用 FF-Ratio 检验阈值的上包络进行建模,FF-Ratio 检验阈值的上包络与仿真计算得到的 FF-Ratio 阈值之间的差异称为边界误差。图 5-6 使用的例子中这种边界误差最大可达 0.7。而对于其他情况,这种边界误差可能超过 1,因此采用上包络的方法建立查找表有时会使查找表的数值过于保守。此外,阈值上包络也受仿真误差的影响,在不同的仿真过程中可能会略有不同。

（3）重采样误差。重采样过程将连续的阈值上包络转换为等间隔的数据序列。由于阈值上包络和数据序列之间缺乏严格的关系,在重采样过程中通常采用线性插值方法。因此,重新采样过程使得阈值的上包络曲线表达更容易,但也降低了查找表中数值的准确性。

（4）插值误差。用户需要 $P_{f,ILS}$ 对查找表中的数据进行内插以根据获得所需的阈值,内插过程中会引入一定的内插误差。此外用户内插时使用的 $P_{f,ILS}$ 也来自蒙特卡洛方法,该方法本身涉及仿真错误。因此,用户插值误差也是查找表方法中的潜在误差源。

5.2.3　查表法的使用流程

在模糊度接受性检验中应用查找表法的流程可以概括为 4 个步骤，如下所示。

（1）根据浮点解和固定解最优与次优备选向量计算 Ratio 检验统计量。

$$\mu_R = \left\| \hat{a} - \breve{a}_2 \right\|_{Q_{\hat{a}\hat{a}}}^2 \Big/ \left\| \hat{a} - \breve{a} \right\|_{Q_{\hat{a}\hat{a}}}^2$$

（2）使用蒙特卡洛仿真计算 ILS 失败率。

（3）根据失败率阈值，模糊度维度和 ILS 失败率对 FF-Ratio 的阈值进行插值。通常，模糊度维度不需要插值。因此，这里的插值通常情况下指的是根据 $P_{f,\text{ILS}}$ 内插其对应的 FF-Ratio 检验的阈值。但是，如果用户指定的失败率阈值没有与之匹配失败率阈值的查找表，则需要两个查找表之间进行插值。

（4）比较 μ_R 和 $\hat{\mu}$。如果 $\mu_R \geqslant \hat{\mu}$，则可以接受固定解 $\breve{a}$，否则拒绝它。

5.3　固定失败率的阈值函数法

查找表方法并不是简化固定失败率方法的唯一方法。Wang 和 Verhagen（2015）提出了一种新的模糊度接受性检验阈值确定方法，称为阈值函数法。本节中将介绍固定失败率的阈值函数法的原理，该方法最初用于解决 DTIA 的阈值确定问题，后续研究证明也可以用于 Ratio 检验（Hou et al.，2016）和广义 DTIA 检验的阈值确定（Wang et al.，2018b）。

5.3.1　建立阈值函数

对 DTIA 阈值分布的分析（图 4-28）揭示了 DTIA 具有建立阈值函数的潜力。本小节探讨将 DTIA 阈值表示为阈值函数的方法。

1. 模型选择

建立阈值函数的第一步是确定适合阈值函数的模型。图 4-28 显示了 DTIA 阈值函数的形状，有助于选择合适的数学模型。为了使阈值函数模型具备简洁的函数形式，尝试了几种常见的非线性模型，包括指数函数、双曲线函数、多项式函数和有理函数等。拟合的效果采用拟合残差评估。拟合结果表明，有理函数具有简洁的形式和相对较小的拟合残差，因此选择它作为阈值函数模型。有理函数是一种分数函数，它的分子和分母都是多项式函数。FF-DTIA 检验的阈值函数可以表示为以下有理函数模型（Wang and Verhagen，2015；Wang et al.，2014b）：

$$\hat{\mu}(x) = \frac{m_1 + m_2 x}{1 + m_3 x + m_4 x^2} \qquad (5.10)$$

其中：$m_1, m_2, \cdots, m_4$ 是有理函数的系数。根据固定失败率方法计算的阈值表示为 $\bar{\mu}$。用阈值函数计算的阈值表示为 $\hat{\mu}$。$\hat{\mu}(x)$ 表示 $\hat{\mu}$ 是 $P_{s,\text{ILS}}$ 的函数。这里应注意式（5.10）中采用的有理函数模型并不是唯一的阈值函数模型，图 4-28 中表示的曲线也可以用其他模型或更高阶的有理模型表示。选择该模型的原因是它形式简洁，且具有小的拟合残差。模型系数可以通过 Levenberg-Marquardt 方法进行估计，具体的非线性曲线拟合的原理在附录 D 中描述。

　　曲线拟合的优劣程度可以通过验后标准差来评估，验后标准差的定义为

$$\hat{\sigma} = \sqrt{\frac{\hat{e}^{\mathrm{T}} Q_{\bar{\mu}\bar{\mu}}^{-1} \hat{e}}{m-n}} \qquad (5.11)$$

其中：$\hat{\sigma}$ 是曲线拟合的验后标准差；$\hat{e}$ 是验后拟合残差，可以用 $\hat{e} = \bar{\mu} - \hat{\mu}$ 来计算；m 是观测值个数；n 是参数个数。在本小节中，$\bar{\mu}$ 是相互独立且等精度观测，因此 $Q_{\bar{\mu}\bar{\mu}}^{-1}$ 是一个单位矩阵。$\hat{\sigma}$ 反映了观测值与拟合模型之间的差异，该差异是由随机误差和系统模型偏差引起的。对于一组确定的观测数据，其随机误差的影响是确定性的，因此具有最小 $\hat{\sigma}$ 的函数模型表示其系统模型偏差最小，进而说明该模型是最优解。

　　表 5-3 中列出了一组具有不同失败率阈值 $\bar{P}_f$ 的拟合曲线系数。曲线拟合中使用的观测数据包括了表 4-6 中的 4 种不同方案对应的约 52 000 个样本数据，通过蒙特卡洛仿真计算得到的 FF-阈值。因此，曲线拟合中使用的观测值个数超过 50 000 个。拟合的阈值函数和相应的 $\hat{\sigma}$ 如图 5-7 所示。$\bar{\mu}$ 和 $\hat{\mu}$ 在图 5-7（a）中分别使用点和虚线表示。该图显示拟合的函数值位于 FF-DTIA 阈值分布区域的中间，因此拟合的函数模型很好地描述了 FF-DTIA 阈值与 ILS 成功率之间的关系。图 5-7（b）显示阈值函数的后验标准差 $\hat{\sigma}$。它显示 $\hat{\sigma}$ 随着 $\bar{P}_f$ 的增加而减少。在最坏的情况下，$\hat{\sigma} \approx 0.27$，相对于 $\bar{\mu}$ 的值而言仍然是一个比较小的数值。

表 5-3　不同 $\bar{P}_f$ 条件下 DTIA 的阈值函数系数

$\bar{P}_f$ /%	e_1	e_2	e_3	e_4
0.1	13.200 9	−13.211 9	−0.809 6	−0.186 2
0.2	13.530 0	−13.554 9	−0.629 3	−0.363 8
0.3	13.409 9	−13.448 1	−0.537 3	−0.453 5
0.4	12.696 8	−12.745 8	−0.540 4	−0.448 7
0.5	12.673 9	−12.735 9	−0.473 9	−0.513 4

续表

$\overline{P}_f$ /%	e_1	e_2	e_3	e_4
0.6	11.997 7	−12.068 6	−0.503 5	−0.482 7
0.7	11.516 6	−11.596 3	−0.518 2	−0.466 9
0.8	11.205 5	−11.294 4	−0.517 2	−0.466 8
0.9	10.549 7	−10.644 3	−0.571 0	−0.412 4
1.0	10.128 5	−10.229 7	−0.597 2	−0.385 4

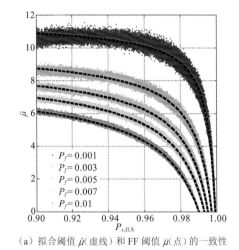
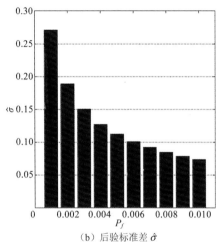

（a）拟合阈值 $\hat{\mu}$（虚线）和 FF 阈值 $\overline{\mu}$（点）的一致性　　　　　（b）后验标准差 $\hat{\sigma}$

图 5-7　有理函数模型对 FF-DTIA 阈值的拟合效果

2. 用 IB 成功率取代 ILS 成功率的可行性

拟合阈值函数可以描述 ILS 成功率 $P_{s,\text{ILS}}$ 和 FF-DTIA 阈值 $\overline{\mu}$ 之间的关系，因此解决了 FF-方法中的"逆积分"问题。但是，$P_{s,\text{ILS}}$ 的计算仍然需要蒙特卡洛仿真计算。为了进一步减小计算量，还需要简化 $P_{s,\text{ILS}}$ 的计算过程。在本小节中讨论了使用整数 bootstrapping 成功率 $P_{s,\text{IB}}$ 代替 $P_{s,\text{ILS}}$ 的可能性。

正如在 3.4.3 小节中所讨论的，有很多方法可以确定 $P_{s,\text{ILS}}$ 的边界。问题是，在阈值函数计算的过程中到底是使用上限还是下限来代替 $P_{s,\text{ILS}}$。表 5-3 中列出的系数是 FF-DTIA 阈值的中值曲线，实际的 FF-DTIA 阈值 $\overline{\mu}$ 有大约 50% 的概率大于 $\hat{\mu}$。因此，通过阈值函数求解的阈值没有查找表法求解的阈值保守，因为查找表使用的是阈值上界，而阈值函数则采用的是中间值。另一方面，由于阈值函数是一个单调递减函数，使用 $P_{s,\text{ILS}}$ 的下限代替 $P_{s,\text{ILS}}$ 将使得阈值函数更加保守。根据 3.5.3 小节的分析，$P_{s,\text{ILS}}$ 的最紧密下限是整数 bootstrapping 成功率 $P_{s,\text{IB}}$，所以 $P_{s,\text{IB}}$ 非常适合

用于近似 $P_{s,\text{ILS}}$。另外 3.5.3 小节中的分析也表明当用 $P_{s,\text{IB}}$ 逼近 $P_{s,\text{ILS}}$ 时,必须先对 $Q_{\hat{a}\hat{a}}$ 降相关。因为只有在降相关后,$P_{s,\text{IB}}$ 才是 $P_{s,\text{ILS}}$ 的紧下限(Teunissen,1998c)。

　　使用 $P_{s,\text{IB}}$ 逼近 $P_{s,\text{ILS}}$ 似乎合理,但还需要仔细地论证其可行性。对成功率近似可行性的检验包括两个方面:检验 $P_{s,\text{IB}}$ 和 $P_{s,\text{ILS}}$ 的差异,检验 $P_{s,\text{IB}}$ 替换 $P_{s,\text{ILS}}$ 对失败率带来的影响。$P_{s,\text{ILS}}$ 和 $P_{s,\text{IB}}$ 之间的差异如图 5-8 所示,它显示 $P_{s,\text{IB}}$ 是 $P_{s,\text{ILS}}$ 的紧下限。对于 $P_{s,\text{IB}}>90\%$ 的情况,$P_{s,\text{IB}}$ 和 $P_{s,\text{ILS}}$ 之间的差异小于 5%,这个差异随着 $P_{s,\text{IB}}$ 增加而逐渐减小。

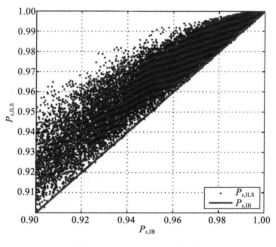

图 5-8　$P_{s,\text{IB}}$ 和 $P_{s,\text{ILS}}$ 的比较

　　可行性检查的另一个方面是,研究两种成功率差异如何改变实际 FF-DTIA 的失败率。在验证过程中,使用 $P_{s,\text{ILS}}$ 和 $P_{s,\text{IB}}$ 的阈值函数计算的阈值表示为 $\hat{\mu}_{\text{ILS}}$ 和 $\hat{\mu}_{\text{IB}}$,使用 $\hat{\mu}_{\text{ILS}}$ 和 $\hat{\mu}_{\text{IB}}$ 计算的失败率分别表示为 $\hat{P}_{f,\text{ILS}}$ 和 $\hat{P}_{f,\text{IB}}$。

　　图 5-9 中展示了针对不同 $\overline{P}_f$ 的情况,对应为 $\hat{P}_{f,\text{ILS}}$ 和 $\hat{P}_{f,\text{IB}}$。图 5-9(a)表示 $\overline{P}_f$ 位于 $\hat{P}_{f,\text{ILS}}$ 条带的中间,这意味着 $E(\hat{P}_{\text{ILS}})=\overline{P}_f$。但是,这种方案不够保守,因为 $\hat{P}_{f,\text{ILS}}$ 会有大约 50% 的概率大于失败率阈值 $\overline{P}_f$。因此,仍然可以进一步使用 $\hat{\mu}_{\text{IB}}$ 来估计 $\hat{\mu}_{\text{ILS}}$。图 5-9(b)显示使用 $\hat{\mu}_{\text{IB}}$ 计算的 FF-DTIA 失败率。验证结果显示绝大多数情况下 $\hat{P}_{f,\text{IB}}$ 小于阈值 $\overline{P}_f$。因此,$\overline{P}_f$ 基本上是 $\hat{P}_{f,\text{IB}}$ 的上限。另一方面,该图还表明 $\hat{P}_{f,\text{IB}}$ 的不确定性大于 $\hat{P}_{f,\text{ILS}}$,因为 $\hat{P}_{f,\text{IB}}$ 的不确定度既包括利用 $\hat{P}_{f,\text{ILS}}$ 计算的不确定度,也包括了用 IB 成功率近似 ILS 成功了导致的不确定度。

　　本小节的分析证明在阈值函数方法中用 $P_{s,\text{IB}}$ 逼近 $P_{s,\text{ILS}}$ 是可行的,因此可以用有理函数模型(5.10)和 $P_{s,\text{IB}}$ 计算 FF 阈值。

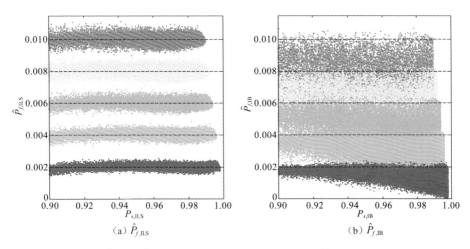

图 5-9 $\hat{P}_{f,\text{ILS}}$ 和 $\hat{P}_{f,\text{IB}}$ 的分布对于不同的失败率阈值 $\bar{P}_f$（虚线）的情况

5.3.2 误差分析

阈值函数方法可以通过建模和成功率近似过程来简化固定失败率方法，且简化过程还会给阈值带来误差。阈值 $\hat{\mu}_{\text{IB}}$ 受三个误差源的影响：仿真误差、曲线拟合误差和成功率近似误差。在本小节中，将分析这些误差源的影响。

1. 建模误差和近似误差的影响

在阈值函数的建模过程中，引入了建模误差和成功率的近似误差，但原始固定失败率方法不会受到这些误差的影响。因此，可以通过比较 $\hat{\mu}_{\text{IB}}$ 和 $\bar{\mu}$ 来评估这两种误差的综合影响。在本小节中，分析这两种误差源对失败率和误报率的影响。

图 5-10 中展示了阈值函数法和基于蒙特卡洛仿真的固定失败率法之间的失败率和误报率的差异。在本小节中，使用基于蒙特卡洛仿真的固定失败率法计算的失败率记做 $\bar{P}_f$。图 5-10（a）显示在多数情况下 $\hat{P}_{f,\text{IB}} \leqslant \bar{P}_f$，只有少数情况 $\hat{P}_{f,\text{IB}}$ 高于 $\bar{P}_f$。随着 $P_{s,\text{ILS}}$ 的增加，失败率差异增加，因为失败率差异取决于成功率近似误差和阈值函数的梯度，图 5-7 显示阈值函数的梯度随着 $P_{s,\text{ILS}}$ 的增加逐渐变大。

图 5-10（b）显示了两种方法之间的误报率差异。由于 $\hat{\mu}_{\text{IB}}$ 更保守，通过 $\hat{\mu}_{\text{IB}}$ 计算得到阈值犯第一类错误的可能性要比基于蒙特卡洛仿真计算得到的阈值更大。该图显示在大多数情况下阈值函数法的第一类错误的概率大于基于蒙特卡洛仿真的固定失败率法。在大多数情况下，两种方法之间的第一类错误的概率差异小于 5%。

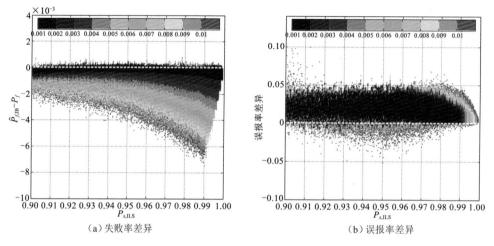

（a）失败率差异　　　　　　　　　　（b）误报率差异

图 5-10　阈值函数法与 FF-方法之间的失败率和误报率差异

2. 数值仿真误差的影响

固定失败率方法和阈值函数法在确定阈值时都离不开蒙特卡洛仿真计算，因此二者都受到仿真误差的影响。仿真误差的大小取决于蒙特卡洛仿真中生成的样本集合的大小。较大的样本集合能够降低仿真误差，但也会增加计算负担。作为仿真误差和计算效率之间的平衡，在本实验中将样本集合大小设置为 100 000。仿真误差会影响概率计算的重复性，因此多次重复计算验证实验重复性也可用于评估仿真误差的影响。使用一个 $P_{s,\text{ILS}} \approx 97.1\%$ 的 16 维算例来研究仿真误差影响。对该算例重复地执行 1 000 次蒙特卡洛仿真计算以获得对应的 $\breve{\mu}$ 和 $P_{s,\text{ILS}}$。由于仿真误差的存在，每次计算出的 $\hat{a}$ 和 $P_{s,\text{ILS}}$ 会略有不同。然后使用 1 000 次计算得到的 $\breve{\mu}$ 的最大值和最小值来计算 $\breve{P}_f$，并用相同的方式评估 $\hat{P}_{f,\text{ILS}}$ 和 $\hat{P}_{f,\text{IB}}$。

实验结果如图 5-11 所示。图 5-11（a）显示仿真误差对 DTIA 阈值的影响。该图显示了使用蒙特卡洛仿真计算得到的阈值 $\breve{\mu}$ 和阈值函数 $\breve{\mu}_{s,\text{ILS}}$ 都受到仿真误差的影响，且对 $\breve{\mu}_{\text{ILS}}$ 的仿真误差影响小于 μ_{ILS}。由于 $\hat{\mu}_{\text{IB}}$ 不涉及蒙特卡洛仿真计算的流程，不受仿真误差的影响。该图还表明，在 5.3.1 小节中引入的曲线拟合过程可以削弱仿真误差的影响，因为使用蒙特卡洛仿真计算得到 $\breve{\mu}$ 的变化大于阈值函数 $\breve{\mu}_{\text{ILS}}$。另一方面，由于 $\hat{\mu}_{\text{IB}} \geqslant \breve{\mu}$，$\hat{\mu}_{\text{IB}}$ 是比 $\breve{\mu}$ 更保守的阈值。图 5-11（b）显示了 1 000 次重复实验中的最大和最小实际失败率。仿真误差对实际失败率的影响与其对阈值的影响类似，但不确定性随着 $\overline{P}_f$ 增加而增加。该图表明，由于仿真误差的影响，使用蒙特卡洛仿真计算得到的失败率 $\breve{P}_f$ 也可能超过失败率阈值 $\overline{P}_f$。阈值函数计算得到的 $\hat{P}_{f,\text{ILS}}$ 的不确定性小于 $\breve{P}_f$。$\hat{P}_{f,\text{IB}}$ 不受仿真误差的影响，并且在大多数情况下都满足失败率阈值。考虑仿真误差的影响，$\hat{\mu}_{\text{IB}}$ 一定程度上比使用蒙特卡洛仿真计算得到的阈值 $\bar{\mu}$ 性能更好。

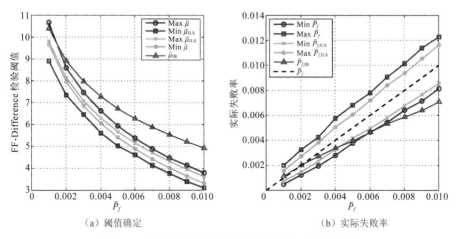

（a）阈值确定　　　　　　　　　　（b）实际失败率

图 5-11　仿真误差对阈值确定和实际失败率的影响

5.3.3　阈值函数法的验证

在分析了各项误差之后，使用大量仿真数据来评估阈值函数的性能。阈值函数的性能可以通过两个指标来衡量：最大实际失败率 $\text{Max}\{\hat{P}_{f,\text{IB}}\}$ 及满足失败率阈值的样本百分比 $P(\hat{P}_{f,\text{IB}} \leqslant \bar{P}_f)$。

用所有的仿真数据验证阈值函数法的性能，结果如图 5-12 所示。图 5-12（a）

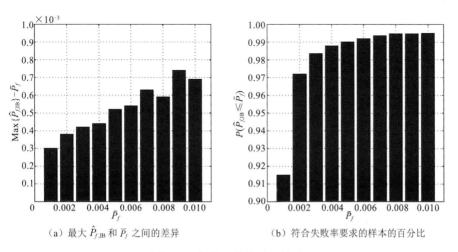

（a）最大 $\hat{P}_{f,\text{IB}}$ 和 $\bar{P}_f$ 之间的差异　　　（b）符合失败率要求的样本的百分比

图 5-12　阈值函数的验证结果

显示了不同失败率阈值条件下最大实际失败率与阈值的差值，即 $\mathrm{Max}\{\hat{P}_{f,\mathrm{IB}}\}-\bar{P}_f$。最大实际失败率与失败率阈值 $\bar{P}_f$ 相关。在失败率阈值 $\bar{P}_f$ 小的条件下，最大实际失败率与失败率阈值的差值也比较小。在最坏的情况下，最大实际失败率比失败率阈值大 0.075%，对比图 5-11 可知，这个量级仍然小于仿真误差对 $\bar{P}_f$ 的影响。图 5-12（b）显示符合失败率阈值的样本百分比。有超过 97% 样本满足 $\bar{P}_f{>}0.1\%$ 的阈值要求。对于 $\bar{P}_f{=}0.1\%$，$\hat{P}_{f,\mathrm{IB}}$ 满足失败率阈值的概率最低，该情况下其满足失败率阈值的概率仍能达到 92%。在这种情况下，根据图 5-12（a），剩余的 8% 样本的实际失败率也仅比失败率阈值高出 0.03%。因此，大多数样本通过阈值函数法计算的失败率都可以满足失败率阈值的要求。

5.3.4　阈值函数法的使用流程

与基于蒙特卡洛方法计算的固定失败率阈值法类似，阈值函数法的使用流程也分为 4 个步骤。

（1）形成 Difference 检验统计 $\|\hat{a}-\breve{a}'\|^2_{Q_{\hat{a}\hat{a}}}-\|\hat{a}-\breve{a}\|^2_{Q_{\hat{a}\hat{a}}}$。式中 Mahalanobis 距离的平方项 $\|\hat{a}-\breve{a}\|^2_{Q_{\hat{a}\hat{a}}}$ 和 $\|\hat{a}-\breve{a}'\|^2_{Q_{\hat{a}\hat{a}}}$ 可以从整数最小二乘估计器的结果中获得。

（2）使用 $P_{s,\mathrm{IB}}=\prod\limits_{i=1}^{n}\left[2\varPhi\left(\dfrac{1}{2\sigma_{\hat{a}_{i|I}}}\right)-1\right]$ 计算 IB 成功率。由于 IB 成功率取决于模糊度的参数化形式，必须在 IB 成功率计算前对 $Q_{\hat{a}\hat{a}}$ 进行降相关。降相关的方法可以参阅 De Jonge 和 Tiberius（1996）、Teunissen（1995b）。

（3）根据用户指定的失败率阈值 $\bar{P}_f$，从表 5-3 中选择的一组模型系数，使用阈值函数计算 FF-DTIA 的阈值。考虑特殊情况的处理，FF-Difference 检验阈值的实际计算过程可表示为

$$\hat{\mu}=\begin{cases}\infty, & P_{s,\mathrm{IB}}{<}0.85 \\[2mm] \dfrac{m_1+m_2 P_{s,\mathrm{IB}}}{1+m_3 P_{s,\mathrm{IB}}+m_4 P^2_{s,\mathrm{IB}}}, & 0.85{\leqslant}P_{s,\mathrm{IB}}{<}1-\bar{P}_f \\[2mm] 0, & P_{s,\mathrm{IB}}{\geqslant}1-\bar{P}_f\end{cases} \tag{5.12}$$

如果 $P_{s,\mathrm{IB}}{<}85\%$，则该模型被认为强度太弱而无法进行模糊度解算，需要使用更多观测值来提高模型强度。$P_{s,\mathrm{IB}}{\geqslant}1-\bar{P}_f$ 表示整数估计的失败率小于阈值，此时阈值 $\hat{\mu}$ 直接设置为 0 以避免在这种情况下出现阈值为负数的情况。

（4）做出决策。如果 $\|\hat{a}-\breve{a}'\|^2_{Q_{\hat{a}\hat{a}}}-\|\hat{a}-\breve{a}\|^2_{Q_{\hat{a}\hat{a}}}{\geqslant}\hat{\mu}$，接受固定解 $\breve{a}$，否则拒绝固定解 $\breve{a}$。

5.4 利用 GNSS 数据检验 DTIA 阈值函数法

为了检验上述固定失败率的阈值检验方法在实际 GNSS 精密定位的数据处理中的效果，通过两个 GNSS 基线网来评估 FF-DTIA 在单历元 RTK 模糊度解算中的性能。在这些实验中，将 FF-DTIA 的检验效果与目前常用的 Ratio 检验进行比较，并通过比较 RTK 固定解的精度来评价应用的定位模型的质量。

5.4.1 数据处理策略

固定失败率方法为模糊度解算可靠性控制提供了理论框架，但是如何将这种理论上严密的模糊度检验方法应用于实际数据处理仍然存在一定的挑战。在仿真计算中，仿真的数据总是和定位模型完全吻合，但在实际数据处理中，很难建立非常准确的定位模型。为了使模糊度解算可靠性可控，定位使用的函数模型和随机模型必须尽可能与实测数据的情况相吻合。在本小节中，讨论在实际 GNSS 数据处理中函数模型和随机模型的确定方法。

1. 函数模型

GNSS 定位模型的强度与抗差能力具有一定的关联性，研究表明，在强定位模型中，模型中出现小的偏差不会影响模糊度估计的结果（Li et al.，2013；Jonkman et al.，2000；Teunissen et al.，2000），但这些偏差仍然会影响模糊度解算的可靠性，并导致其理论成功率高于实际的成功率（Teunissen，2001）。因此，控制模糊度解算可靠性总是要求函数模型正确处理观测值中存在的所有偏差。

对于基线长度小于 35 km 的 RTK 定位解算，采用中长基线 RTK 函数模型。该模型中，先验的电离层随机特性被当作虚拟观测值，与真实的 GNSS 观测值一起参与参数计算，其定义参见式（2.9）。该模型在先验约束的基础上估计每颗卫星的电离层延迟量，因此该模型也称为"电离层加权模型"（Odijk，2002）。电离层加权模型适用于处理中等基线情况。对于中长基线情况，其对流层延迟误差可以使用经验模型修正。对于基线长度小于 20 km 的短基线情况，双差电离层残差可以忽略不计，因此，可以从式（2.9）中消除虚拟电离层观测值 $\nabla \Delta V_I$ 和电离层参数 δ_I。

2. 随机模型

GNSS 定位的随机模型对于 GNSS 模糊度解算非常重要，特别是对于其可靠性控制。Amiri-Simkooei 等（2015）、Wang 等（2002）、Tiberius 和 Kenselaar（2000）

研究了 GNSS 定位的随机模型对模糊度估计的影响。在质量控制中，随机模型必须准确地反映观测值的质量，因为定位模型的强度会影响模糊度残差的概率分布，进而影响模糊度检验的决策。GNSS 定位的随机模型由观测值的方差–协方差矩阵描述，其包含各个观测值的精度信息和观测值之间的相关性信息。电离层加权模型的方差–协方差矩阵在式（2.48）中定义。假设 RTK 定位中参考站和流动站的观测噪声是相同的，不同观测值类型之间的互相关特性可以忽略，那么 GNSS 双差定位的随机模型变成块对角矩阵。电离层固定模型的随机模型仅包含式（2.48）中矩阵的前两行和前两列。

观测值的方差–协方差矩阵可以简化为 $Q_{yy} = \sigma_o^2 W^{-1}$，式中权矩阵 W 反映了每个观测值的相对精度及其相关性，方差因子 σ^2 表示观测值的总体精度。GNSS 观测值的完整方差–协方差矩阵可以通过方差分量估计来进行精确地估计（Wang et al., 2002；Tiberius and Kenselaar, 2000）。但是方差分量估计通常情况下更适合于后处理计算，因为方差分量估计需要大量的冗余观测值。在实时数据处理中，采用近似方法：采用经验权矩阵与实时方差因子估计来进行随机模型建模。将卫星高度角相关的模型用于测距码和载波相位观测噪声建模，表示为

$$W_i = \left[e_1 + \frac{e_2}{\sin E_i} \right]^{-2} \tag{5.13}$$

其中：W_i 和 E_i 分别是第 i 颗卫星的权和卫星高度角（以弧度表示）；e_1 和 e_2 是模型系数。在实际数据处理过程中，这些模型系数可以利用历史观测数据通过方差分量估计的方法来确定。

方差因子随时间显著变化，因此可以利用验后残差对方差因子进行实时估计。然而，单历元模式通常没有足够的冗余观测值用于方差因子估计，因此使用滑动窗口方差因子估计法，该方法的估计过程为（Wang et al., 2013）

$$\hat{\sigma}_{0,t}^2 = \frac{\sum_{i=t-L}^{t} (\hat{e}_i^T Q_{yy,i}^{-1} \hat{e}_i)}{\sum_{i=t-L}^{t} (m_i - p - n_i)} \tag{5.14}$$

其中：下标 i 是历元号；t 是当前历元；L 是窗口长度。在单历元数据处理模式中很难直接估计载波相位测量的方差，因此假设载波相位的协因数矩阵和测距码的协因数矩阵结构相同，但是尺度上相差一个固定的比例因子。

电离层方差更难以建模，因为它随着用户位置、时间、太阳活动强度、卫星高度角和基线长度而变化。幸运的是，对于基线小于 35 km 的情况，可以通过双差来大幅度削弱电离层延迟的影响。因此，在本小节中，电离层方差被建模为基线长度和卫星高度角的函数。电离层的方差表示为

$$D(V_{I,i}) = e_1 + e_2 \exp\left\{\frac{-E_i}{5}\right\} + \left(e_3 + e_4 \exp\left\{\frac{-E_i}{5}\right\}\right) L_B \tag{5.15}$$

其中：$D(V_{I,i})$ 是非差电离层虚拟观测的方差；$e_1, e_2, \cdots, e_4$ 是模型系数；L_B 是基线长度；E_i 是卫星的高度角。该电离层方差模型是 4 个模型系数的线性函数，因此可以使用最小二乘方差分量估计方法来估计这些系数（Amiri-Simkooei, 2007; Teunissen and Amiri-Simkooei, 2007）。在本小节中，电离层方差系数使用相同 GNSS 监测站的历史数据估计，因为在相邻的几天内，双差电离层方差变化规律相似。

5.4.2　数据描述

本小节从美国国家大地测量局的连续运行参考站网络中选取了两个子网。第一个子网络是一个小规模的 GNSS 基线，包括 4 个 GNSS 监测站，站间距为 4~15 km。处理该数据集时采用短基线模型，即电离层固定模型。这种情况下，主要研究 FF-DTIA 在短基线情况下的性能。第二个子网是一个中等规模的 GNSS 基线网，由 6 个 GNSS 站组成，站间距离为 7~35 km。该子网主要用于评估 FF-DTIA 在中长基线情况下的模糊度检验性能。在本小节中使用了一周的 GPS 数据（DOY 001-007, 2015），该数据可从 NGS FTP 服务器（ftp://geodesy.noaa.gov/cors/）免费下载。这些台站的地理分布如图 5-13 所示，这些 GNSS 监测站均分布在美国西海岸附近。所有的 GNSS 监测站都配备了 Trimble Net RSGNSS 接收机。CRBT 和 MASW 站上配备了 ASH701945B_M 型 GNSS 接收天线，其余站配备 TRM29659.00 型 GNSS 接收天线。

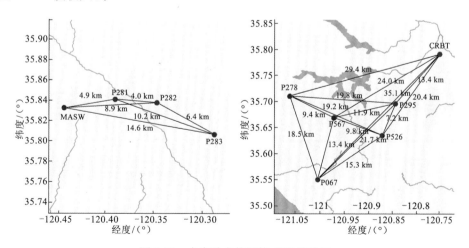

图 5-13　本实验中使用的 GPS 基线网

表 5-4 中列出了详细的数据处理策略。在数据处理中，GNSS 观测数据的随机模型采用按卫星高度角加权模型和方差因子估计的方法来描述。通过分析历史观测数据得到观测随机模型和电离层随机模型系数。卫星高度角相关的观测随机模型如图 5-14 所示。电离层模型系数 $e_1, e_2, \cdots, e_4$ 分别为 0、0、0.000 035 和 0.003。在该模型中，由于参数 e_1 和 e_2 的估值太小，在计算时直接将其设置为 0。$D(V)$ 计算结果以 m^2 为单位。定位计算过程中，使用标准最小二乘估计器来估计模糊度的浮点解，再利用整数最小二乘估计器估计模糊度的整数解。分别使用经验阈值的 Ratio 检验和 FF-Difference 检验来检验固定的整数模糊度的正确性。采用 5.3 节中介绍的阈值函数法计算 FF-Difference 检验的阈值。阈值函数方法允许用户在不进行蒙特卡洛仿真的情况下，计算得到固定失败率的 DTIA 的阈值，因此不需要大量的仿真计算。

表 5-4 数据描述和处理策略

参数项	配置值	参数项	配置值
观测日期	2015, DOY 001-007	电离层模型	Klobuchar 模型+电离层加权模型
数据间隔/s	30	对流层	Saastamoinen 模型
截止高度角	15°	参数估计策略	逐历元估计
星座	GPS	整数模糊度估计	整数最小二乘
Frequencies	L1+L2		

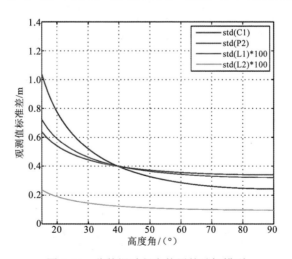

图 5-14 此数据过程中使用的随机模型

5.4.3　模糊度接受性检验的性能指标

　　根据整数孔估计的可靠性理论，模糊度接受性检验的性能可以从成功率和失败率两个方面评估。在本小节中，采用 GNSS 数据处理中常用的 Ratio 检验用作评估 FF-Difference 检验性能的参考值。

　　在实际数据处理中，模糊度接受性检验的性能取决于定位模型与观测值之间的一致性。从定位模型 $Q_{\hat{a}\hat{a}}$ 计算得到的模糊度检验性能指标被称为理论成功率和理论失败率。同样地，这些性能指标也可以从检验结果中统计出来，这些根据实际计算结果统计得到的性能指标称为经验成功率和经验失败率。经验成功率和经验失败率定义为（Wang et al., 2016a）

$$
\begin{cases}
P_{s,e} = \dfrac{N_c}{N_t} \\[2mm]
P_{f,e} = \dfrac{N_i}{N_t}
\end{cases}
\tag{5.16}
$$

其中：N_c，N_i 和 N_t 分别是正确固定的历元数、错误固定的历元数和总历元数。对于模糊度估计，有 $N_c + N_i = N_t$，但对于整数孔估计，变成了 $N_c + N_i \leqslant N_t$。经验成功率和经验失败率的计算需要已知正确和错误固定的历元数，因此只有在知道模糊度的真值时才能计算。模糊度的真值在大多数情况下是不可能求得的，但是如果模糊度固定正确，其定位坐标应该在真值附近。准确的定位坐标的真值是可计算得到的。在本小节中，采用坐标参数固定模型确定的模糊度定义为模糊度参数的真值。将 GNSS 接收机的坐标约束到已知坐标上，其他模型处理方法与 RTK 定位模型保持一致。这样计算得到的模糊度认定为整数模糊度的参考值。这种方法在理论上可能不够严密，也无法证明求得的模糊度就是模糊度真值，但它可以保证将模糊度固定在所谓"正确的模糊度"上时，其对应的坐标参数的固定解在真值附近。将 RTK 模型中的固定的整数模糊度与整数模糊度参考值进行比较，以确定固定模糊度解算的正确性。

　　该实验旨在确定固定失败率方法是否可以控制实际 GNSS 数据处理中的失败率并探索单历元 RTK 中的 Ratio 检验性能。如果从实际 GNSS 数据处理得到的经验失败率始终小于用户指定的失败率阈值，则固定失败率方法能够控制失败率。只有定位模型能够很好地描述数据时才能满足这种情况。还使用经验阈值评估目前常用的 Ratio 检验的性能，并使用其性能作为评估 FF-Difference 检验性能的参考值。

5.4.4　随机模型对模糊度解算成功率的影响

　　GNSS 定位的随机模型选择在模糊度解算成功率计算中起着非常重要的作

用。为了研究随机模型对模糊度解算的影响，使用 4 种不同的随机模型进行模糊度解算，并比较对应的 ILS 理论成功率和 ILS 经验成功率。这两种成功率的一致性用于反映定位的数学模型和实际数据的一致性。本实验中设计 4 种随机模型方案，如下：

方案 1：固定方差因子加上等权模型；

方案 2：固定方差因子加上卫星高度相关权矩阵；

方案 3：实时估计方差因子加上等权模型；

方案 4：实时估计方差因子加上与卫星高度角相关的权矩阵。

计算结果如图 5-15 所示。该图显示随机模型对理论成功率和经验成功率都有影响。不正确的随机模型可能会导致理论成功率和经验成功率之间差异变大，并导致通过模型计算的可靠性指标失效。需要特别指出的是，计算结果显示这些差异随着基线变长而变大。方案 1 显示了这两种成功率具有良好的一致性，但两种成功率均没有达到最大值。改进的随机模型能够同时提高理论成功率和经验成功率，并提高它们的一致性。方案 4 显示该随机模型条件下，理论成功率和经验成功率均有提高，并且两者具有良好的一致性，因此可以认为其对应的随机模型能够很好地反映观测数据的随机特征。模糊度估计理论成功率和经验成功率之间的良好一致性是模糊度解算的可靠性控制有效的先决条件。

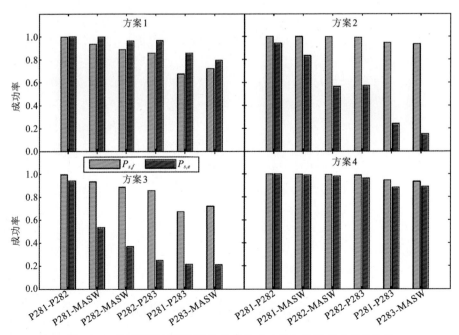

图 5-15　从不同随机模型计算的理论成功率和经验成功率的比较

5.4.5   失败率比较

失败率是模糊度接受性检验中重要的可靠性指标。模糊度检验失败率小意味着固定的整数模糊度更可靠。可以通过经验失败率与失败率阈值之间的关系来判断模糊度解算的可靠性是否可控。

使用短基线网的 GNSS 数据进行模糊度接受性检验的经验失败率如图 5-16 所示。在这种情况下，数据处理采用短基线模型（电离层固定模型）。由于完全没有双差电离层和对流层延迟，定位模型较强。图中显示了 FF-Difference 检验和不同经验阈值的 Ratio 检验得到的经验失败率。在该实验中考虑了最常见的 Ratio 检验的几个经验阈值，包括 1.5、2 和 3。Ratio 检验和 FF-Difference 检验的经验失败率如图 5-16 所示，其中 Ratio 检验阈值 1 表示不使用模糊度接受性检验，对应的失败率即是 ILS 失败率。模糊度接受性检验对模糊度解算可靠性提升的贡献可以通过将经验失败率与 ILS 失败率进行比较来评估。数值结果表明，ILS 失败率随着基线长度的增加而增加，但失败率也取决于观测值的数据质量。Ratio 检验和 FF-Difference 检验都可以有效地降低模糊度解算的失败率。用户指定的失败率阈值在图中标记为黑线；蓝线是 FF-Difference 检验的经验失败率。在大多数情况下，FF-Difference 检验的经验失败率低于失效率阈值，因此具有阈值函数的 FF-Difference 检验可以控制短基线情况下的模糊度解算可靠性。具有较大阈值的 Ratio 检验也具有较小的经验失败率，但经验失败率的大小每条基线都有所不同。Ratio 检验通常具有比失败率阈值更小的失败率，因此 Ratio 检验对于短基线是可靠的。

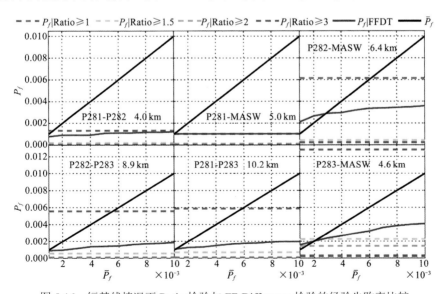

图 5-16   短基线情况下 Ratio 检验与 FF-Difference 检验的经验失败率比较

中长基线情况下模糊度接受性检验的经验失败率如图 5-17 所示,使用电离层加权模型来处理双差电离层残差的影响。每颗卫星估计一个电离层参数,并且给电离层参数附加了先验约束信息。在这种情况下,GNSS 定位的模型强度取决于先验电离层方差的大小。当先验方差约束为 0 时,该模型退化为短基线模型。在本小节中电离层方差被建模为基线长度的函数,参见式(5.15)。它在短基线情况下接近电离层参数固定模型,在长基线情况下相当于电离层参数无约束模型。

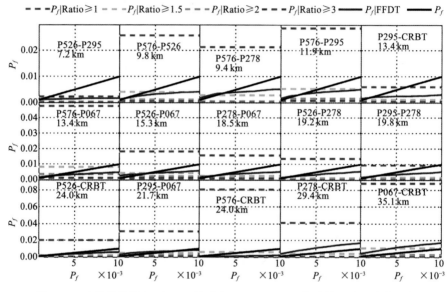

图 5-17 中长基线情况下 Ratio 检验与 FF-Difference 检验的经验失败率比较

图 5-17 表明对于中长基线 RTK 定位,ILS 失败率通常大于短基线情况,因此对于中长基线,其定位模型的强度明显变弱。对于基线长度大于 15 km 的基线,电离层加权模型的经验 ILS 失败率显著大于电离层固定模型。这是因为更强的定位模型对模糊度估计中的小偏差更具鲁棒性(Li et al., 2013)。在中长基线情况下,Ratio 检验和 FF-Difference 检验都可以显著提高模糊度解算的可靠性。FF-Difference 检验可以确保在大多数情况下经验失败率小于阈值。注意对于基线 P287-CRBT 和 P067-CRBT,其经验失败率略大于失败率阈值,但即使在这些情况下,FF-Difference 检验仍然可以显著降低模糊度解算的失败率。在所有情况下,Ratio 检验的失败率都很小,但其经验失败率也与基线有关。例如,μ_R =1.5 情况下的经验失败率从小于 0.1%(P526-P295)变化到 1%(P067-CRBT)。对于 μ_R =3 的情况,其经验失败率总是小于 0.1%,但在大多数情况下,μ_R =3 仍旧过于保守。

5.4.6　成功率比较

在模糊度接受性检验中，降低失败率的代价是对应的成功率也降低。如果一味地追求更低的失败率，导致模糊度解算的成功率太低也是没有意义的。希望最大化地利用模糊度固定解来提高定位精度，同时又能控制模糊度固定失败的风险。固定失败率方法的理念是通过控制失败率来实现最大成功。因此，模糊度接受性检验的性能不能仅评估低失败率，同时也要尽量地保证模糊度解算的高成功率。

本小节评估了 Ratio 检验和 Difference 检验的经验成功率，短基线情况的结果如图 5-18 所示。该图显示，在 $\mu_R =3$ 的情况下，所有的基线成功率都最低，但同时具有最小的失败风险。因此，对于 $\overline{P}_f \geqslant 0.1\%$，$\mu_R =3$ 是一个过于保守的阈值，因为在同样失败率的条件下，仍然可以接受更多的固定解。如何最优地平衡失败风险和成功率一直是阈值确定的关键问题。$\mu_R =3$ 是否是合理的阈值取决于其失败率阈值。对于较小的失败率阈值情况，它可能是一个很好的选择。对于 $\overline{P}_f =0.1\%$ 的情况，Ratio 检验阈值设置为 1.5 对基线 P281-P282 和 P281-MASW 来说是过于保守的，但是对于基线 P283-MASW 它变得过于乐观。因此，很难找到某一个经验阈值来确保不同情况下的模糊度解算的可靠性。FF-Difference 检验能够根据用户指定的失败率阈值来自动计算 Difference 检验的阈值，以避免阈值过度乐观或过度保守。通过固定失败率，用户可以选择通过使用较大的失败率阈值来获得较高的成

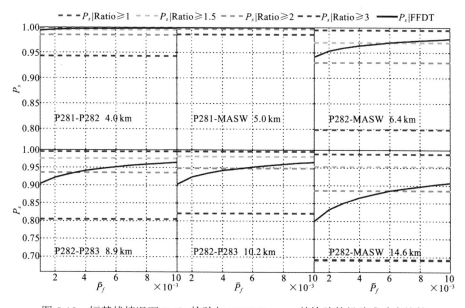

图 5-18　短基线情况下 Ratio 检验与 FF-Difference 差检验的经验成功率比较

功率,或者通过使用较小的失败率阈值来获得较低的成功率,但模糊度固定失败风险始终处于可控的范围内。

中长基线情况下的经验成功率如图 5-19 所示。该图表明 FF-Difference 检验的成功率总是高于 $\mu_R=3$ 的情况,而是否高于 $\mu_R=2$ 的情况则取决于失败率阈值。当失败率阈值较大时,例如 $\overline{P}_f \geqslant 0.5\%$,FF-Difference 检验的成功率高于 $\mu_R=2$ 的情况。但当失败率阈值小时,FF-Difference 检验的成功率较低。对于短基线情况,FF-Difference 检验具有比 $\mu_R=1.5$ 的情况更高的经验成功率,因此 $\mu_R=1.5$ 对于短基线情况过于保守。

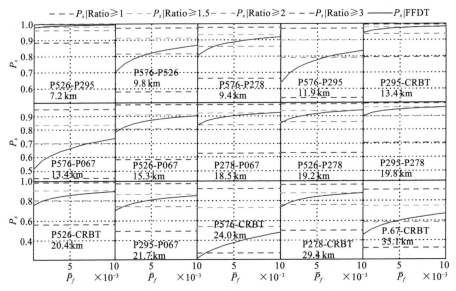

图 5-19　中等基线情况下 Ratio 检验与 FF-Difference 检验的经验成功率比较

5.4.7　定位精度的比较

实测数据处理的结果与仿真结果之间存在一些差别:Ratio 检验有时优于 FF-Difference 检验,这意味着它比 FF-Difference 检验具有更小的失败率和更高的成功率。仿真研究表明,FF-Difference 检验在理论上优于 FF-Ratio 检验(Li et al.,2016;Zhang et al.,2015;Wang et al.,2014a),但在实际数据过程中并非总是如此。这些差异是由潜在的模型误差引起的,尤其是随机模型中的方差因子不准确引起的。例如,如果观测值方差按因子缩放,则相应的方差–协方差矩阵也由相同因子缩放。结果,Difference 检验统计值变为 $\frac{1}{\alpha}\left(\|\hat{a}-\breve{a}_2\|_{Q_{\hat{a}\hat{a}}}^2 - \|\hat{a}-\breve{a}\|_{Q_{\hat{a}\hat{a}}}^2\right)$,而 Ratio 检验统计值不变。不准确的方差因子会影响 IB 成功率计算,而不准确的 IB 成功率意味着

不准确的 FF 阈值。因此,不准确的方差因子也会对固定失败率方法产生负面影响。此外,这样的结果也表明可以通过进一步精化随机模型来提高 FF-Difference 检验的性能。

在本小节中,虽然已经采用了方差因子实时估计对观测值的随机模型误差进行处理,但结果仍然不够准确。定位模型和实际数据之间的差异可以通过比较定位结果 $\check{b}$ 的理论精度和经验精度来判断。正确固定解的理论精度可以用式（3.12）计算,它只能反映正确固定的模糊度 $\check{b}$ 的精度。基线参数 $\check{b}$ 的经验方差–协方差矩阵可以通过以下公式计算:

$$\hat{Q}_{bb}=\frac{(\check{b}-\overline{\check{b}})^{\mathrm{T}}(\check{b}-\overline{\check{b}})}{N_c-1} \tag{5.17}$$

其中: $\hat{Q}_{bb}$ 是 $\check{b}$ 的经验方差–协方差矩阵; $\overline{\check{b}}$ 是 $\check{b}$ 的平均值。在计算中,仅考虑 $\check{b}$ 正确固定的模糊度,因为由模糊度固定错误引入的偏差只会影响基线向量的经验精度,而对其理论精度没有影响。因此,将基线向量的理论精度直接和基线向量的经验精度相比较是没有意义的。这里比较了基线向量的理论精度和模糊度固定正确情况下基线向量的精度。理想情况下,基线向量的理论精度与经验精度完全相同,但是由于方差因子不准确,会影响基线向量的理论精度。

短基线和中长基线情况下的基线向量理论精度比较结果如图 5-20 所示。该图表明具有正确固定模糊度的 RTK 固定解的定位精度非常高。对于基线向量,其北

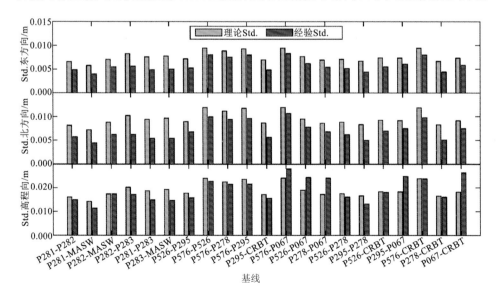

图 5-20　模糊固定解的理论精度与经验精度的比较

Std.表示标准差

方向和东方向的经验精度均小于 1 cm。高程方向的经验精度低于水平方向：短基线的精度约为 1~2 cm，中长基线的精度约 2~3 cm。基线向量的理论精度与经验精度表现出一定的相关性。精度略差的基线往往理论精度和经验精度都偏低。这意味着定位模型可以反映观测值的方差变化。这种对不同基线的自适应能力主要是在随机模型建模时应用了实时观测噪声方差因子估计和基线长度相关的电离层方差模型。定位模型的这种自适应能力使得模糊度解算可靠性控制成为可能。图 5-20 也显示定位结果的经验精度与理论精度并不完全相同，这意味着随机模型还不够准确。因此，可以通过进一步精化 GNSS 观测值的随机模型来提升基线向量的理论精度和经验精度之间的一致性。

5.5 阈值确定方法的比较

在引入不同的模糊度接受性检验阈值确定方法之后，对这些方法进行比较。经验法简单有效，但缺乏合理的理论基础。模糊度解算的可靠性与定位使用的模型强度存在一定的相关性，因此很难找到一种适合所有情景的经验阈值。显著性检验方法是经典假设检验中常用的阈值确定方法，也适用于模糊度接受性检验。将显著性检验法应用于模糊度接受性检验的流程在 5.1.2 小节中进行了介绍。显著性检验在假设检验理论上是严格的，但由于它不能满足模糊接受性检验的高可靠性要求，在模糊度接受性检验中并不常用。似然比方法是确定阈值的比较好的方法。它高效且理论上严谨，但其性能仍需要利用仿真数据和实测 GNSS 数据进一步深入研究。目前在 GNSS 模糊度解算可靠性控制中，研究得较为透彻的是固定失败率的方法。它在理论上是合理的，但应用过程中的计算量比较大。因此，有必要简化固定失败率方法并提高其计算效率。查找表方法和阈值函数方法以不同方式简化固定失败率方法。

在本节中，在表 5-5 中比较了基于蒙特卡洛仿真的固定失败率法、查找表法和阈值函数法的区别，这三种方法都包括 4 个步骤。基于蒙特卡洛仿真的 FF 方法是最通用的方法，它对所有 IA 估计器都是适用的。查找表法最早是针对确定 Ratio 检验阈值提出的，但它也适用于其他 IA 估计器。然而，目前还没有看到将查找表法应用于其他 IA 估计器阈值确定的相关研究结果。阈值函数法是为确定 FF-Difference 检验阈值而提出的，但它也适用于 Ratio 检验（Hou et al.，2016）和广义 Difference 检验法（Wang et al.，2018b）。基于蒙特卡洛仿真的固定失败率法中，第二步是最耗时的步骤，因为它需要大规模的蒙特卡洛仿真计算。查找表方法虽然不需要通过仿真建立阈值和失败率的关系，但仍然需要通过仿真来计算 ILS 失败率。阈值函数法允许直接计算 IB 成功率而不需要任何仿真计算,因此,其计算效率高于其他两种方法。查找表法和阈值函数法都绕过了对逆积分问题的求根过程。查找表方法采用插值的方法来计算所需的阈值,而阈值函数方法采用有理函数法来计算阈值。这三种阈值确定方法的决策步骤都是相同的。总的来说,基于蒙特卡洛仿真的固定失败率法是确定阈值的最通用但最低效的方法,而阈值函数法是最高效的方法,因为它不需要任何仿真计算。

表 5-5　三种具有可控失败率的阈值确定方法的比较

步骤	FF 方法	查表法	阈值函数法
检验统计结构	所有 IA 估计器	RTIA/其他 IA 估计器	DTIA/其他 IA 估计器
概率计算	通过仿真计算阈值和失败率之间的关系	通过仿真计算 ILS 失败率	根据公式计算 IB 成功率
阈值确定决策	数值求根法	查找表内插	阈值函数
决策	将检验统计量与阈值进行比较,做出决策		

第 6 章　GNSS 模糊度解算总结及发展方向

可靠性控制是 GNSS 载波相位模糊度解算中不可或缺的环节。本书从三个方面研究 GNSS 模糊度解算中的可靠性控制问题:定位数学模型、整数估计方法和模糊度接受性检验方法。

6.1　GNSS 模糊度解算方法总结

本书从定位的数学模型、整数估计方法和模糊度接受性检验方面研究可靠性控制问题,还详细研究了阈值确定问题,可从以下 4 个方面进行总结。

(1) 关于定位数学模型,讨论了误差处理方法和恢复 GNSS 模糊度的整数性质的方法。介绍并比较了精密定位的双差模型和单差模型。比较结果表明,这两种模型实质上都恢复了载波相位的双差整数特性,但采用不同的修正形式。还讨论了模型验证的方法,该方法可用于验证函数模型的不平衡性。从方差–协方差矩阵结构和方差分量估计方面研究随机模型。方差分量估计使得能够从后验残差中提取方差分量信息,并使得精确的随机建模成为可能。

(2) 整数估计在模糊度解算可靠性控制中起重要作用。从拉入区和成功率方面讨论了三个可容许的整数估计器:整数舍入估计器、整数 bootstrapping 估计器和整数最小二乘估计器。本书详细解释了每种估计器中拉入区的构造方法,并研究了不同整数估计器成功率的计算方法。整数估计的成功率是整数估计可靠性的关键指标。利用大量的仿真数据对三个整数估计器的成功率进行了比较,结果表明整数最小二乘法估计的整数估计成功率最高。通过适当地降相关后,整数 bootstrapping 估计器的成功率是整数最小二乘估计成功率的紧下限。

(3) 整数估计的可靠性主要由定位模型和整数估计器决定,而采用了模糊度接受性检验后整数模糊度解算的可靠性变得可控。模糊度接受性检验主要包括三个方面:概率分布基础,检验统计量的构造和阈值确定。本书研究了模糊度接受性检验的概率基础,提出了一种模糊度接受性检验的假设检验模型,并与一般假设检验模型进行了比较。在模糊度接受性检验中,研究了 11 种不同的整数孔估计器。

根据这些 IA 估计器的统计检验量的性质将其分为 4 类,并且在每一类的基础上比较它们的异同点。本书提出了加权整数 bootstrapping 孔估计,数值结果表明它优于现有的整数 bootstrapping 孔估计器。本书还提出了基于似然比的 IA 估计器,称为似然比整数孔估计器。与大多数 IA 估计器相比,LRIA 使用似然比作为可靠性指标,研究表明 LRIA 可以保证 GNSS 模糊度解算的固定成功率。

(4)模糊度接受性检验中最重要的问题是如何合理地确定阈值。本书介绍了 4 种模糊度接受性检验的阈值确定方法。常用的经验法虽然实现简单,但无法确保固定解的可靠性。显著性检验方法在一般假设检验问题中很常见,但不适用于模糊度接受性检验。似然比方法可以确保固定成功率,该方法主要面向基于概率的 IA 估计器,例如 DTIA 和 LRIA。固定失败率方法采用模糊度检验的失败率作为可靠性指标,并且能够确保模糊度接受性检验的失败率始终低于指定的阈值。固定失败率的方法适用于所有 IA 估计器,但它计算量很大,难以满足实时定位的需求。如何降低固定失败率法的计算负荷是阈值确定方法面临的主要挑战。本书提出了一种阈值函数法作为简化计算的固定失败率方法的实现方法。仿真和实测数据的处理结果表明,阈值函数法的计算效率更高,而其性能与固定失败率法相当。

6.2　本书的主要贡献

本书系统地研究了 GNSS 模糊度解算可靠性理论。模糊度解算的可靠性在模糊度估计和模糊度接受性检验中的定义略有不同。模糊度估计的可靠性用成功率来表征,模糊度接受性检验的可靠性主要靠失败率来衡量。模糊度检验的可靠性也可以用其他的指标,比如似然比、固定成功率等。GNSS 模糊度解算的可靠性主要是通过模糊度接受性检验来控制。本书的主要贡献包括以下几点。

(1)系统地介绍了整数孔估计的相关理论。使用大量的仿真数据评估了不同 IA 估计器的性能。根据 IA 估计器的统计检验量特征将它们分为 4 类,分类揭示了不同 IA 估计量之间的相似点和不同点。这种归纳和总结有助于了解如何构造模糊度接受性检验量,并且有助于启发模糊度检验统计量构造的新思路。

(2)提出了模糊度接受性检验的一般假设检验模型,并与经典假设检验模型进行了比较。分析了模糊度接受性检验问题与一般假设检验问题的不同点,有助于更好地理解模糊度接受性检验的概率分布基础问题。

(3)提出了一种加权整数 bootstrapping 孔估计器,它具有比整数 bootstrapping 孔估计器更好的性能。同时 WIAB 估计器的成功率和失败率可以通过解析表达式精确计算。WIAB 适合应用于采用 IB 估计器进行模糊度固定的情况。

（4）本书对似然比整数孔估计进行了系统的研究，并与最优整数孔估计器进行了比较。LRIA 具有与 OIA 相同的接受区域形状，但其阈值确定方法不同。通过比较 OIA 和 LRIA 可知，在部分模型条件下，LRIA 能够给出更合理的阈值。LRIA 采用似然比而不是失败率作为可靠性度量，因此它通过控制固定成功率来控制模糊度解算的可靠性，而不是失败率。

（5）系统地介绍了模糊度接受性检验的阈值确定方法。在整数孔估计框架下，阈值确定方法成为独立的研究课题。本书将现有的阈值确定方法总结为 4 类，并对其优缺点进行了归纳总结。

（6）提出了一种新的模糊度接受性检验阈值确定方法，称为阈值函数方法。该方法抛开了数值仿真计算的过程，并且保留了固定失败率方法的可控失败率性质。阈值函数方法允许用户根据整数 bootstrapping 成功率直接计算 FF 阈值，因此 FF 阈值计算的复杂性显著降低。

（7）将固定失败率的阈值确定方法应用于实测的 GNSS 数据处理流程中，评估了阈值函数法在实测 GNSS 数据处理方面的性能，证明了 FF 方法在实际数据处理中的可行性，对工程用户也有一定的借鉴意义。

6.3　GNSS 模糊度解算的发展方向

经过二十余年的发展和研究，目前 GNSS 模糊度可靠性控制的相关理论框架已经建立，对该问题已经有清晰的认识，但是距离完全解决问题还有很长的路要走。按照作者观点，GNSS 领域未来还有很多工作要做。随着卫星导航定位技术的发展，也会逐步出现一些新的问题与挑战。根据目前的研究，未来在 GNSS 模糊度可靠性控制方面，需要解决以下几个方面的问题。

6.3.1　高维模糊度解算问题

随着多 GNSS 系统的部署成功，可用的 GNSS 卫星数量逐步增加。对应的模糊度解算的维数也相应地显著增加。对于高维模糊度解算的情况下，整数最小二乘虽然理论上仍旧是最优解，但是其计算效率随着模糊度维数增加将面临挑战。虽然通过算法方面的改进，如 MLAMBDA 等（Chang et al., 2005），相对于椭球搜索算法在效率上有显著的提升，但是模糊度维数仍旧是影响模糊度搜索效率的主要影响因素。高维情况下，利用整数最小二乘算法是否仍旧能满足实时精密定位对时效性的需求尚未可知，因此如何提升高维模糊度解算的效率是 GNSS 模糊度解算领域有待解决的问题。

　　另一方面,高维模糊度条件下,模糊度的影响和作用会发生一些变化。比如高维情况下是不是需要正确固定所有的模糊度才能获得高精度定位结果。针对不同频率的卫星导航信号,研究模糊度维数与定位精度的关系,如图 6-1 所示。该图显示只有正确固定的模糊度维数达到一定数量,才能显著提升定位精度。正确固定的模糊度维数太少则对定位精度提升并不明显。另一方面,一旦正确固定的模糊度数量达到条件后,继续固定更多的模糊度也不会无限制地提升定位的精度。因此,从定位应用的角度来看,在高维模糊度条件下,并不需要固定所有的模糊度,如果能够有效地固定一个模糊度子集,就足以获得高精度定位结果。对于部分模糊度固定,主要的挑战是如何正确地选择需要固定的模糊度子集。这方面已经有一些研究,例如根据成功率阈值或者根据 Ratio 阈值来选取部分模糊度子集(Wang and Feng,2013a; Parkins,2011)。这些子集选取策略是否合理,是否最优都有待进一步研究。

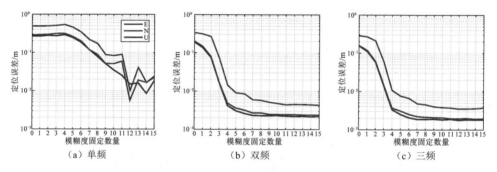

图 6-1　不同信号频率条件下,模糊度固定维数与定位精度的关系

　　部分模糊度固定的原理为,根据混合整数模型:

$$E(y)=(A,B)\begin{pmatrix} a \\ b \end{pmatrix}, \quad D(y)=Q_{yy} \tag{5.18}$$

　　对于部分模糊度固定模型而言,参数 b 不仅包括实数参数,还包括一部分精度比较差的模糊度参数,只有选入模糊度固定子集的参数被视为整数参数 a,求解该模型的方法与 3.1 节描述的过程完全相同。

　　部分模糊度固定条件下,模糊度接受性检验的相关方法仍然有待研究。另外高维条件下模糊度接受性检验的计算效率也面临巨大的挑战,特别是需要利用蒙特卡洛仿真计算的 IA 估计器,其计算效率将进一步下降。

　　另一方面,高维模糊度情况下会导致模糊度解算的成功率下降,因为模糊度估计的成功率具有短筒效应,总的模糊度解算成功率是由成功率最低的那个维度定义的。一旦模糊度成功率降低，搜索效率、检验的可靠性等问题都相应地出现了。提高高维模糊度成功率的方法也是只进行部分模糊度固定。只选择成功率较高的维尝试模糊度固定，可以获得比全部模糊度固定更高的成功率。

6.3.2　随机模型精化问题

随机模型是影响模糊度解算效率的关键问题。随机模型对模糊度解算的影响要分为两部分来讨论——方差因子的影响和权矩阵的影响。

方差因子对模糊度估计的结果没有影响，但对模糊度估计成功率的评估有影响。在定位模型中，方差因子确定不准确相当于给模糊度残差的 Mohalanobis 距离乘以了一个比例因子。该比例因子不会影响整数舍入估计器、整数 bootstrapping 估计器和整数最小二乘估计器的模糊度估计结果，但是不准确的方差因子会导致模糊度浮点解的概率密度函数发生变化，相应地模糊度估计的成功率、失败率都会发生变化，导致理论成功率与实际成功率之间的差异较大。对于模糊度接受性检验，方差因子既影响检验结果，又影响模糊度检验的成功率和失败率。整个模糊度接受性检验理论都是建立在概率统计学的基础上的，一旦概率分布发生了变化，假设检验的结果及其相关的概率指标都会发生变化。这里值得特别注意的是 Ratio 检验的检验统计量能够消除方差因子的影响。如果 Ratio 检验采用经验阈值，那么方差因子对 Ratio 检验则没有影响。这也是 5.4 节中阐述的实测数据中 Ratio 检验有时优于 Difference 检验，但是仿真计算中却不如 Difference 检验的原因。一旦实测数据的方差因子计算不准确，会对 Difference 检验的性能产生比较大的影响。

如果采用固定失败率法确定模糊度接受性检验的阈值，则所有 IA 估计器的结果都受到方差因子的影响，因为方差因子影响失败率的计算。

权矩阵对模糊度估计和模糊度接受性检验都有影响。权矩阵会决定模糊度浮点解置信椭圆的形状和指向，因此是决定模糊度概率分布的主要因素。不同的权矩阵会导致模糊度固定的结果和检验的结果完全不同。通常情况下权矩阵的确定相对容易，但是方差因子的确定则复杂很多。

尽管有很多方法来确定 GNSS 观测值的随机模型，但是模糊度接受性检验需要定量地分析随机模型建模与实际随机模型之间的不符合程度，这对随机模型精确建模仍然带来一定的挑战。即使随机模型中有细微的变化也可能会导致计算的成功率或失败率发生变化，因此模糊度检验对随机模型的依赖程度非常高。只有当随机模型对观测值的特性刻画与仿真数据相当的精度水平时，才可能在实际数据处理中得到与仿真结果一致的结果。

6.3.3　改正数产品的无偏性和自洽性检验

随着 PPP-RTK 技术的兴起，非差模糊度固定技术逐渐成熟起来，然而目前针对 PPP-RTK 模糊度固定的接受性检验理论尚未建立。目前尚未见到相关的研究能够很好地区分 PPP-RTK 模糊度固定正确与否，究其根本原因是无法保证 PPP-RTK 模糊度浮点解的无偏性。对于 RTK 模糊度解算，双差模糊度浮点解期望大部分情况下是整数，其函数模型的无偏性已得到广泛地验证。对于 PPP-RTK，其模糊度整数特性的恢复依赖整数钟差改正数或者类似的产品。不同机构发布的产品之间由于基准不同，处理策略不同，处理方法不同，存在自洽问题。不同机构的产品一般情况下不能混合使用。此外，PPP-RTK 模糊度能否固定主要取决于整数钟差改正数的质量。改正数的质量好，模糊度固定成功率就高；改正数质量差，模糊度固定的成功率就不高。改正数的质量好不好用户端通常情况下无法知晓。在服务器端，改正数生成的质量也无法实时控制。由于服务器端使用的接收机和用户端使用的接收机，天线各有不同，可能改正数对部分用户很好，对另外一部分用户则不行。这样一来，改正数的质量及改正数和接收机的自洽性就成为制约 PPP-RTK 模糊度固定的主要因素。改正数是外部提供的，并不反映在定位的数学模型中，因此用户端没有办法检验应用了改正数后，浮点解是否是无偏模型，这也导致 PPP-RTK 的模糊度固定及检验问题，目前尚无有效的办法来检验。这个问题与 2.3.2 小节中讨论的模型检验问题不是同一个问题。控制改正数的质量和自洽性需要服务器端和用户端协同努力才能得到解决。这也是目前 PPP-RTK 质量控制的重要课题，目前尚未得到有效的解决。

6.3.4　非 GNSS 定位技术的模糊度问题

经过几十年的发展，卫星导航技术已经逐步走向成熟，但是还有很多导航定位问题没有解决。为了提升导航定位服务的能力，需要结合多种导航源信息全面提升导航定位服务的精度、可用性、可靠性、连续性、完好性等指标。杨元喜（2016）提出综合 PNT 体系，为下一代导航定位技术指明了发展方向。李德仁等（2017，2015）提出的天基信息实时服务系统，指出低轨卫星导航增强系统是提升导航定位服务性能的关键技术。导航定位服务将从 GNSS 走向多源融合的时代，一些非 GNSS 定位技术，例如地基伪卫星技术（Rizos and Yang，2019；Montillet et al.，2013）、低轨卫星星基增强技术（Wang et al.，2019b，2018a；王磊 等，2018）都逐渐进入了精密定位领域。PPP-RTK 技术的思想和原理也逐步尝试用于解决这些非 GNSS 定位技术的精密定位问题。例如 Li 等（2019b）通过仿真计算研究了低轨卫星增强系统的 PPP 模糊度固定方法，Li 等（2019a）、Liu 等（2018）研究了地基伪卫星的 PPP 模糊度固定方法。对于非 GNSS 的精密定位问题，会面临新的技术挑战，比如信号源的时钟问题、信号源时间同步问题、信号测量问题、载波信号的波长问题、定位收敛问题等。如何利用 GNSS 精密定位中的模糊度解算技术解决新的问题，将是未来一段时间内导航定位领域面临的新的挑战。随着非 GNSS 定位技术的兴起，模糊度解算技术将 GNSS 跨越到空天地一体的多源精密导航技术，发挥更重要的作用。

参 考 文 献

崔希璋, 於宗俦, 陶本藻, 等, 2001. 广义测量平差原理. 武汉: 武汉大学出版社.

付文举, 2018. GNSS 实时精密卫星钟差估计及在线质量控制方法研究. 西安: 长安大学.

辜声峰, 2013. 多频 GNSS 非差非组合精密数据处理理论及其应用. 武汉: 武汉大学.

郭斐, 2013. GPS 精密单点定位质量控制与分析的相关理论和方法研究. 武汉: 武汉大学.

李盼, 2016. GNSS 精密单点定位模糊度快速固定技术和方法研究. 武汉: 武汉大学.

李博峰, 2010. 混合整数 GNSS 函数模型及随机模型参数估计理论与方法. 上海: 同济大学.

李博峰, 沈云中, 张兴福, 2012. 纳伪概率可控的四舍五入法及其在 RTK 模糊度固定中的应用.
     测绘学报, 41(4): 483-489.

李德仁, 沈欣, 龚健雅, 等, 2015. 论我国空间信息网络的构建. 武汉大学学报(信息科学版),
     40(6): 711-715, 766.

李德仁, 沈欣, 李迪龙, 等, 2017. 论军民融合的卫星通信、遥感、导航一体天基信息实时服务
     系统. 武汉大学学报(信息科学版), 42(11): 1501-1505.

李云中, 2013. GNSS/Compass 电离层时延修正及 TEC 监测理论与方法研究. 武汉: 中国科学院
     测量与地球物理研究所.

李征航, 黄劲松, 2005. GPS 测量与数据处理. 武汉: 武汉大学出版社.

刘经南, 于兴旺, 张小红, 2012. 基于格论的 GNSS 模糊度解算. 测绘学报, 41(5): 636-645.

王磊, 陈锐志, 李德仁, 等, 2018. 珞珈一号低轨卫星导航增强系统信号质量评估. 武汉大学学
     报(信息科学版), 43(12): 2191-2196.

夏林元, 2001. GPS 观测值中的多路径效应理论研究及数值结果. 武汉: 武汉大学.

谢刚, 2009. GPS 原理与接收机设计. 北京: 电子工业出版社.

杨元喜, 2016. 综合 PNT 体系及其关键技术. 测绘学报, 45(5): 505-510.

于兴旺, 2011. 多频 GNSS 精密定位理论与方法研究. 武汉: 武汉大学.

臧楠, 李博峰, 沈云中, 2017. 3 种 GPS+BDS 组合 PPP 模型比较与分析. 测绘学报, 46(2):
     1929-1938.

张小红, 李星星, 李盼, 2017. GNSS 精密单点定位技术及应用进展. 测绘学报, 46(10): 201-209.

郑福, 2017. 北斗/GNSS 实时广域高精度大气延迟建模与增强 PPP 应用研究. 武汉: 武汉大学.

周锋, 2018. 多系统 GNSS 非差非组合精密单点定位相关理论和方法研究. 上海: 华东师范大学.

ABIDIN H Z, 1993. Computational and geometrical aspects of on-the-fly ambiguity resolution. New
     Brunswick: University of New Brunswick.

AGRELL E, ERIKSSON T, VARDY A, et al., 2002. Closest point search in lattices. IEEE
     transactions on information theory, 48: 2201-2214.

AMIRI-SIMKOOEI A R, 2007. Least-squares variance component estimation: Theory and GPS
     Applications. Delft: Delft University of Technology.

AMIRI-SIMKOOEI A R, 2008. Noise in multivariate GPS position time-series. Journal of geodesy, 83: 175-187.

AMIRI-SIMKOOEI A R, 2009. Application of least-squares variance component estimation to GPS observables. Journal of surveying engineering, 4: 149-160.

AMIRI-SIMKOOEI A R, 2013. Application of least squares variance component estimation to errors-in-variables models. Journal of geodesy, 87: 935-944.

AMIRI-SIMKOOEI A R, TIBERIUS C, 2007. Assessing receiver noise using GPS short baseline time series. GPS solutions, 11: 21-35.

AMIRI-SIMKOOEI A R, TIBERIUS C C J M, TEUNISSEN P J G, 2007. Assessment of noise in GPS coordinate time series: Methodology and results. Journal of geophysical research: Solid earth, 112: 1-19.

AMIRI-SIMKOOEI A R, JAZAERI S, ZANGENEH-NEJAD F, et al., 2015. Role of stochastic model on GPS integer ambiguity resolution success rate. GPS solutions: 20(1): 51-61.

ANDERSON T W, 1955. The integral of a symmetric unimodal function over a symmetric convex set and some probability inequalities. Proceedings of the American mathematical society,62(2): 170-176.

ANDREW A M, 1979. Another efficient algorithm for convex hulls in two dimensions. Information processing letters, 9: 216-219.

Baarda W, 1966. Statistical concepts in geodesy. Geodesy Netherlands geodetic commission, Delft, Netherlands.

BAARDA W, 1968. A testing procedure for use in geodetic networks (vol.1). Geodesy Netherlands geodetic commission, Delft, Netherlands.

BIERMAN G J, 1977. Factorization methods for discrete sequential estimation. New York: Academic Press,

BLEWITT G, 1989. Carrier phase ambiguity resolution for the global positioning system applied to geodetic baselines up to 2000 km. Journal of geophysical research, 94(B8): 10187.

BOEHM J, SCHUH H, 2004. Vienna mapping functions in VLBI analyses. Geophysical research letters: 31(1): L01603-L01003.

BOEHM J, NIELL A, TREGONING P, et al., 2006. Global mapping function(GMF): A new empirical mapping function based on numerical weather model data. Geophysical research letters, 33(7): L07304-L07304.

BONA P, 2000. Precision, cross correlation, and time correlation of GPS phase and code observations. GPS solutions, 4(2): 3-13.

BORRE K, TIBERIUS C, 2000. Time series analysis of GPS observables. Proceedings of the 13th international technical meeting of the satellite division of the institute of navigation (ION GPS-2000), Salt Lake City, UT.

BOSSLER J, GOAD C C, BENDER P L, 1980. Using the global positioning system(GPS) for geodetic positioning. Bulletin geodesique, 54: 553-563.

CASSELS J W S, 2012. An introduction to the geometry of numbers. New York: Springer.

CHANG X, YANG X, ZHOU T, 2005. MLAMBDA: A modified LAMBDA method for integer least-squares estimation. Journal of geodesy, 79: 552-565.

COCARD M, BOURGON S, KAMALI O, et al., 2008. A systematic investigation of optimal carrier-phase combinations for modernized triple-frequency GPS. Journal of geodesy, 82: 555-564.

COLLINS P, 2008. Isolating and estimating undifferenced GPS integer ambiguities. Proceedings of the 2008 national technical meeting of the institute of navigation, San Diego, CA.

COLLINS P, BISNATH S B, LAHAYE F, et al., 2010. Undifferenced GPS ambiguity resolution using the decoupled clock model and ambiguity datum fixing. Navigation, 57(2): 123-123.

CORBEIL R R, SEARLE S R, 1976. Restricted maximum likelihood (REML) estimation of variance components in the mixed model. Technometrics, 18(1): 31-38.

CROCETTO N, GATTI M, RUSSO P, 2000. Simplified formulae for the BIQUE estimation of variance components in disjunctive observation groups. Journal of geodesy, 74(6): 447-457.

DE BAKKER P F, VAN DER MAREL H, TIBERIUS C, 2009. Geometry-free undifferenced, single and double differenced analysis of single frequency GPS, EGNOS and GIOVE-A/B measurements. GPS solutions, 13(4): 305-314.

DE JONGE P, TIBERIUS C, 1996. The LAMBDA method for integer ambiguity estimation: Implementation aspects. Delft Computing Centre, LGR-Series.

DONG D, BOCK Y, 1989. Global positioning system network analysis with phase ambiguity resolution applied to crustal deformation studies in California. Journal of geophysical research, 94(B4): 3949-3966.

EULER H J, GOAD C C, 1991. On optimal filtering of GPS dual frequency observations without using orbit information. Journal of geodesy, 65(2): 130-143.

EULER H J, SCHAFFRIN B, 1991. On a measure for the discernibility between different ambiguity solutions in the static-kinematic GPS-mode. The IAG Symposium.

FENG Y, 2008. GNSS three carrier ambiguity resolution using ionosphere-reduced virtual signals. Journal of geodesy, 82(12): 847-862.

FENG Y, WANG J, 2011. Computed success rates of various carrier phase integer estimation solutions and their comparison with statistical success rates. Journal of geodesy, 85(2): 93-103.

FORSSELL B, MARTIN-NEIRA M, HARRISZ R A, 1997. Carrier phase ambiguity resolution in GNSS-2. Proceedings of ION GPS, Kansas City, MO.

FORSTNER W, 1983. Reliability and discernability of extended Gauss-Markov models//Deut Geodact Komm Seminar on Math. Models of geodetic photogrammetric point determination with regard to outliers and systematic errors, Manich, Germany: 79-104.

FREI E, BEUTLER G, 1990. Rapid static positioning based on the fast ambiguity resolution approach FARA: theory and first results. Manuscripta geodaetica, 15(6): 325-356.

GE M, GENDT G, ROTHACHER M, et al., 2008. Resolution of GPS carrier-phase ambiguities in precise point positioning(PPP) with daily observations. Journal of geodesy, 82(7): 389-399.

GENG J, MENG X, DODSON A H, et al., 2010.Integer ambiguity resolution in precise point positioning: Method comparison. Journal of geodesy, 84(9): 569-581.

HAN S, 1997. Quality-control issues relating to instantaneous ambiguity resolution for real-time GPS kinematic positioning. Journal of geodesy, 71(6): 351-361.

HARTINGER H, BRUNNER F K, 1999. Variances of GPS phase observations: The SIGMA-ε model. GPS solutions, 2(4): 35-43.

HASSIBI A, BOYD S, 1998. Integer parameter estimation in linear models with applications to GPS. IEEE transactions on signal processing, 46(11): 2938-2952.

HATCH R, JUNG J, ENGE P, et al., 2000. Civilian GPS: The benefits of three frequencies. GPS solutions, 3(4): 1-9.

HELMERT F R, 1907. Adjustment computations based on least-squares. Teubner: Leipzig.

HOFFMANN-WELLENHOF B, LICHTENEGGER H, COLLINS J, 1994. GPS: Theory and practice. New York: Springer.

HOU Y, VERHAGEN S, WU J, 2016. An efficient implementation of fixed failure-rate ratio test for GNSS ambiguity resolution. Sensors, 16(7): 945.

JAZAERI S, AMIRI-SIMKOOEI A R, SHARIFI M A, 2012. Fast integer least-squares estimation for GNSS high-dimensional ambiguity resolution using lattice theory. Journal of geodesy, 86(2): 123-136.

JAZAERI S, AMIRI-SIMKOOEI A R, SHARIFI M A, 2014. On lattice reduction algorithms for solving weighted integer least squares problems: Comparative study. GPS solutions, 18(1): 105-114.

JIN X, JONG C D D, DE JONG C D, 1996. Relationship between satellite elevation and precision of GPS code observations. Journal of navigation, 49(2): 253-265.

JONKMAN N F, TEUNISSEN P J G, JOOSTEN P, et al., 2000. GNSS long baseline ambiguity resolution: Impact of a third navigation frequency. SCHWARZ K P, Eds. Geodesy beyond 2000, Berlin: Springer.

KIM D, LANGLEY R B, 2001. Estimation of the stochastic model for long-baseline kinematic GPS applications. Proceedings of the 2001 national technical meeting of the institute of navigation, Longbeach, CA.

KLOBUCHAR J A, 1987. Ionospheric time-delay algorithm for single-frequency GPS users. IEEE transactions on aerospace and electronic systems aes, 23(3): 325-331.

KOCH K R, 1988. Parameter estimation and hypothesis testing in linear models. New York: Springer.

KOCH K R, 2007. Introduction to Bayesian statistics. New York: Springer.

KONDO K, 2005. The accurate optimal-success/error-rate calculations applied to the realizations of the reliable and short-period integer ambiguity resolution in carrier-phase GPS/GNSS positioning ARXIV e-print, 1(1): 1-17.

KOUBA J, HEROUX P, 2001. Precise point positioning using IGS orbit and clock products. GPS solutions, 5(2): 12-28.

LANDAU H, EULER H-J, 1992. On-the-fly ambiguity resolution for precise differential positioning. Proceedings of ION GPS: 607-613.

LANGLEY R B, 2000. GPS, the ionosphere, and the solar maximum. GPS world, 11(7): 44-49.

LAURICHESSE D, MERCIER F, BERTHIAS J P P, et al., 2009. Integer ambiguity resolution on undifferenced GPS phase measurements and its application to PPP and satellite precise orbit determination. Navigation, 56(2): 135-149.

LEICK A, 2004. GPS satellite surveying. New Jensey: John Wiley & Sons Inc.

LEICK A, RAPOPORT L, TATRNIKOV D, 2015. GPS satellite surveying. 4th edition. New Jensey: John Wiley & Sons Inc.

LI B, VERHAGEN S, TEUNISSEN P J G, 2013. Robustness of GNSS integer ambiguity resolution in the presence of atmospheric biases. GPS solutions: 1-14.

LI T, WANG J, 2014. Analysis of the upper bounds for the integer ambiguity validation statistics. GPS Solutions, 18(1): 85-94.

LI T, ZHANG J, WU M, et al., 2016. Integer aperture estimation comparison between ratio test and difference test: From theory to application. GPS solutions, 20(3): 539-551.

LI X, 2013. Rapid ambiguity resolution in gnss precise point positioning. Wuhan: Wuhan University.

LI X, HUANG G, ZHANG P, et al., 2019a. Reliable indoor pseudolite positioning based on a robust estimation and partial ambiguity resolution method. Sensors (Basel),19(17): 3692.

LI X, LI X, MA F, et al., 2019b. Improved PPP ambiguity resolution with the assistance of multiple LEO constellations and signals. Remote sensing, 11(4): 408.

LIU G, ZHANG X, LI P, 2019. Improving the performance of Galileo uncombined precise point positioning ambiguity resolution using triple-frequency observations. Remote sensing, 11(3): 341.

LIU K, YANG J, GUO X, et al., 2018. Correction of fractional cycle bias of pseudolite system for user integer ambiguity resolution. GPS solutions, 22(4): 105.

LIU L, HSU H T, ZHU Y Z, et al., 1999. A new approach to GPS ambiguity decorrelation. Journal of geodesy, 73(9): 478-490.

LIU T, YUAN Y, ZHANG B, et al., 2016. Multi-GNSS precise point positioning (MGPPP) using raw observations. Journal of geodesy, 91:1-16.

MAHALANOBIS P C, 1936. On the generalised distance in statistics. Proceedings of the national institute of sciences of India, 2:49-55.

MARQUARDT D W, 1963. An algorithm for least-squares estimation of nonlinear parameters. Journal of the society for industrial & applied mathematics, 11(2): 431-441.

MONTILLET J P, BONENBERG L K, HANCOCK C M, et al., 2013. On the improvements of the single point positioning accuracy with Locata technology. GPS solutions, 18(2):273-282.

NEILL A, 1996. Global mapping functions for the atmosphere delay at radio wavelengths. Journal of geophysical research: Solid earth, 101(B1): 3227-3246.

NEYMAN J, PEARSON E S, 1933. On the problem of the most efficient tests of statistical hypotheses. Philosophical transactions of the royal society of London, 231: 289-337.

ODIJK D, 2000. Stochastic modelling of the ionosphere for fast GPS ambiguity resolution. Geodesy beyond 2000: 387-392.

ODIJK D, 2002. Weighting ionospheric corrections to improve fast GPS positioning over medium distances. Proceedings of the ION GPS 2000, Salt Lake City, UT.

ODIJK D, TEUNISSEN P J G, 2008. ADOP in closed form for a hierarchy of multi-frequency single-baseline GNSS models. Journal of geodesy, 82(8): 473-492.

PARKINS A, 2011. Increasing GNSS RTK availability with a new single-epoch batch partial ambiguity resolution algorithm. GPS solutions, 15(4): 391-402.

PATTERSON H D, THOMPSON R, 1971. Recovery of inter-block information when block sizes are unequal. Biometrika, 58(3): 545-554.

PUKELSHEIM F, 1976. Estimating variance components in linear models. Journal of multivariate analysis, 6(4): 626-629.

RADICEILA S M, 2009. The NeQuick model genesis, uses and evolution. Annals of geophysics, 52(314): 417-422.

RAO C R, 1971. Estimation of variance and covariance components- MINQUE theory. Journal of multivariate analysis, 1(3): 257-275.

RAO C R, 1973. Linear statistical inference and its applications. Danvers: John Wiley& Sons.

RIZOS C, YANG L, 2019. Background and recent advances in the locata terrestrial positioning and timing technology. Sensors (Basel), 19(8):1821.

SAASTAMOINEN J, 1972. Atmospheric correction for the troposphere and stratosphere in radio ranging satellites. The use of artificial satellites for geodesy:15.

SCHAER S, 1999. Mapping and predicting the Earth's ionosphere using the global positioning system. Bern: University of Bern.

SCHAFFRIN B, BOCK Y, 1988. A unified scheme for processing GPS dual-band phase observations. Bulletin geodesique, 62(2): 142-160.

SCHNORR C P, EUCHNER M, 1994. Lattice basis reduction: Improved practical algorithms and solving subset sum problems. Mathematical programming, 66(1/3): 181-199.

SHI J, GAO Y, 2014. A comparison of three PPP integer ambiguity resolution methods. GPS solutions,18(4): 519-528.

STRANG G, BORRE K, 1997. Linear algebra, geodesy, and GPS. Wellesley: Wellesley Cambridge Press.

TAKASU T, YASUDA A, 2010. Kalman-filter-based integer ambiguity resolution strategy for long-baseline RTK with ionosphere and troposphere estimation. SanDiego, CA, ION ITM: 161-171.

TEUNISSEN P J G, 1985. Quality control in geodetic networks//Grafarend E W, Sanso F, eds. Optimization and design of geodetic networks. New York: Springer.

TEUNISSEN P J G, 1988. Towards a least-squares framework for adjusting and testing of both functional and stochastic models. Delft: Delft University of Technology.

TEUNISSEN P J G, 1990. Nonlinear least squares. Manuscripta geodaetica, 15(3): 137-150.

TEUNISSEN P J G, 1993. Least-squares estimation of the integer GPS ambiguities. The IAG general meeting, Beijing, China.

TEUNISSEN P J G, 1995a. The invertible GPS ambiguity transformations. Manuscripta geodaetica, 20(6): 489-497.

TEUNISSEN P J G, 1995b. The least-squares ambiguity decorrelation adjustment: A method for fast GPS integer ambiguity estimation. Journal of geodesy, 70(1): 65-82.

TEUNISSEN P J G, 1997a. A canonical theory for short GPS baselines. Part IV: Precision versus reliability. Journal of geodesy, 71(6): 513-525.

TEUNISSEN P J G, 1997b. Some remarks on GPS ambiguity resolution. Artificial satellites, 32(3): 5-20.

TEUNISSEN P J G, 1998a. Minimal detectable biases of GPS data. Journal of geodesy, 72(4): 236-244.

TEUNISSEN P J G, 1998b. On the integer normal distribution of the GPS ambiguities. Artificial satellites, 33(2): 49-64.

TEUNISSEN P J G, 1998c. Success probability of integer GPS ambiguity rounding and bootstrapping. Journal of geodesy, 72(10): 606-612.

Teunissen P J G, 1999. An optimality property of the integer least-squares estimator. Journal of geodesy, 73(11): 587-593.

TEUNISSEN P J G, 2000a. ADOP based upperbounds for the bootstrapped and the least-squares ambiguity success rates. Artificial satellites, 35(4): 171-179.

TEUNISSEN P J G, 2000b. The success rate and precision of GPS ambiguities. Journal of geodesy, 74(3): 321-326.

TEUNISSEN P J G, 2001. Integer estimation in the presence of biases. Journal of geodesy, 75(7): 399-407.

TEUNISSEN P J G, 2002. The parameter distributions of the integer GPS model. Journal of geodesy, 76(1): 41-48.

TEUNISSEN P J G, 2003a. Adjustment theory: An introduction. Delft: VSSD.

TEUNISSEN P J G, 2003b. A carrier phase ambiguity estimator with easy-to-evaluate fail rate. Artificial satellites, 38(3): 89-96.

TEUNISSEN P J G, 2003c. Integer aperture GNSS ambiguity resolution. Artificial satellites, 38(3): 79-88.

TEUNISSEN P J G, 2003d. An invariant upper bound for the GNSS bootstrapped ambiguity success rate. Journal of global positioning systems, 2(1): 13-17.

TEUNISSEN P J G, 2004. Penalized GNSS ambiguity resolution. Journal of geodesy, 78(4): 235-244.

TEUNISSEN P J G, 2005a. GNSS ambiguity resolution with optimally controlled failure-rate. Artificial satellites, 40(4): 219-227.

TEUNISSEN P J G, 2005b. Integer aperture bootstrapping: A new GNSS ambiguity estimator with controllable fail-rate. Journal of geodesy, 79(6): 389-397.

TEUNISSEN P J G, 2005c. Integer aperture least-squares estimation. Artificial satellites, 40(3): 219-227.

TEUNISSEN P J G, ODIJK D, 1997. Ambiguity dilution of precision: Definition, properties and application. Proceedings of ION GPS, Kansas City, MO: 891-899.

TEUNISSEN P J G,　KLEUSBERG A, 1998. GPS for geodesy. New York: Springer.

TEUNISSEN P J G, AMIRI-SIMKOOEI A R, 2007. Least-squares variance component estimation. Journal of geodesy, 82(2): 65-82.

TEUNISSEN P J G, VERHAGEN S, 2009. The GNSS ambiguity ratio-test revisited: A better way of using it. Survey review, 41(312): 138-151.

TEUNISSEN P J G, KHODABANDEH A, 2015. Review and principles of PPP-RTK methods. Journal of geodesy, 89(3): 217-240.

TEUNISSEN P J G, JOOSTEN P, TIBERIUS C, 2000. Bias robustness of GPS ambiguity resolution. Proceedings of the 13th international technical meeting of the satellite division of the institute of navigation (ION GPS-2000), Salt Lake City, UT.

TEUNISSEN P J G, JOOSTEN P, TIBERIUS C, 2002. A comparison of TCAR, CIR and LAMBDA GNSS ambiguity resolution. Proceedings of ION GPS 2002, Portland, OR.

TEUNISSEN P J G, ODIJK D, ZHANG B, 2010. PPP-RTK: Results of CORS network-based PPP with integer ambiguity resolution. Journal of aeronaut astronautics and aviations, 42(4): 223-230.

THOMSEN H E, 2000. Evaluation of upper and lower bounds on the success probability. Proceedings of ION GPS, Salt Lake City, UT: 183-188.

TIBERIUS C, DE JONGE P, 1995. Fast positioning using the LAMBDA method. Proc. 4th int. conf. differential satellite systems, Bergen, Norway.

TIBERIUS C, KENSELAAR F, 2000. Estimation of the stochastic model for GPS code and phase observables. Survey review, 35(277): 441-454.

TIBERIUS C, JONKMAN N F, KENSELAAR F, 1999. The stochastics of GPS observables. GPS world, 10(2): 49-54.

VERHAGEN S, 2003. On the approximation of the integer least-squares success rate: Which lower or upper bound to use. Journal of global positioning systems, 2(2): 117-124.

VERHAGEN S, 2004. Integer ambiguity validation: An open problem? GPS solutions, 8(1): 36-43.

VERHAGEN S, 2005a. The GNSS integer ambiguities: Estimation and validation. Delft: Delft University of Technology.

VERHAGEN S, 2005b. On the reliability of integer ambiguity resolution. Navigation, 52(2): 99-110.

VERHAGEN S, TEUNISSEN P J G, 2006a. New global navigation satellite system ambiguity resolution method compared to existing approaches. Journal of guidance control and dynamics, 29(4): 981-991.

VERHAGEN S, TEUNISSEN P J G, 2006b. On the probability density function of the GNSS ambiguity residuals. GPS solutions, 10(1): 21-28.

VERHAGEN S, TEUNISSEN P J G, 2013. The ratio test for future GNSS ambiguity resolution. GPS solutions, 17(4): 535-548.

VERHAGEN S, TEUNISSEN P J G, ODIJK D, 2012a. The future of single-frequency integer ambiguity resolution//SNEEUW N, NOVAK P, CRESPI, et al., Eds. VII hotine-marussi symposium on mathematical geodesy, international association of geodesy symposia (Vol. 137). Heidelberg: Springer.

VERHAGEN S, TIBERIUS C, LI B, et al., 2012b. Challenges in ambiguity resolution: Biases, weak models, and dimensional curse. 2012 6th ESA workshop on satellite navigation technologies and European workshop on GNSS signals and signal processing(NAVITEC): 1-8.

VERHAGEN S, LI B, TEUNISSEN P J G, 2013. Ps-LAMBDA: Ambiguity success rate evaluation software for interferometric applications. Computers & geosciences, 54: 361-376.

VITERBO E, BIGLIERI E, 1993. A universal decoding algorithm for lattice codes. Quatorzieme Colloque Gretsi, Juan Les PINS: 611-614.

WABBENA G, SCHMITZ M, BAGGE A, 2005. PPP-RTK: Precise point positioning using state-space representation in RTK networks. Proceedings of the 18th International technical meeting of the satellite division of the institute of navigation(ION GNSS 2005): 2584-2594.

WANG J, LI T, 2012. Some remarks on GNSS integer ambiguity validation methods. Survey review, 44: 230-238.

WANG J, FENG Y, 2013a. Reliability of partial ambiguity fixing with multiple constellations. Journal of geodesy, 87(1): 1-14.

WANG J, STEWART M P, TSAKIRI M, 1998. A discrimination test procedure for ambiguity resolution on-the-fly. Journal of geodesy, 72(11): 644-653.

WANG J, STEWART M P, TSAKIRI M, 2000. A comparative study of the integer ambiguity validation procedures. Earth planets and space, 52(10): 813-818.

WANG J, SATIRAPOD C, RIZOS C, 2002. Stochastic assessment of GPS carrier phase measurements for precise static relative positioning. Journal of geodesy, 76(2): 95-104.

WANG L, 2015. Reliability control of GNSS carrier-phase integer ambiguity resolution. Brisbane: Queensland University of Technology.

WANG L, FENG Y, 2013. Fixed failure rate ambiguity validation methods for GPS and COMPASS. China satellite navigation conference(CSNC) 2013 proceedings, Wuhan, China. New York: Springer.

WANG L, VERHAGEN S, 2015. A new ambiguity acceptance test threshold determination method with controllable failure rate. Journal of geodesy, 89(4): 361-375.

WANG L, FENG Y, WANG C, 2013. Real-time GNSS observation noise assessment using single receiver. Journal of global positioning systems, 12: 73-82.

WANG L, VERHAGEN S, FENG Y, 2014a. Ambiguity acceptance testing: A comparison of the ratio test and difference test. China satellite navigation conference(CSNC) 2014 proceedings, Nanjing, China.

WANG L, VERHAGEN S, FENG Y, 2014b. A novel ambiguity acceptance test threshold determination method with controllable failure rate. Proceedings of the 27th international technical meeting of the ion satellite division, ION GNSS+2014, Tempa, FL.

WANG L, FENG Y, GUO J, 2016a. Reliability control of single-epoch RTK ambiguity resolution. GPS solutions, 21(2): 591-604.

WANG L, FENG Y, GUO J, et al., 2016b. Impact of decorrelation on success rate bounds of ambiguity estimation. The journal of navigation, 69(5): 1061-1081.

WANG L, CHEN R Z, LI D R, et al., 2018a. Initial assessment of the LEO based navigation signal augmentation system from Luojia-1A. Satellite sensors, 18(11): 3919.

WANG L, CHEN R, SHEN L, et al., 2018b. Improving GNSS ambiguity acceptance test performance with the generalized difference test approach. Sensors, 18(9): 3018.

WANG L, CHEN R, SHEN L, et al., 2019a. A controllable success fix rate threshold determination method for GNSS ambiguity acceptance tests. Remote sensing, 11(7): 804.

WANG L, CHEN R, XU B, et al., 2019b. The challenges of LEO based navigation augmentation system-lessons learned from Luojia-1A satellite//Sun J, Yang C, Yang Y, Eds. China satellite navigation conference(CSNC) 2019 proceedings, Beijing, China. New York: Springer.

WEI M, SCHWARZ K P, 1995. Fast ambiguity resolution using an integer nonlinear programming method. Proceedings of ION GPS 1995, Palm Springs, CA.

WU Z, BIAN S, 2015. GNSS integer ambiguity validation based on posterior probability. Journal of geodesy, 89(10): 961-977.

XU P, 2001. Random simulation and GPS decorrelation. Journal of geodesy, 75(7): 408-423.

XU P, 2006. Voronoi cells, probabilistic bounds, and hypothesis testing in mixed integer linear models. IEEE transactions on information theory, 52(7): 3122-3138.

XU P, 2012. Parallel cholesky-based reduction for the weighted integer least squares problem. Journal of geodesy, 86(1): 35-52.

XU P, CANNON M E, LACHAPELLE G, 1995. Mixed integer programming for the resolution of GPS carrier phase ambiguities. IUGG95 Assembly, Boulder, CO.

XU P, LIU J, SHI C, 2012a. Total least squares adjustment in partial errors-in-variables models: algorithm and statistical analysis. Journal of geodesy, 86(8): 661-675.

XU P, SHI C, LIU J, 2012b. Integer estimation methods for GPS ambiguity resolution: An applications oriented review and improvement. Survey review, 44(324): 59-71.

YUAN Y, WANG N, LI Z, et al., 2019. The BeiDou global broadcast ionospheric delay correction model (BDGIM) and its preliminary performance evaluation results. Navigation: 1-15.

ZHANG B, CHEN Y, YUAN Y, 2018. PPP-RTK based on undifferenced and uncombined observations: Theoretical and practical. Journal of geodesy, 93(7): 1011-1024.

ZHANG J, WU M, LI T, et al., 2015. Integer aperture ambiguity resolution based on difference test. Journal of geodesy, 89(7): 667-683.

ZHANG X, LI P, GUO F, 2012. Ambiguity resolution in precise point positioning with hourly data for global single receiver. Advances in space research, 51(1): 153-161.

ZHOU Y, 2011. A new practical approach to GNSS high-dimensional ambiguity decorrelation. GPS solutions, 15(4): 325-331.

ZUMBERGE J F, HEFTIN M B, JEFFERSON D C, et al., 1997. Precise point positioning for the efficient and robust analysis of GPS data from large networks. Journal of geophysical research, 102(1): 5005-5018.

附录 A 本书中使用的算例

第 3 章和第 4 章中用于绘制接受区的二维示例公式如下所示:

$$Q_{\hat{a}\hat{a}} = \begin{pmatrix} 4.9718 & 3.8733 \\ 3.8733 & 3.0188 \end{pmatrix}, \quad Q_{\check{z}\check{z}} = \begin{pmatrix} 0.0878 & -0.0347 \\ -0.0347 & 0.0868 \end{pmatrix} \quad (A.1)$$

相应的 ILS 成功率 $P_{s,\text{ILS}} = 85.97\%$。

图 4-9 中用于表达 IAB 和 WIAB 之间差异的示例如下:

$$D_1 = \begin{pmatrix} 0.0878 & 0 \\ 0 & 0.0640 \end{pmatrix}, \quad D_2 = \begin{pmatrix} 0.0378 & 0 \\ 0 & 0.1140 \end{pmatrix} \quad (A.2)$$

D_1 和 D_2 分别是图 4-9（a）和图 4-9（b）中条件模糊度向量 $\check{a}'$ 的方差。D_2 旨在构建不同维度的条件方差差异比较明显的情况，从而更显著地区分概率密度分布的差异。

图 4-26 中用于表达 DTIA 和 LRIA 接受区域之间差异的示例如下:

$$Q_1 = \begin{pmatrix} 4.9718 & 3.8733 \\ 3.8733 & 3.0188 \end{pmatrix}, \quad Q_2 = \frac{1}{2} Q_1 \quad (A.3)$$

Q_1 和 Q_2 分别是图 4-26（a）和图 4-26（b）中使用的 $Q_{\hat{a}\hat{a}}$。图 4-26（a）使用方程式（A.1）中表示的示例，图 4-26（b）使用 $\frac{1}{2} Q_{\hat{a}\hat{a}}$，且 $P_{s,\text{ILS}} = 97.90\%$。

第 5 章中用于证明经验阈值的局限性的两个算例如下（5.1.1 小节）。

这两个算例都是单频 RTK 的实际算例，分别有 10 颗可见卫星。其中，$P_{s,\text{ILS}} = 99.9\%$ 的短基线模型如下:

$$Q_{\hat{a}\hat{a}} = \begin{pmatrix} 0.5461 & 0.1077 & 0.5092 & -0.0062 & 0.2519 & 0.0028 & 0.4353 & 0.3710 & 0.5268 \\ 0.1077 & 0.0767 & 0.1892 & -0.0139 & 0.1518 & -0.2143 & 0.1308 & 0.0310 & -0.0069 \\ 0.5092 & 0.1892 & 0.7045 & 0.0344 & 0.4286 & -0.2769 & 0.3473 & 0.4828 & 0.2055 \\ -0.0062 & -0.0139 & 0.0344 & 0.0537 & -0.0083 & 0.1139 & -0.1182 & 0.1652 & -0.0576 \\ 0.2519 & 0.1518 & 0.4286 & -0.0083 & 0.3185 & -0.3826 & 0.2440 & 0.1559 & 0.0008 \\ 0.0028 & -0.2143 & -0.2769 & 0.1139 & -0.3826 & 0.9470 & -0.3013 & 0.3666 & 0.3524 \\ 0.4353 & 0.1308 & 0.3473 & -0.1182 & 0.2440 & -0.3013 & 0.6091 & -0.0760 & 0.4983 \\ 0.3710 & 0.0310 & 0.4828 & 0.1652 & 0.1559 & 0.3666 & -0.0760 & 0.8102 & 0.1843 \\ 0.5268 & -0.0069 & 0.2055 & -0.0576 & 0.0008 & 0.3524 & 0.4983 & 0.1843 & 0.8736 \end{pmatrix}$$

$$(A.4)$$

$P_{s,\text{ILS}} = 61.3\%$ 的中长基线模型如下:

$$Q_{\hat{a}\hat{a}} = \begin{pmatrix} 0.5780 & 0.1173 & 0.5314 & -0.0002 & 0.2661 & 0.0091 & 0.4552 & 0.3889 & 0.5496 \\ 0.1173 & 0.0919 & 0.2014 & -0.0081 & 0.1628 & -0.2148 & 0.1411 & 0.0382 & -0.0009 \\ 0.5314 & 0.2014 & 0.7406 & 0.0417 & 0.4483 & -0.2794 & 0.3644 & 0.5042 & 0.2182 \\ -0.0002 & -0.0081 & 0.0417 & 0.0685 & -0.0024 & 0.1237 & -0.1157 & 0.1766 & -0.0532 \\ 0.2661 & 0.1628 & 0.4483 & -0.0024 & 0.3427 & -0.3885 & 0.2579 & 0.1670 & 0.0070 \\ 0.0091 & -0.2148 & -0.2794 & 0.1237 & -0.3885 & 1.0272 & -0.3046 & 0.3843 & 0.3697 \\ 0.4552 & 0.1411 & 0.3644 & -0.1157 & 0.2579 & -0.3046 & 0.6745 & -0.0722 & 0.5202 \\ 0.3889 & 0.0382 & 0.5042 & 0.1766 & 0.1670 & 0.3843 & -0.0722 & 0.8485 & 0.1963 \\ 0.5496 & -0.0009 & 0.2182 & -0.0532 & 0.0070 & 0.3697 & 0.5202 & 0.1963 & 0.9179 \end{pmatrix}$$

$$（A.5）$$

*请注意，由于方差–协方差矩阵的保留小数位数导致的精度损失和仿真过程中出现的随机误差，使用上述 $Q_{\hat{a}\hat{a}}$ 计算的成功率可能与给出的值略有不同，但没有显著差异。

附录 B 改进的 IALS 实现算法

IALS 是讨论的所有 IA 估计器中最复杂的 IA 估计器，因此在实现时对 IALS 的计算进行特别的优化。目前的 IALS 估计的实现方法由 Verhagen（2005a）提出，但该算法非常耗时。在本书中，提出了一种更有效的 IALS 实现算法。

假设使用固定失败率方法来确定 IALS 阈值，因此 5.1.4 小节中描述的过程也适用于 IALS。IALS 和其他 IA 估计器之间的主要区别在于如何构造检验统计信息 t_i。对于大多数 IA 估计器，检验统计集 T_r 和 T_w 独立于 $\bar{\mu}$，因此 FF 阈值确定问题被转换为非线性方程求解问题。但是，IALS 与其他 IA 估计器情况不同，因为 T_w 的大小同样取决于失败率阈值 $\bar{\mu}$。IALS 的目标函数 $u = \arg\min_{z \in \mathbf{Z}^n} \left\| \dfrac{1}{\mu} \breve{\epsilon}_{\mathrm{ILS}} - z \right\|^2_{Q_{\hat{a}\hat{a}}}$ 表示 u 取决于 $\breve{\epsilon}$ 和 μ。因此 $\breve{s}_i$，T_w 和 $f_{P_f}(x)$ 都依赖于 μ。因此，只要 $\bar{\mu}$ 在数值求根的过程中发生变化，就必须重新计算概率密度 $f_{P_f}(x)$。假设 $\hat{S}$ 的大小是 N，ILS 的搜索空间包含 M 个整数候选向量，并且求根法需要 K 次迭代才能够收敛，那么确定 IALS 的阈值至少需要 $K \cdot N \cdot M$ 次 Mohalanobis 距离计算的过程。Mohalanobis 距离计算过程 $\left\| \dfrac{1}{\mu} \breve{\epsilon}_{\mathrm{ILS}} - z \right\|^2_{Q_{\hat{a}\hat{a}}} = \left(\dfrac{1}{\mu} \breve{\epsilon}_{\mathrm{ILS}} - z \right)^{\mathrm{T}} Q_{\hat{a}\hat{a}}^{-1} \left(\dfrac{1}{\mu} \breve{\epsilon}_{\mathrm{ILS}} - z \right)$ 涉及矩阵求逆运算，因此非常耗时。

基于以上分析，在 IALS 实现中应用改进的算法来提高其计算效率。改进算法的基本思想是通过 Cholesky 分解简化 Mohalanobis 距离计算，过程如下：

$$
\begin{aligned}
\left(\dfrac{1}{\mu} \breve{\epsilon}_{\mathrm{ILS}} - z \right)^{\mathrm{T}} Q_{\hat{a}\hat{a}}^{-1} \left(\dfrac{1}{\mu} \breve{\epsilon}_{\mathrm{ILS}} - z \right) &= \left(\dfrac{1}{\mu} \breve{\epsilon}_{\mathrm{ILS}} - z \right)^{\mathrm{T}} R^{-1} R^{-\mathrm{T}} \left(\dfrac{1}{\mu} \breve{\epsilon}_{\mathrm{ILS}} - z \right) \\
&= \left(\dfrac{1}{\mu} \breve{\epsilon}'_{\mathrm{ILS}} - z' \right)^{\mathrm{T}} \left(\dfrac{1}{\mu} \breve{\epsilon}'_{\mathrm{ILS}} - z' \right)
\end{aligned}
\tag{B.1}
$$

其中：R 是一个下三角矩阵 $\breve{\epsilon}' = \epsilon \cdot R^{-1}$；$z' = z \cdot R^{-1}$。转换后，距离计算的时间复杂度变为 $O(n)$。更换后，矩阵求逆操作从 $K \cdot N \cdot M$ 次减少到 1 次。$\breve{\epsilon}'$ 和 z' 在 IALS 实现期间不会改变，因此可以计算它们并将其存储在内存中。而且改进的算法不需要额外分配的存储器。

使用式（A.1）中描述的算例来检验改进 IALS 计算效率的提高。在实验中，两种 IALS 实现方法在相同条件下执行，在这种情况下蒙特卡洛仿真的算例数为 $N_{\mathrm{total}} = 100\,000$。通过上述改进的算法，IALS 计算时间从 197.412 s 减少到 23.715 s。

附录 C 上包络搜索算法

确定一个点集上包络的算法并不是唯一的。在本书中选用了 Andrew 的单调链凸包算法，该算法计算效率高，适用于建立查找表。该算法由 Andrew（1979）提出，其算法复杂度为 O($n$log(n))。该算法可简要概括如下所示。

Andrew's 单调链式算法

Input: 输入点集 P

Output: 一个点集 S_u 包含按顺时针顺序排列的点集 P 的上包络

1. 按 x 坐标升序排列点数，记做 $p_1, p_2, \cdots, p_n$

2. 把 p_n 和 p_{n-1} 放入上包络集合 S_u

For $i = n-2$ **to** 1 **do**

将点 p_i 追加到点集 S_u

    While S_u 有两个以上点，最后三个点不是逆时针顺序排列**-do**

      从 S_u 中删除最后三个点的中间点

    End while

End for

这三个点是否按正确顺序排列可以通过下式判断：

$$\begin{cases} (x_2-x_1)(x_3-y_1)-(y_2-y_1)(x_3-x_1)>0, & \text{逆时针方向排列} \\ (x_2-x_1)(x_3-y_1)-(y_2-y_1)(x_3-x_1)=0, & \text{共线} \\ (x_2-x_1)(x_3-y_1)-(y_2-y_1)(x_3-x_1)<0, & \text{顺时针方向排列} \end{cases} \qquad (\text{C.1})$$

附录 D　利用 Levenberg-Marquardt 算法进行非线性拟合算法

在阈值函数模型中，有理函数模型如下：

$$\hat{\mu}=\frac{m_1+m_2 P_{s,\mathrm{ILS}}}{1+m_3 P_{s,\mathrm{ILS}}+m_4 P_{s,\mathrm{ILS}}^2}\qquad\qquad(\mathrm{D.1})$$

其中：$m=[m_1,m_2,m_3,m_4]^{\mathrm{T}}$。已使用固定失败率方法获得 $P_{s,\mathrm{ILS}}$ 和 $\bar{\mu}$。问题是如何求解最优的一组 m 使得 $\hat{\mu}$ 与 $\bar{\mu}$ 吻合得最好。

适用于非线性曲线拟合问题的方法主要有 Gauss-Newton 方法、Levenberg-Marquardt 方法和置信区间方法（Teunissen，1990）。在本书中，采用常见的 Levenberg-Marquardt 方法来拟合有理函数。这种方法是高斯–牛顿方法（Teunissen，1990）的改进版本，可以根据梯度下降的大小自适应地调整阻尼参数，以加速迭代过程收敛（Marquardt，1963）。

与高斯–牛顿方法类似，Levenberg-Marquardt 方法依赖于梯度下降法迭代来逼近真实的曲线。非线性方程（D.1）可以通过截断的泰勒级数来线性化，表达为以下形式：

$$\hat{\mu}_{k+1}=\hat{\mu}_k+J\Delta m,\qquad k=0,1,2,\cdots\qquad\qquad(\mathrm{D.2})$$

其中：$\hat{\mu}_k$ 是第 k 次迭代中计算的有理函数值；J 是雅可比矩阵 $\partial\mu_k/\partial m_k$；$m_k$ 是第 k 次迭代的系数；Δm 是参数 m_k 的迭代增量向量。Levenberg-Marquardt 方法和 Gauss-Newton 方法之间的关键区别在于 Levenberg-Marquardt 方法在成本函数中添加了一个阻尼因子 λ。那么，第 k 次迭代的法方程可表示为（Marquardt，1963）

$$(J^{\mathrm{T}}Q_{\mu\mu}^{-1}J+\lambda\,\mathrm{pivot}(J^{\mathrm{T}}Q_{\mu\mu}^{-1}J))\Delta m=J^{\mathrm{T}}Q_{\mu\mu}^{-1}(\bar{\mu}-\hat{\mu}_k)\qquad\qquad(\mathrm{D.3})$$

其中：$Q_{\mu\mu}$ 是 $\bar{\mu}$ 的方差–协方差矩阵。由于 $\bar{\mu}$ 来自相同的固定失败率方法，它们之间是独立并且精度相同，在这种情况下，$Q_{\mu\mu}$ 变为单位阵。$\mathrm{pivot}(\cdot)$ 表示保留矩阵主对角元素并将其余元素置为 0 系数，增量 Δm 可以通过求解法方程（D.3）来估计。

阻尼因子 λ 的选取是算法的关键，Levenberg-Marquardt 方法中引入的阻尼因子可以理解为在牛顿法和梯度下降法之间的折衷。当 $\lambda=0$ 时，Levenberg-Marquardt 方法退化为牛顿法，当 λ 足够大时，Levenberg-Marquardt 方法又等价于梯度下降方法（Teunissen，1990）。此外，式（D.3）中的 $\lambda\mathrm{diag}(J^\mathrm{T}Q_{\check{\mu}\check{\mu}}^{-1}J)$ 项可以确保 $J^\mathrm{T}Q_{\check{\mu}\check{\mu}}^{-1}J + \lambda\mathrm{diag}(J^\mathrm{T}Q_{\check{\mu}\check{\mu}}^{-1}J)$ 总是为正。经过 k 次迭代的验后残差可定义为 $\hat{e}=\check{\mu}-\hat{\mu}_{k+1}$。阻尼因子由 $\hat{e}$ 的二次形控制，定义为

$$\|\hat{e}\|_{Q_{\check{\mu}\check{\mu}}}^2 = \hat{e}^\mathrm{T}Q_{\check{\mu}\check{\mu}}^{-1}\hat{e} \tag{D.4}$$

Levenberg-Marquardt 方法的实现过程见图 D-1。图中，阈值 ϵ_λ 用于控制 $\|\hat{e}\|_{Q_{\check{\mu}\check{\mu}}}^2$。阈值可以使用 $\epsilon_\lambda = (\check{\mu}-\hat{\mu}_0)^\mathrm{T}Q_{\check{\mu}\check{\mu}}^{-1}(\check{\mu}-\hat{\mu}_0)$，迭代过程需要几个初始条件：ILS 成功率 $P_{s,\mathrm{ILS}}$，FF-Difference 检验阈值的 $\check{\mu}$，初始阻尼参数 λ 和参数的初值 m_0。在流程图中，初始 λ 原理上讲可以是一个任意正标量，α 根据经验确定为 10，ϵ 是确定迭代收敛的阈值，可以是任意小的正数，本次计算中 ϵ 确定为 10^{-5}。

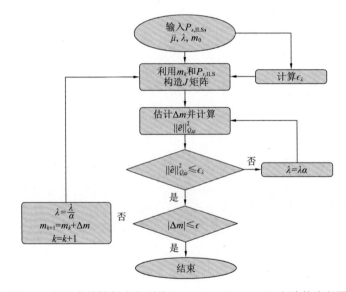

图 D-1　用于非线性拟合问题的 Levenberg-Marquardt 方法的流程图

附录 E LRIA 的性质证明

1. LRIA 固定成功率性质证明

根据式（4.84）和式（5.6），可得 $\eta(x)=\dfrac{f_{\hat{a}}(x-a)}{f_{\bar{\varepsilon}}(x)}$ 和 $\eta(x)\geqslant\mu$。

那么

$$\frac{f_{\hat{a}}(x-a)}{f_{\bar{\varepsilon}}(x)}>\mu \tag{E.1}$$

由于 $f_{\bar{\varepsilon}}(x)\geqslant0$，可得

$$f_{\hat{a}}(x-a)\geqslant\mu f_{\bar{\varepsilon}}(x) \tag{E.2}$$

不等式两边同时积分，那么有

$$\int_{\Omega_{0,\mathrm{LRIA}}}f_{\hat{a}}(x-a)\mathrm{d}x\geqslant\mu\int_{\Omega_{0,\mathrm{LRIA}}}f_{\bar{\varepsilon}(x)}\mathrm{d}x \tag{E.3}$$

根据式（4.17），不等式可重写为

$$P_s\geqslant\mu(P_s+P_f) \tag{E.4}$$

那么，有

$$P_{sf}=\frac{\displaystyle\int_{\Omega_{0,\mathrm{LRIA}}}f_{\hat{a}}(x-a)\mathrm{d}x}{\displaystyle\int_{\Omega_{0,\mathrm{LRIA}}}f_{\bar{\varepsilon}(x)}\mathrm{d}x}=\frac{P_s}{P_s+P_f}\geqslant\mu \tag{E.5}$$

证明结束。

2. LRIA 的局部失败率特性证明

根据式（E.2），有

$$f_{\hat{a}}(x)-\mu f_{\hat{a}}(x)\geqslant\mu\left[f_{\bar{\varepsilon}}(x)-f_{\hat{a}}(x)\right] \tag{E.6}$$

给定一个很小的局部集合 $\Omega_s\subset\Omega_{FF}$，那么

$$(1-\mu)\int_{\Omega_s}f_{\hat{a}}(x)\geqslant\mu\int_{\Omega_s}f_{\bar{\varepsilon}}(x)-f_{\hat{a}}(x) \tag{E.7}$$

根据式（4.85），有

$$(1-\mu)\dot{P}_s\geqslant\mu\dot{P}_f \tag{E.8}$$

那么有

$$\dot{P}_f \leqslant \frac{1-\mu}{\mu}\dot{P}_s \qquad\qquad (\text{E.9})$$

证明结束。

附录 F　数学运算符表

运算符	说明
A^{T}	矩阵 A 的转置
A^{-1}	矩阵 A 的逆矩阵
$A^{-\mathrm{T}}$	矩阵 A^{T} 的逆矩阵
$\otimes$	克罗内克（Kronecker）积
Δ	站间单差运算符
$D(\cdot)$	方差运算符
$E(\cdot)$	数学期望运算符
$\exp\{\cdot\}$	自然指数函数 $\mathrm{e}^{\{\cdot\}}$ 并且 $\mathrm{e} \approx 2.718\,281\,828$
∇	观测方程中的星间差分算子或模型验证中的偏差矢量
$\nabla\Delta$	双差运算符，首先是站间差分，然后是卫星间差分
$\lvert\cdot\rvert$	矩阵行列式运算符
$\langle\cdot\rangle$	四舍五入，取整运算符
$\lVert\cdot\rVert$	Euclidean 空间中向量的长度，可通过内积的平方根计算 $\sqrt{(\cdot)^{\mathrm{T}}(\cdot)}$
$\lVert\cdot\rVert_{Q_{\hat{a}\hat{a}}}$	$R(Q_{\hat{a}\hat{a}})$ 空间中的 Mahalanobis 距离，可以通过 $\sqrt{(\cdot)^{\mathrm{T}}Q_{\hat{a}\hat{a}}^{-1}(\cdot)}$ 来计算
$\arg_{x}\{\cdot\}$	求解隐式方程 $\{\}$ 的解，x 为待求参数
$\arg\min_{x}\{\cdot\}$	通过最小化表达式 $\{\}$ 来求解 x
$\mathrm{diag}(\cdot)$	将列向量填充为对角矩阵
$s_z(x)$	指示函数：如果 $x \in S_z$，则 $s_z(x)=1$；如果 $x \notin S_z$，那么 $s_z(x)=0$
$\mathrm{pivot}(\cdot)$	保留矩阵的主元素并将其余元素设置为 0
$v_1 \perp v_2$	向量 v_1 垂直于向量 v_2
$\mathrm{vec}(\cdot)$	向量化运算符，将矩阵展开为列向量
$\mathrm{vh}(\cdot)$	三角形矢量化运算符，它将矩阵的下三角形部分转换为列向量

附录 G　数学符号表

符号	说明
a	整数模糊度向量的真值（通常情况下未知）
$\hat{a}$	模糊度向量的浮点解 $\hat{a} \in \mathbf{R}^n$
$\hat{a}'$	条件模糊度向量 $\hat{a}' = [\hat{a}_1, \hat{a}_{2|1} \cdots, \hat{a}_{n|N}]$，其中 $N = 1, 2, \cdots, n-1$
$\breve{a}$	利用整数估计器获得的模糊度固定解 $\breve{a} \in \mathbf{Z}^n$
$\breve{a}'$	整数模糊度向量的次优解 $\breve{a}' = \arg \min\limits_{z \in v^n \backslash \{\breve{a}\}} \|\hat{a} - z\|^2_{Q_{\hat{a}\hat{a}}}$
$\breve{a}''$	整数模糊度向量的第三优解
c	$c = \arg \min\limits_{z \in \mathbf{Z}^n \backslash \{0\}} \|x - z\|^2_{Q_{\hat{a}\hat{a}}}$，$x \in S_0$，$c \in C_0$
c_i	归一化列向量，该向量的第 i 个元素为 1，其他元素为 0
$\chi^2(n, \lambda)$	自由度为 n 的 χ^2 分布，λ 为非中心参数
C_z	与整数向量 $z \in \mathbf{Z}^n$ 相邻的整数向量集
$d_{\min}$	在 $Q_{\hat{a}\hat{a}}$ 张成的空间内两个整数间的最短距离 $d_{\min} = \min \|z_1 - z_2\|_{Q_{\hat{a}\hat{a}}}$，$z_1, z_2 \in \mathbf{Z}^n$
e	真误差　$e = \|y - Aa - Bb\|^2_{Q_{\hat{a}\hat{a}}}$
e_m	$m \times 1$ 列向量，向量中所有元素均为 1
$\hat{e}$	浮点解残差 $\hat{e} = \|y - A\hat{a} - B\hat{b}\|^2_{Q_{\hat{a}\hat{a}}}$
$\breve{e}$	固定解残差 $\breve{e} = \|y - A\breve{a} - B\breve{b}\|^2_{Q_{\hat{a}\hat{a}}}$
$\breve{\epsilon}$	模糊度残差向量 $\breve{\epsilon} = \hat{a} - \breve{a}$
$\eta(x)$	验后似然函数 $\eta(x) = \dfrac{f_{\hat{a}}(x-a)}{f_{\epsilon}(x)}$
$f_{\hat{a}}(x)$	模糊度浮点解 $\hat{a}$ 的概率密度函数 $\hat{a} \sim N(a, Q_{\hat{a}\hat{a}})$
$f_{\epsilon}(x)$	模糊度残差 $\breve{\epsilon}$ 的概率密度函数
$F(n_1, n_2, \lambda)$	非中心 F 分布：n_1 和 n_2 是自由度；λ 是非中心参数
$\Gamma(n)$	Gamma 函数：定义为 $\Gamma(1) = 1$，$\Gamma(n+1) = n\Gamma(n)$，$\Gamma(1/2) = \sqrt{\pi}$

符号	说明
I_m	$m \times m$ 单位矩阵
λ	χ^2 分布或 F 分布的非中心化参数
λ_i	第 i 个频段波长（以 m 为单位）
μ	IA 估计器的阈值
$\hat{\mu}$	使用阈值函数计算的阈值
$\breve{\mu}$	固定失败率方法计算的阈值
∇a	$\hat{a}$ 中的误差向量
$\hat{\nabla}$	模型验证中的估计偏差向量
$N(a, Q)$	期望为 a 方差为 Q 的多维正态分布
N_{total}	蒙特卡洛方法中仿真样本大小
N_{correct}	蒙特卡洛方法中正确固定的样本数量
P_A	投影矩阵 $P_A = A(A^{\mathrm{T}} Q_{yy}^{-1} A)^{-1} A^{\mathrm{T}} Q_{yy}^{-1}$
$P_A^{\perp}$	$P_A^{\perp} = I - P_A$ 且 $P_A^{\perp} A = 0$
P_s	成功率
$\overline{P_s}$	成功率上限
$\underline{P_s}$	成功率下限
P_f	失败率
$\overline{P_f}$	失败率阈值
$\breve{P}_f$	使用固定失败率方法计算的实际失败率
$\hat{P}_f$	使用阈值函数方法计算的实际失败率
P_u	未决率，被孔估计拒绝的概率
P_{fix}	整数孔估计器的固定率 $P_{\text{fix}} = P_s + P_f$
P_{sf}	固定成功利率，孔估计固定解中正确的概率
$P_{s,e}$	经验成功率
$P_{s,f}$	理论成功率
$\psi(x)$	似然函数
Q_{yy}	观测值向量的方差–协方差（vc-）矩阵
$Q_{\hat{a}\hat{a}}$	模糊度浮点解 $\hat{a}$ 的方差–协方差矩阵
R	正定对称矩阵 Q 的平方根，$Q = RR^{\mathrm{T}}$，R 是一个下三角矩阵

符号	说明
$R(A)$	由矩阵 A 的列向量张成的子空间
$R(A,B)$	由矩阵 A 和 B 的列向量张成的子空间
$\mathbf{R}^n$	n 维实数空间
$\hat{\sigma}$	验后单位权方差因子
S_z	整数估计器的拉入区，以整数向量 z 为中心
$S'_{z,c}$	S_z 的子区域。如果 $x \in S'_{z,c}$ 中，那么 x 的最优整数解是 z，次优整数解是 c
W	权矩阵
Ω_z	孔估计的接受域，以整数向量 z 为中心，$\Omega_z \subset S_z$
$\mathbf{Z}^n$	n 维整数向量空间

编 后 记

　　《博士后文库》（以下简称《文库》）是汇集自然科学领域博士后研究人员优秀学术成果的系列丛书。《文库》致力于打造专属于博士后学术创新的旗舰品牌，营造博士后百花齐放的学术氛围，提升博士后优秀成果的学术和社会影响力。

　　《文库》出版资助工作开展以来，得到了全国博士后管委会办公室、中国博士后科学基金会、中国科学院、科学出版社等有关单位领导的大力支持，众多热心博士后事业的专家学者给予积极的建议，工作人员做了大量艰苦细致的工作。在此，我们一并表示感谢！

《博士后文库》编委会